人力资源和社会保障部职业能力建设司推荐
冶金行业职业教育培训规划教材

碎矿与磨矿技术

杨家文　主编

北　京
冶　金　工　业　出　版　社
2024

内 容 提 要

本书为冶金行业职业技能培训教材，是参照冶金行业职业技能标准和职业技能鉴定规范，根据冶金企业的生产实际和岗位群的技能要求编写的，并经人力资源和社会保障部职业培训教材工作委员会办公室组织专家评审通过。

书中在系统阐明碎矿与磨矿技术的基本理论和基本知识的同时，注重理论知识的应用、实践技术的训练以及分析解决问题和创新创业能力的提高，分别介绍了碎矿与磨矿的基本概念，碎矿筛分和磨矿分级的基本原理，典型碎矿、筛分、磨矿、分级设备的性能及其操作维护，常用的碎矿与磨矿流程及实践，常用碎矿与磨矿试验技术操作等。

本书也可作为职业技术院校相关专业的教材或工程技术人员的参考用书。

图书在版编目(CIP)数据

碎矿与磨矿技术/杨家文主编．—北京：冶金工业出版社，2006.10 (2024.7 重印)

冶金行业职业教育培训规划教材

ISBN 978-7-5024-3995-8

Ⅰ.碎…　Ⅱ.杨…　Ⅲ.①原矿—破碎—技术培训—教材　②磨矿—技术培训—教材　Ⅳ.TD921

中国版本图书馆 CIP 数据核字(2006)第 072591 号

碎矿与磨矿技术

出版发行	冶金工业出版社	**电　　话**	(010)64027926
地　　址	北京市东城区嵩祝院北巷 39 号	**邮　　编**	100009
网　　址	www.mip1953.com	**电子信箱**	service@mip1953.com

责任编辑　宋　良　高　娜　美术编辑　彭子赫　版式设计　张　青

责任校对　侯　瑁　责任印制　窦　唯

三河市双峰印刷装订有限公司印刷

2006 年 10 月第 1 版，2024 年 7 月第 12 次印刷

787mm×1092mm　1/16；13.5 印张；353 千字；201 页

定价 35.00 元

投稿电话　(010)64027932　投稿信箱　tougao@cnmip.com.cn

营销中心电话　(010)64044283

冶金工业出版社天猫旗舰店　yjgycbs.tmall.com

(本书如有印装质量问题，本社营销中心负责退换)

冶金行业职业教育培训规划教材
编辑委员会

序

吴溪淳

改革开放以来，我国经济和社会发展取得了辉煌成就，冶金工业实现了持续、快速、健康发展，钢产量已连续数年位居世界首位。这其间凝结着冶金行业广大职工的智慧和心血，包含着千千万万产业工人的汗水和辛劳。实践证明，人才是兴国之本、富民之基和发展之源，是科技创新、经济发展和社会进步的探索者、实践者和推动者。冶金行业中的高技能人才是推动技术创新、实现科技成果转化不可缺少的重要力量，其数量能否迅速增长、素质能否不断提高，关系到冶金行业核心竞争力的强弱。同时，冶金行业作为国家基础产业，拥有数百万从业人员，其综合素质关系到我国产业工人队伍整体素质，关系到工人阶级自身先进性在新的历史条件下的巩固和发展，直接关系到我国综合国力能否不断增强。

强化职业技能培训工作，提高企业核心竞争力，是国民经济可持续发展的重要保障，党中央和国务院给予了高度重视，明确提出人才立国的发展战略。结合《职业教育法》的颁布实施，职业教育工作已出现长期稳定发展的新局面。作为行业职业教育的基础，教材建设工作也应认真贯彻落实科学发展观，坚持职业教育面向人人、面向社会的发展方向和以服务为宗旨、以就业为导向的发展方针，适时扩大编者队伍，优化配置教材选题，不断提高编写质量，为冶金行业的现代化建设打下坚实的基础。

为了搞好冶金行业的职业技能培训工作，冶金工业出版社在人力资源和社会保障部职业能力建设司和中国钢铁工业协会组织人事部的指导下，同河北工业职业技术学院、昆明冶金高等专科学校、吉林电子信息职业技术学院、山西工程职业技术学院、山东工业职业学院、安徽工业职业技术学院、武汉钢铁集团公司、山钢集团济钢公司、云南文山铝业有限公司、中国职工教育和职业培训协会冶金分会、中国钢协职业培训中心、中国钢协人力资源与劳动保障工作委员会教育培训研究会等单位密切协作，联合有关冶金企业、高职院校和本科院校，编写了这套冶金行业职业教育培训规划教材，并经人力资源和社会保障部职业培训教材工作委员会组织专家评审通过，由人力资源和社会保障部职业能力建设司给予推荐，有关学校、企业的编写人员在时间紧、任务重的情况下，克服困难，辛勤工作，在相关科研院所的工程技术人员的积极参与和大力支持下，出色地完成了前期工作，为冶金行业的职业技能培训工作的顺利进行，打下了坚实的基础。相信这套教材的出版，将为冶金企业生产一线人员理论水平、操作水平和管理水平的进一步提高，企业核心竞争力的不断增强，起到积极的推进作用。

随着近年来冶金行业的高速发展，职业技能培训工作也取得了令人瞩目的成绩，绝大多数企业建立了完善的职工教育培训体系，职工素质不断提高，为我国冶金行业的发展提供了强大的人力资源支持。今后培训工作的重点，应继续注重职业技能培训工作者队伍的建设，丰富教材品种，加强对高技能人才的培养，进一步强化岗前培训，深化企业间、国际间的合作，开辟冶金行业职业培训工作的新局面。

展望未来，任重而道远。希望各冶金企业与相关院校、出版部门进一步开拓思路，加强合作，全面提升从业人员的素质，要在冶金企业的职工队伍中培养一批刻苦学习、岗位成才的带头人，培养一批推动技术创新、实现科技成果转化的带头人，培养一批提高生产效率、提升产品质量的带头人；不断创新，不断发展，力争使我国冶金行业职业技能培训工作跨上一个新台阶，为冶金行业持续、稳定、健康发展，做出新的贡献！

前　　言

本书是按照人力资源和社会保障部的规划，受中国钢铁工业协会和冶金工业出版社的委托，在编委会的组织安排下，参照冶金行业职业技能标准和职业技能鉴定规范，根据冶金企业的生产实际和岗位群的技能要求编写的。书稿经人力资源和社会保障部职业培训教材工作委员会办公室组织专家评审通过，由人力资源和社会保障部职业能力建设司推荐作为冶金行业职业技能培训教材。

本书以培养具有较高选矿职业素质和较强职业技能、适应选矿厂生产及管理需要的高级技术应用型人才为目标，贯彻理论与实际相结合的原则，力求体现职业教育的针对性强、理论知识的实践性强、培养应用型人才的特点。

全书共分9章。第1、5、6、7、8章由昆明冶金高等专科学校杨家文编写；第2、9章由昆明冶金研究设计院张曙光编写；第3、4章由昆明冶金高等专科学校陈斌编写。全书由杨家文任主编，张曙光任副主编。昆明理工大学戈保梁和昆明冶金设计研究院王少东对全稿作了审订。

在编写的过程中，参考了大量的文献，谨向各位作者、出版社致以诚挚的谢意！

由于编者水平所限，书中不足之处在所难免，恳请读者批评指正。

编　者

2018年7月

目　录

1　绪论 …… 1
1.1　碎矿与磨碎作业在选矿中的重要性 …… 1
1.2　碎矿与磨矿工艺的一般特点 …… 1
1.3　碎矿与磨矿技术的发展 …… 2

2　粒度特性与筛分理论 …… 3
2.1　粒度组成及粒度分析 …… 3
2.1.1　粒度分析方法 …… 3
2.1.2　粒度的表示方法 …… 3
2.1.3　平均粒度与物料的均匀度 …… 4
2.2　筛分分析 …… 5
2.2.1　筛分分析所使用的筛子 …… 5
2.2.2　筛分分析的方法 …… 7
2.3　粒度特性曲线 …… 8
2.3.1　筛析结果的计算 …… 8
2.3.2　粒度特性曲线的绘制和应用 …… 9
2.4　筛分原理 …… 12
2.4.1　筛分作业与筛分过程 …… 12
2.4.2　筛分概率 …… 13
2.5　筛分效率及筛分动力学 …… 14
2.5.1　筛分效率 …… 14
2.5.2　筛分动力学及其应用 …… 16
本章小结 …… 19
复习思考题 …… 20

3　筛分设备 …… 21
3.1　概述 …… 21
3.2　固定筛 …… 21
3.3　振动筛 …… 23
3.3.1　惯性振动筛 …… 23
3.3.2　自定中心振动筛 …… 28
3.3.3　直线振动筛 …… 30
3.3.4　共振筛 …… 31
3.3.5　振动筛的安装、操作、维护与检修 …… 32

3.3.6 振动筛生产能力的计算 …… 33
3.4 其他筛分机械 …… 34
3.4.1 弧形筛 …… 34
3.4.2 细筛 …… 35
3.4.3 概率筛 …… 38
3.5 影响筛分作业的因素 …… 39
3.5.1 物料的性质 …… 39
3.5.2 筛面种类及工作参数 …… 41
3.5.3 操作条件 …… 43
3.6 提高筛分工艺指标的措施 …… 44
3.6.1 湿法筛分 …… 44
3.6.2 电热筛网 …… 44
3.6.3 等值筛分 …… 44
3.6.4 采用辅助筛网 …… 45
3.6.5 等厚筛分法 …… 45
3.6.6 用橡胶筛面 …… 46
本章小结 …… 46
复习思考题 …… 47

4 粉碎矿石的理论基础 …… 48
4.1 粉碎过程的基本概念 …… 48
4.1.1 解离度和过粉碎 …… 48
4.1.2 阶段破碎和破碎比 …… 48
4.2 岩矿的机械强度、可碎性与可磨性 …… 50
4.2.1 岩矿的机械强度 …… 50
4.2.2 矿石的可碎性系数和可磨性系数 …… 50
4.3 粉碎设备的施力情况 …… 51
4.4 粉碎功耗学说 …… 52
4.4.1 三个主要的粉碎功耗学说 …… 52
4.4.2 三个学说的应用和比较 …… 53
4.4.3 功耗指标(功指数)的测定 …… 54
4.5 粉碎矿石新方法简介 …… 55
本章小结 …… 56
复习思考题 …… 56

5 碎矿设备 …… 58
5.1 碎矿设备的分类 …… 58
5.2 颚式碎矿机 …… 58
5.2.1 颚式碎矿机的类型及破碎矿石的过程 …… 58

5.2.2 简单摆动颚式碎矿机 …… 59
5.2.3 复杂摆动颚式碎矿机 …… 62
5.2.4 液压颚式碎矿机 …… 63
5.2.5 颚式碎矿机的工作原理和性能 …… 65
5.2.6 颚式碎矿机的安装操作与维护检修 …… 66
5.2.7 颚式碎矿机的发展方向与概况 …… 68
5.3 圆锥碎矿机 …… 69
5.3.1 圆锥碎矿机的分类及工作原理 …… 69
5.3.2 粗碎圆锥碎矿机 …… 69
5.3.3 中、细碎圆锥碎矿机 …… 73
5.3.4 圆锥碎矿机的性能和用途 …… 80
5.3.5 圆锥碎矿机的安装操作与维护检修 …… 82
5.3.6 圆锥碎矿机的发展概况 …… 86
5.4 辊式碎矿机 …… 87
5.4.1 辊式碎矿机分类及工作原理 …… 87
5.4.2 辊式碎矿机构造 …… 87
5.5 反击式碎矿机 …… 89
5.6 碎矿机生产能力的计算 …… 91
5.7 影响碎矿机工作指标的因素 …… 93
5.7.1 矿石的物理机械性质 …… 93
5.7.2 碎矿机的工作参数 …… 93
5.7.3 操作条件 …… 96
本章小结 …… 96
复习思考题 …… 97

6 磨矿设备与磨矿理论 …… 98
6.1 概述 …… 98
6.2 球磨机 …… 99
6.2.1 溢流型球磨机 …… 99
6.2.2 格子型球磨机 …… 102
6.2.3 格子型球磨机与溢流型球磨机的性能和用途比较 …… 103
6.3 棒磨机 …… 105
6.4 自磨机和砾磨机 …… 106
6.4.1 干式自磨机 …… 106
6.4.2 湿式自磨机 …… 107
6.4.3 自磨机的工作原理 …… 108
6.4.4 自磨工艺参数 …… 109
6.4.5 砾磨机 …… 111
6.5 其他类型磨矿机 …… 112

6.5.1　离心磨矿机 …… 112
6.5.2　塔式磨矿机 …… 113
6.5.3　振动磨矿机 …… 114
6.5.4　辊式磨矿机(盘磨机) …… 116
6.5.5　喷射磨矿机 …… 117
6.6　磨矿基本理论 …… 118
6.6.1　钢球运动状态和受力分析 …… 118
6.6.2　球磨机的临界转速 …… 119
6.6.3　磨矿机的工作转速 …… 120
6.6.4　磨矿机的有用功率 …… 122
6.7　磨矿机的安装、操作及维修 …… 124
6.7.1　磨矿机的安装 …… 125
6.7.2　磨矿机的操作 …… 125
6.7.3　磨矿机的维修 …… 126
6.8　磨矿设备的发展概况 …… 127
6.8.1　磨矿机规格大型化 …… 127
6.8.2　衬板的改进 …… 128
6.8.3　磨矿介质形状和材质 …… 129
6.8.4　磨矿设备新的结构 …… 130
6.8.5　磨矿机组的自动控制 …… 130
本章小结 …… 130
复习思考题 …… 131

7　磨矿循环与影响磨矿效果的因素 …… 133
7.1　概述 …… 133
7.2　磨矿循环中常用的分级设备 …… 133
7.2.1　分级的基本概念和分级效果的评定 …… 133
7.2.2　螺旋分级机 …… 135
7.2.3　水力旋流器 …… 138
7.2.4　细筛 …… 140
7.3　磨矿循环的返砂和返砂比 …… 140
7.3.1　只带检查分级作业的一段闭路磨矿循环 …… 141
7.3.2　预先分级与检查分级合一的闭路磨矿循环 …… 141
7.4　磨矿动力学基本方程式及其应用 …… 142
7.4.1　磨矿动力学基本方程式 …… 143
7.4.2　磨矿动力学的应用 …… 144
7.5　磨矿机的主要工作指标 …… 149
7.5.1　磨矿机的生产率 …… 149
7.5.2　磨矿效率 …… 150

7.5.3 磨矿机作业率 …… 151
7.5.4 粒度合格率 …… 151
7.6 影响磨矿效果的因素 …… 151
7.6.1 矿石性质、给料粒度和产品粒度的影响 …… 151
7.6.2 磨矿机结构的影响 …… 153
7.6.3 磨矿操作条件的影响 …… 154
7.7 磨矿机计算 …… 160
7.7.1 磨矿机常用的计算方法 …… 160
7.7.2 磨矿机两种计算方法的比较 …… 168
本章小结 …… 170
复习思考题 …… 171

8 碎矿与磨矿流程 …… 173
8.1 碎矿流程的结构 …… 173
8.1.1 碎矿段及碎矿段数的确定 …… 173
8.1.2 筛分作业的设置 …… 174
8.1.3 开路碎矿和闭路碎矿 …… 175
8.1.4 循环负荷 …… 175
8.2 常见的碎矿流程 …… 175
8.2.1 两段碎矿流程 …… 175
8.2.2 三段碎矿流程 …… 175
8.2.3 带洗矿作业的碎矿流程 …… 176
8.3 碎矿流程的考查与分析 …… 176
8.3.1 碎矿流程考查的内容 …… 176
8.3.2 破碎流程考查的方法和步骤 …… 176
8.3.3 碎矿流程考查的计算 …… 178
8.3.4 碎矿流程考查结果的分析 …… 180
8.4 常用的磨矿流程 …… 180
8.4.1 磨矿段数的确定 …… 180
8.4.2 一段磨矿流程 …… 181
8.4.3 两段磨矿流程 …… 182
8.5 矿石自磨流程 …… 183
8.5.1 一段自磨流程 …… 183
8.5.2 两段自磨流程 …… 183
8.6 磨矿流程的考查与分析 …… 185
8.6.1 磨矿流程考查的内容 …… 185
8.6.2 磨矿流程考查的方法和步骤 …… 186
8.6.3 磨矿流程考查的计算 …… 187
8.6.4 磨矿流程考查结果的分析 …… 188

本章小结 …… 189
复习思考题 …… 189

9 碎矿与磨矿试验操作技术 …… 191
9.1 矿样的采取和制备 …… 191
9.1.1 矿床试样的采取 …… 191
9.1.2 选矿厂取样 …… 192
9.1.3 试样的制备 …… 193
9.2 筛分分析和绘制筛分分析曲线 …… 196
9.2.1 试验的目的和要求 …… 196
9.2.3 试验操作顺序与方法 …… 196
9.2.3 试验记录与结果分析 …… 196
9.3 测定振动筛的筛分效率 …… 197
9.3.1 试验的目的和要求 …… 197
9.3.2 试验操作顺序与方法 …… 197
9.3.3 试验记录及结果分析 …… 198
9.4 测定碎矿机的产品粒度组成 …… 198
9.4.1 试验的目的和要求 …… 198
9.4.2 试验操作 …… 198
9.4.3 试验记录与结果分析 …… 199
9.5 测定矿石的可磨性并验证磨矿动力学 …… 199
9.5.1 试验的目的和要求 …… 199
9.5.2 快速筛析法 …… 199
9.2.3 试验操作顺序与方法 …… 199
9.2.4 实验记录及结果分析 …… 200

参考文献 …… 201

1 绪　　论

1.1 碎矿与磨碎作业在选矿中的重要性

由矿山开采出来的矿石,除少数富含有用矿物的富矿外,绝大多数是含有大量脉石的贫矿。对冶金工业来说,这些贫矿由于有用成分含量低,矿物组成复杂,若直接用来冶炼提取金属,则能耗大、生产成本高。为了更经济地开发和利用低品位的贫矿石,扩大矿物原料的来源,矿石在冶炼之前必须先经过分选或富集,以抛弃绝大部分脉石,使有用矿物的含量达到冶炼的要求。

在选矿工艺过程中,有两个最基本的工序:一是解离,就是将大块矿石进行破碎和磨细,使各种有用矿物颗粒从矿石中解离出来;二是分选,就是将已解离出来的矿物颗粒按其物理化学性质差异分选为不同的产品。由于自然界中绝大多数有用矿物都是与脉石紧密共生在一起,且常呈微细粒嵌布,如果不先使各种矿物或成分彼此分离开来,即使它们的性质有再大的差别,也无法进行分选。因此,让有用矿物和脉石充分解离,是采用任何选别方法的先决条件,而碎矿与磨矿的目的就是为了使矿石中紧密连生的有用矿物和脉石充分地解离。

粉碎过程就是使矿块粒度逐渐减小的过程。各种有用矿物粒子的解离正是在粒度减小的过程中产生的。如果粉碎的产物粒度不够细,有用矿物与脉石没有充分解离,分选效果不好;而粉碎产物的粒度太细了,产生过粉碎的微粒太多,尽管各种有用矿物解离得很完全,但分选的指标也不一定很好。这是因为任何选别方法能处理的物料粒度都有一定的下限,低于该下限的颗粒(即过粉碎微粒)就难以有效分选。例如,浮选法对于5～10 μm以下的矿粒,重选法对于19 μm以下的矿粒,目前还不能很好回收。所以,选矿厂中碎矿和磨碎的基本任务就是要为选别作业制备好解离充分且过粉碎程度较轻的入选物料,而且这种物料的粒度要适合于所采用的选别方法。若粉碎作业的工艺和设备选择不当,生产操作管理不好,则粉碎的最终产物或者解离不充分,或者过粉碎严重,都将导致整个选矿厂技术经济指标的下降。

在选矿厂中,碎矿和磨碎作业的设备投资、生产费用、电能消耗和钢材消耗往往所占的比例最大:设备费用占60%左右,生产费用占40%～60%;电能消耗占50%～65%,钢材消耗约占50%以上。故破碎和磨碎设备的计算选择及操作管理的好坏,在很大程度上决定着选矿厂的经济效益。

综上所述,选矿厂的技术指标高低和经济指标好坏,其根源常常在于碎矿和磨矿,所以每个选矿工作者都必须认真对待碎磨工序和所用的设备,尽可能降低碎矿和磨矿的成本。

1.2 碎矿与磨矿工艺的一般特点

通常进入选矿厂的原矿块度都很大,有的达到1500 mm,而入选的矿料粒度一般又比较细(譬如浮选粒度通常在0.3 mm以下),现有碎磨设备还不能一次就把巨大的矿块粉碎到符合要求的入选细度。因此,矿石粉碎只能分阶段逐步地进行,碎矿和磨矿就是粉碎过程中的两个大阶段。根据粉碎产物的粒度大小,碎矿阶段还分为粗碎段(碎到350～100 mm)、中碎段(碎到100～40 mm)和细碎段(碎到25～6 mm),磨矿阶段也分为粗磨段(磨到1～0.3 mm)和细磨段(磨到0.1～0.074 mm)。这些"段"是按所处理的物料粒度或者按物料经过碎磨机械的次数来划分的。

不同的碎磨阶段要使用不同的设备,例如粗碎段用颚式碎矿机或旋回碎矿机,中细碎段则分别用标准型圆锥碎矿机和短头型圆锥碎矿机,粗磨段用格子型球磨机,细磨段用溢流型球磨机等。因为一定的设备只有在适宜的粒度范围下才能高效率地工作。实际生产所需要的碎矿和磨矿段数,要根据矿石性质和所要求的最终产物粒度来确定。

为了控制碎矿和磨矿产物的粒度,并将那些已符合粒度要求的物料及早分出,以减少不必要的粉碎,使碎磨设备能更有效地工作,破碎机常与筛分机械配合使用,磨矿机常与分级机配合使用。它们之间不同形式的配合组成了各种各样的碎磨工艺流程。

1.3 碎矿与磨矿技术的发展

碎矿和磨矿不仅在选矿厂中是一个重要的工序,而且在建材、冶金、化工、煤炭、陶瓷和食品等许多工业部门生产中,也是一个不可缺少的重要环节。在碎矿和磨矿中电耗、钢耗及原材料的消耗极其巨大,例如,水泥厂碎磨作业费用约占生产成本的30%以上,碎磨机械的耗电量约占全厂总耗电量的70%;有色金属选矿厂碎磨每吨原矿的平均电耗约为16 kW·h,占选厂总耗电量的40%左右,钢耗平均约为1.5 kg/t。因此,寻求改善粉碎过程的方法,改进设备的工艺性能以及研制新型高效设备,降低粉碎的能耗,成为许多领域中广大研究工作者的共同目标,受到世界各国的重视。

粉碎过程中,粉碎机械必须以巨大的作用力施加在物料颗粒上,克服物料各质点间的内聚力后,才能发生碎散,这就需要输入一定的能量。为了更有效地利用输入的能量和找寻节能的途径,提高粉碎机械的工作效率,必须弄清楚物料粉碎过程中能量消耗的规律,即粉碎功耗理论。这方面的研究已有100多年历史,取得不少成果,但直到现在粉碎理论还不太完善,仍需继续探讨。

目前应用于工业生产的粉碎方法,仍以机械破碎法为主。这种方法的能量利用率很低,输入的能量大部分以热的形式散失掉。据介绍,破碎机械的电能利用率约为30%,而球磨机真正用于磨碎物料产生新生表面的表面能仅占总能耗的0.6%,被粉碎物料和气流带走的热却占了78.6%。因此,探索非机械力作用的新的粉碎方法就成了粉碎领域中一个重要的研究课题。目前人们正致力于研究的新方法有:超声破碎、热力破碎、高频电磁波破碎、水电效应破碎以及减压破碎等。

对于传统的机械粉碎方法,虽有效率不高和设备笨重等弊端,但毕竟还在广泛应用。因此,对粉碎设备的改进和创新也很受重视。近年来,新型的碎磨设备不断问世,如冲击颚式碎矿机、超细碎碎矿机、离心磨矿机、辊磨机、多筒球磨机,射流磨机等等,促进了粉碎技术的发展。在创新的同时,人们也致力于采用新技术、新材料以及新制造工艺等,对传统的碎磨机械加以改进,以提高其可靠性和耐久性,改善其工艺性能和工作效率,降低其重量和金属消耗,方便操作和维修。如碎矿机采用液压技术和大型滚动轴承,球磨机采用橡胶衬板、角螺旋衬板、矿层磁性衬板以及可以调整转速的环形电动机,筛网采用尼龙材料,等等。为了提高磨矿回路中分级设备的效率,减少有用矿物的过粉碎,各种新型细筛相继出现,如高频振动筛、湿法立式圆筒筛、旋流细筛等,开始应用于工业生产以取代原有的分级机械(如螺旋分级机),效果很好。目前,碎矿与磨矿设备除了向大型化、高效化、可靠化和节能化发展外,人们还更加注意了机电一体化和电子控制技术的同步发展。

为了掌握碎矿、筛分和磨矿工艺过程的规律,提高过程效率,人们也注意了对工艺过程的研究,并建立了筛分动力学、磨矿动力学及磨矿介质运动学等有关理论。实践证明,这些理论对指导工业生产很有实际意义。

通过学习本课程,要使学生懂得碎矿和磨矿的基本理论及工艺知识,并能初步用以分析碎磨过程中的工艺问题,了解主要设备的构造、工作原理、工艺性能、使用维修和选择计算,以及粉碎领域目前存在的主要问题及发展趋势,为学好其他专业课和以后的工作提供帮助。

2 粒度特性与筛分理论

2.1 粒度组成及粒度分析

碎矿、磨矿和选别过程所处理的矿石,都是大小形状各异的各种矿粒的混合物。从外表看“杂乱无章”,但按其粒度分布情况看,都有一定的规律性。粒度就是矿块(或矿粒)大小的量度,一般以 mm(或 μm)为单位。借用某种方法将矿粒混合物分成若干级别,这些级别叫做粒级。用称量法称出各级别的质量并计算出其质量百分率(或累计质量百分率),也就是求出了各粒级的相对含量,矿粒混合物中各粒级的相对含量叫做粒度组成,从粒度组成可以看出各粒级在矿粒混合物中的分布情况,这种测定粒度组成的试验叫做粒度分析。

在选矿生产过程中,物料的粒度、形状及其分布规律对各作业指标有重大影响,针对物料的不同粒度范围应采取不同的处理方法,在确定选矿工艺流程和选矿设备时,物料的粒度组成是需要考虑的一个重要因素。因此粒度分析是选矿中经常遇到的一项重要工作。

2.1.1 粒度分析方法

常用的粒度分析方法,根据物料粗细不同,可以采用下列三种方法:

(1) 筛分分析(简称筛析)。它是利用筛孔大小不同的一套筛子进行粒度分析。一般用于粒度为 100~0.043 mm 的物料。

(2) 水力沉降分析(简称水析)。它是利用不同尺寸的颗粒在水中的沉降速度不同而分成若干级别的分析方法。一般用于粒度为 0.043~0.005 mm 的物料。

(3) 显微镜分析。它主要用来分析微细物料,其最佳测定粒度范围为 0.04~0.001 mm。一般用来校正水析。

在选矿生产和试验研究中,经常采用的粒度分析方法是筛析和水析。本课程只介绍筛析,水析将在“重力选矿技术”课程中介绍。

2.1.2 粒度的表示方法

矿块(或矿粒)一般都具有不规则的形状,因此它的真实粒度是很难测定的,通常用近似的方法表示。根据研究对象和目的的不同,一般采用以下三种表示方法:

(1) 平均直径表示法。对于单个矿块,为了表示它的大小,习惯上用平均直径表示。当矿块的粒度很大时,一般是直接进行测量,测出矿块的长度和宽度,然后取二者的算术平均值,即为其平均直径。如果要求准确度较高,或矿块的形状更不规则,则可再加测矿块的厚度,取长、宽、厚三者的算术平均值为其平均直径。

设矿块的平均直径为 d_p,则

$$d_p = \frac{l+b}{2} \quad 或 \quad d_p = \frac{l+b+h}{3} \tag{2-1}$$

式中,l 为矿块长度;b 为矿块宽度;h 为矿块厚度。

这种方法常用来测定大矿块,如选矿厂用来测定碎矿机的给矿和排矿中的最大块的粒度。

(2) 等值直径表示法。对粒度细小的矿块可以用等值直径 d_p 来表示它的大小。所谓等值直径就是与矿块等体积的球体直径。设矿块的体积为 V,其质量为 G,密度为 δ,而球的体积为 $\pi d^3/6$,在等体积的条件下,其等值直径为

$$d_p=\sqrt[3]{\frac{6V}{\pi}}=1.24\sqrt[3]{V}=1.24\sqrt[3]{\frac{G}{\delta}} \tag{2-2}$$

(3) 粒级的表示法。最常用的粒级表示法是“上下限表示法”。物料进行筛分时,通过筛孔为 a_1 的筛面而留在筛孔为 a_2 的筛面上的矿粒,其粒级表示为:

$$-a_1+a_2 \text{ 或 } -d_1+d_2$$

$$a_1 \sim a_2 \text{ 或 } d_1 \sim d_2$$

减号“-”表示小于,加号“+”表示大于。如:-10+6 mm 或 10～6 mm。

2.1.3　平均粒度与物料的均匀度

在碎矿和磨矿过程中所遇到的矿石都是含有各种粒级的混合物料,而这些混合物料的平均直径对于了解物料的特性,研究粉碎理论,检查碎磨矿设备的操作指标等都有重要意义。

A　平均粒度

平均粒度分以下两种:

(1) 窄级别混合物料的平均粒度。对于这种混合物料,可以用“上下限表示法”并计算其平均直径。即根据混合物料中已知的最小粒度及最大粒度来计算。如上所述物料通过筛孔为 a_1 的筛面而留在筛孔为 a_2 的筛面上的这部分物料的平均直径可以用算术平均值表式

$$d_p=\frac{a_1+a_2}{2} \tag{2-3}$$

或采用几何平均值

$$d_p=\sqrt{a_1a_2} \tag{2-4}$$

(2) 宽级别混合物料的平均粒度。对于这种混合物料,可首先进行筛析,求出粒度组成后采用统计学求平均值的方法计算其平均直径。如已知混合物料中各窄粒级的平均直径分别为 d_1、d_2、d_3、…,其产率分别为 r_1、r_2、r_3、…,则该物料的平均粒度可以下列三种方法计算

1) 加权算术平均法:

$$d_p=\frac{d_1r_1+d_2r_2+d_3r_3+\cdots}{r_1+r_2+r_3+\cdots}=\frac{\sum d_ir_i}{\sum r_i}=\frac{\sum d_ir_i}{100} \tag{2-5}$$

2) 加权几何平均法:

$$d_p=\sum r_i\sqrt{d_1^{r_1}\cdot d_2^{r_2}\cdot d_3^{r_3}\cdots}=100\sqrt{d_1^{r_1}\cdot d_2^{r_2}\cdot d_3^{r_3}\Lambda}$$

取对数

$$\lg d_p=\frac{r_1\lg d_1+r_2\lg d_2+r_3\lg d_3+\cdots}{r_1+r_2+r_3+\cdots}=\frac{\sum r_i\lg d_i}{\sum r_i}=\frac{\sum r_i\lg d_i}{100} \tag{2-6}$$

3) 调和平均法:

$$d_p=\frac{\sum r_i}{\sum\frac{r_i}{d_i}}=\frac{100}{\sum\frac{r_i}{d_i}} \tag{2-7}$$

以上三种方法计算所得的结果是:算术平均值＞几何平均值＞调和平均值

B　物料的均匀度

平均直径虽反映了混合物料的平均粒度,但还不能全面说明物料的粒度性质。因为可能有

这种情况,即两批物料的平均直径相等,但它们各相同粒级的产率不同,也可能它们的最大和最小粒度不同。为了能对物料的粒度性质有全面的说明,除平均粒度外,还要用偏差系数 K_p 来说明物料的均匀程度。其计算公式如下

$$K_p=\frac{\sigma}{d_p} \tag{2-8}$$

式中 d_p——用加权算术平均法($\sum r_i d_i/100$)求得的平均粒度;

σ——标准差 $\sigma=\sqrt{\sum(d_i-d_p)^2 r_i/100}$ 。

通常认为,$K_p<40\%$ 为均匀的;$K_p=40\%\sim60\%$ 为中等均匀的;$K_p>60\%$ 为不均匀的。

2.2 筛分分析

2.2.1 筛分分析所使用的筛子

为了分出各种粒级的产品,需要若干个不同筛孔的筛子,常用的筛子有两种,一种是标准筛,另一种是非标准筛(又称手筛)。

A 标准筛

标准筛,又称标准套筛,是筛析的主要工具,多用于磨矿、分级和选别产品的粒度分析。它是一套特制的筛子,在一套筛子中,从上到下,其筛孔大小和筛丝直径都按标准制造,其相邻两个筛子的筛孔大小也有规定的比例。各个筛子按筛孔的绝对尺寸由大到小,从上到下依次重叠起来,上面有一上盖(防止在筛析过程中试样中的微细粒飞扬损失),最下面有一底盘(用来承接最下层筛的筛下产物),各个筛子所处的层位次序叫筛序。使用标准筛时,决不能错叠筛序,以免造成试验结果混乱。

标准筛的筛框是圆形的,用塑料或黄铜制成,直径在150～450 mm之间,深度为25～50 mm,筛网用金属丝编制而成,筛孔大的也有用冲孔筛板的。筛析所用的标准筛及震筛器如图2-1所示。

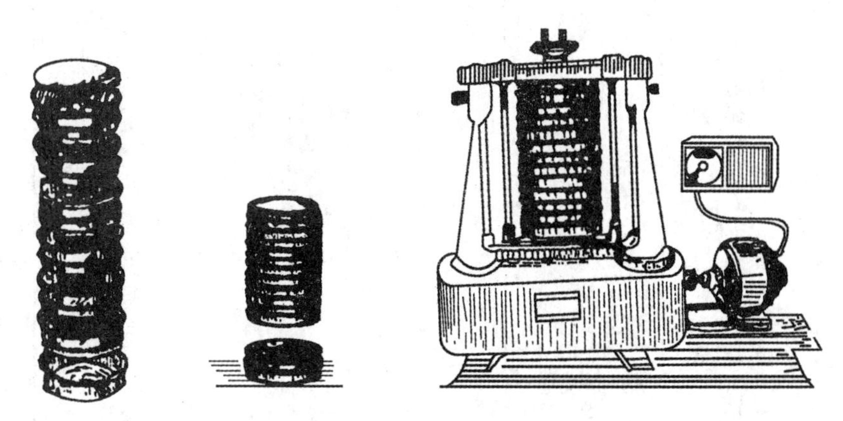

图2-1 标准筛及振筛器

标准筛的筛制由两个参数决定:即筛比和基筛,筛比是指相邻两个筛子筛孔尺寸之比,基筛是指作为基准的筛子。根据筛比和基筛筛孔大小的不同,有各种不同筛制的标准筛。重要的标准筛有以下几种:

(1) 泰勒标准筛。它是用每一英寸(25.4 mm)筛网长度上所具有的筛孔数目作为各号筛子的名称。每一英寸筛网长度上的筛孔数目称为网目,简称“目”。例如每一英寸长的筛网上有200个

筛孔，此筛子就叫200号筛(或200目筛)。泰勒标准筛有两个系列，一是基本序列，其筛比为$\sqrt{2}=1.414$；二是附加序列，其筛比为$\sqrt[4]{2}=1.189$。基筛是200目的筛子，其筛孔尺寸约为0.074 mm。

以200目的基筛为起点，对于基本筛序而言，比它粗一级筛子的筛孔尺寸为$0.074\times\sqrt{2}=0.104$ mm，即150目，更粗一级的筛子，其筛孔尺寸为$0.074\times\sqrt{2}\times\sqrt{2}=0.147$ mm，即100目的筛子，如此类推。比0.074 mm细一级筛子的筛孔尺寸为$0.074/\sqrt{2}=0.053$ mm，即270目的筛子。一般选矿产物的筛析，只采用基本筛序，如果要求更窄的粒级，才插入附加筛序(筛比为$\sqrt[4]{2}$)的筛子。

(2) 德国标准筛。这种筛子的“目”是1 cm长的筛网上的筛孔数，或1 m^2 面积上的筛孔数。特点是筛号与筛孔尺寸(单位mm)的乘积约等于6，并规定筛丝直径等于筛孔尺寸的2/3，各层筛子的筛网有效面积(所有筛孔的面积与整个筛面的面积之比，用百分数表示)为36%。

(3) 国际标准筛。这种筛子的基本筛比是$\sqrt[10]{10}=1.259$，对于更精密的筛析，还插入两个附加筛比$(\sqrt[40]{10})^6=1.41$和$(\sqrt[40]{10})^{12}=1.99$。

此外，还有英国B.S系列标准筛。我国标准筛的筛制尚未公布，常用的上海筛类似泰勒筛。各种标准筛见表2-1，我国常用的上海筛也列入表中以供参考。

表2-1　常见标准筛

泰勒标准筛		德国标准筛		国际标准筛	上海标准筛	
网目/孔·in^{-1}	孔径/mm	网目/孔·cm^{-1}	孔径/mm	孔径/mm	网目/孔·in^{-1}	孔径/mm
2.5	7.925	—	—	8	—	—
3	6.680	—	—	6.3	—	—
3.5	5.691	—	—	—	—	—
4	4.699	—	—	5	4	5
5	3.962	—	—	4	5	4
6	3.327	—	—	3.35	6	3.52
7	2.794	—	—	2.8	—	—
8	2.262	—	—	2.36	8	2.616
9	1.981	—	—	2	—	—
10	1.651	4	1.5	1.6	10	1.98
12	1.397	5	1.2	1.4	12	1.66
14	1.168	6	1.02	1.18	14	1.43
16	0.991	—	—	1.0	16	1.27
20	0.833	—	—	0.8	20	0.995
24	0.701	8	0.75	0.71	24	0.823
28	0.589	10	0.6	0.6	28	0.674
32	0.495	11	0.54	0.5	32	0.56
35	0.417	12	0.49	0.4	34	0.533
42	0.351	14	0.43	0.355	42	0.452
48	0.295	16	0.385	0.3	48	0.376
60	0.246	20	0.3	0.25	60	0.295
65	0.208	24	0.25	0.2	70	0.251
80	0.175	30	0.2	0.18	80	0.2
100	0.147	40	0.15	0.15	110	0.139
115	0.124	50	0.12	0.125	120	0.13
150	0.104	60	0.1	0.1	160	0.097
170	0.088	70	0.088	0.09	180	0.09
200	0.074	80	0.075	0.075	200	0.077
230	0.062	100	0.06	0.063	230	0.065
270	0.053	—	—	0.05	280	0.056
325	0.043	—	—	0.04	320	0.05
400	0.038	—	—	—	—	—

B 非标准筛

非标准筛,又称非标准套筛,是现场对粒度大的物料(如原矿或各段破碎机的产物)进行粒度分析,而自行制造的套筛,它没有一定的标准,筛孔要求也不太严格,又多为手工操作,所以叫非标准筛或手筛。筛孔大小根据需要确定。一般为150、120、100、80、70、50、25、12、8、6、3 mm等,由于它不是通用的,筛孔尺寸也没有统一规定,筛子的大小也各有不同,可以根据各现场的需要自行制造。

近代用光刻电镀技术制造的微目筛,能比丝织筛更精确地测定颗粒更细的物料,它最细的筛孔可达0.005 mm,用来测定0.15 mm以下的物料。但由于价格极为昂贵,故极少使用。

2.2.2 筛分分析的方法

筛析的方法有:干式筛析法、干湿联合筛析法、快速筛析法。若物料的含泥、含水少,对筛析的精确度要求不严格时,用干式筛析法即可。当物料含泥、含水多,而且要求筛析的精确度高时,则应采用干湿联合筛析法。快速筛析法常用在生产现场快速检查磨矿产品或分级产品的粒度。

进行筛析首先应取得有代表性的试样,为了使试样有代表性且质量又最少,其取样方法与化学分析取样方法相同。样品的最小质量与试样中的最大粒度有关,可参照表2-2确定。

表2-2 试样最小质量与试样中最大粒度的关系

矿块最大粒度/mm	0.1	0.3	0.5	1	3	5	10	20
试样最小质量/kg	0.05	0.10	0.25	0.5	0.9	2.5	5	20

A 干式筛析

一般粒度大于6mm的粗粒物料,采用非标准筛(手筛)进行筛析,根据需要选用筛孔大小不同的一套筛子,依次将矿石筛分成若干级别,然后分别称出并记录各粒级的质量。

粒度小于6mm的物料,可以在实验室中利用标准筛进行筛析。

由于标准筛的筛网面积小和能承受的质量有限,每次筛析质量为100~250g,如果试样的质量大于250g,则应分成几次进行筛析。

如果在一分钟内通过筛孔的物料质量不超过留在筛上物料质量的1%,则认为筛分已达到终点,否则还要继续进行筛分,筛分完后,将各粒级物料分别称量,并将所得质量填入筛析结果记录表中。

B 干湿联合筛析

当物料中含泥含水高或要求筛析较精确时,则采用干湿联合筛析法。这种方法是先将干式筛析中所选定最细孔筛(一般为200目筛)放在装有适量水的盆内,将试样(应少于100 g,如多于100 g,应分批加入)倒入筛中,进行湿筛。每隔一定时间,将盆内水更换一次,直到水不再混浊时为止。湿筛的筛下产物,如还要进行更细的粒度分析(如水析),则应将它与干筛的最下层筛的筛下产物合并,再进行更细的粒度分析。如不需再进行更细的粒度分析,则可将它倒去,其质量可用湿筛筛上物烘干后的质量与原试样质量之差推算出。

C 快速筛析法

在现场生产中,为了及时了解磨矿机、分级机工作的好坏,常常要快速测定磨矿机的排矿,分级机溢流和返砂的粒度,以便及时调节闭路磨矿过程的操作条件,为此需采用快速筛析法。快速筛析只要测定某一特定粒级(如-200目)的产率(%)即可,不必进行全面筛析。

快速筛析的方法如下:用容积为V(mL),质量为P(g)的矿浆壶,先装满矿浆试样,并称量,得出矿浆和壶的总质量为G_1;再将矿浆倒入指定检查粒级的筛(如200目筛)上,进行湿筛(其方法与干湿联合筛析法中的湿筛方法相同),筛完后将筛上矿石倒回壶中,并加清水至原来装矿浆时同一刻度,再称出筛上物、清水及壶的总重为 G;则筛上余留物粒级(+200 目)的产率 $\gamma_{+200目}$ 为

$$\gamma_{+200目}=\frac{G-P-V}{G_1-P-V}\times 100\% \tag{2-9}$$

故筛下粒级(-200 目)的产率为

$$\gamma_{-200目}=100\%-\gamma_{+200目} \tag{2-10}$$

为了推导公式 2-9,设矿石的密度为 δ,筛分前壶中矿砂重为 Q_0,筛分后壶中矿砂重为 Q_1,根据产率的定义,则

$$\gamma_{+200目}=Q_1/Q_0\times 100\% \tag{2-11}$$

筛分前壶中的清水重为

$$G_1-P-Q_0=(V-Q_0/\delta)\times 1$$

所以

$$Q_0=(G_1-P-V)\times\delta/(\delta-1) \tag{2-12}$$

筛分后壶中的清水重为

$$G-P-Q_1=\left(V-\frac{Q_1}{\delta}\right)\times 1$$

同理

$$Q_1=(G-P-V)\times\delta/(\delta-1) \tag{2-13}$$

将式 2-12 和 2-13 代入式 2-11,则可得出公式 2-9,这一计算方法,是在假设筛分前、后矿石的密度相同而得出的,如果矿石筛分前、后的密度相差很大,则此计算得出的结果仅为一近似值。

在选矿厂中,往往根据公式 2-9 和各种不同的 G_1 和 G 的数值计算出 $\gamma_{+200目}$ 并列成表格,只要称出 G_1 和 G 的数值,很快就能查出 $\gamma_{+200目}$ 的数值,运用极为方便。

2.3　粒度特性曲线

2.3.1　筛析结果的计算

为了便于根据筛析结果研究问题,应将筛析数据按一定的表格加以整理、计算并绘制成粒度特性曲线。常用的筛析记录表如表 2-3 所示。

表 2-3　筛析结果记录表

粒级				质量/kg	产率		
网目/孔·in^{-1}		筛孔尺寸/mm			个别/%	正累积/%	负累积/%
1		2		3	4	5	6
—			+9.423	0.668	3.34	3.34	100.00
	+3	-9.423	+6.680	4.682	23.41	26.75	96.66
-3	+4	-6.680	+4.699	4.024	20.12	46.87	73.25
-4	+6	-4.699	+3.327	3.668	18.34	65.21	53.13
-6	+8	-3.327	+2.362	2.210	11.05	76.26	34.79
-8	+10	-2.362	+1.651	1.426	7.13	83.39	23.74
-10	+14	-1.651	+1.168	0.966	4.83	88.22	16.61
-14	+20	-1.168	+0.833	0.666	3.33	91.55	11.78
-20	+28	-0.833	+0.589	0.460	2.30	93.85	8.45
-28	+35	-0.589	+0.417	0.342	1.71	95.56	6.15

续表 2-3

粒级		质量/kg	产率		
网目/孔·in^{-1}	筛孔尺寸/mm		个别/%	正累积/%	负累积/%
1	2	3	4	5	6
-35 +48	-0.417 +0.295	0.266	1.33	96.89	4.44
-48 +65	-0.295 +0.208	0.188	0.94	97.83	3.11
-65 +100	-0.208 +0.147	0.140	0.70	98.53	2.17
-100 +150	-0.147 +0.104	0.104	0.52	99.05	1.47
-150 +200	-0.104 +0.074	0.066	0.33	99.38	0.95
-200 +0	-0.074 +0	0.124	0.62	100.00	0.62
合计	—	20.00	100.00	—	—

由筛析得到的数据,可求出试样中各粒级的质量百分数(即产率)和累积质量百分数(即累积产率),从而确定物料的粒度组成。各粒级的产率(通常以 γ 表示)可以用下列公式计算。

$$\text{某粒级的产率}(\%)=\frac{\text{某粒级的质量}}{\text{被筛析试样的总质量}}\times 100\% \tag{2-14}$$

由公式 2-14 计算的产率,因为是由各个级别的质量分别计算出的,所以又叫“个别产率”。将个别产率从上往下逐级相加,就得到了相应的“正累积产率”,用它来表示大于某一级别的所有粒级的质量百分数。到最后一级的累积产率为 100%。

下面以表 2-3 所列的筛析记录格式和计算结果为例,说明个别产率(γ)和累积产率($\sum\gamma$)的计算。

被筛试样的总质量为 20 kg,用标准筛从 9.423~0.074 mm 共 15 个筛子,分为 16 个级别,其中每一级别的质量列入表 2-3 的第三栏中,其产率分别用公式 2-14 计算,所得结果记录在表中第四栏内。

例如:+9.423 mm 级别的产率 $\gamma_1=0.668/20\times100\%=3.34\%$;-9.423 +6.68 mm 级别的产率 $\gamma_2=4.682/20\times100\%=23.41\%$。依此类推,可计算出其他各粒级的个别产率。

正累积产率表示大于某一粒级所有产率之和。可由各个别产率从上往下逐级相加得出。例如:+6.68 mm 级别的累积产率,就是大于 6.68 mm 的两个级别(即 +9.423 mm 和 -9.423 +6.68 mm两个级别)相加的和,即 3.34% + 23.41% = 26.75%;又如 +4.699 级别的累积产率,就是大于 4.699 mm 的三个级别(即 +9.423 mm 和 -9.423 +6.68 mm 和 -6.68 +4.699 mm 三个级别)相加的和,即 3.34% + 23.41% + 20.12% = 46.87%。依此类推,并将计算结果记录在表中第五栏中。

负累积产率表示小于某一粒级所有产率之和。可由各级别产率由下往上逐级相加得出。如表中第六栏。

2.3.2 粒度特性曲线的绘制和应用

将筛析结果计算得出的数据,绘制成为曲线,称为该物料的粒度特性曲线。它反映出被筛析的物料中任何粒级与产率之间的关系。根据用途不同,有各种不同的绘制方法,但都是以产率为纵坐标,粒度为横坐标。用各粒级的个别产率作纵坐标,称为部分产率粒度特性曲线,以累积产率为纵坐标绘制的曲线,称为累积产率粒度特性曲线。实际上应用得最多的是累积产率粒度特性曲线,它的作法与数学中函数图像的作法一样。所使用的坐标图纸有三种:即一般的算术坐标图纸;以纵坐标为算术坐标,横坐标为对数坐标的图纸;纵横坐标都用对数坐标的图纸。以不同的坐标图纸绘制的粒度特性曲线，如果纵坐标取累积产率，则分别称之为累积产率粒度特性曲线，半对数累积产率粒度特性曲线和全对数累积产率粒度特性曲线。现分述如下。

A　累积产率粒度特性曲线

如图 2-2 所示。它是以正累积产率为纵坐标，以粒度为横坐标，根据筛析所得的数据(即表 2-3 中第二和第五栏的数值) 在坐标中找出一一对应的点，然后将它们连接成平滑的曲线。因为粒度大于零(mm)的累积产率等于 100%，所以曲线与纵坐标轴相交于 100%。

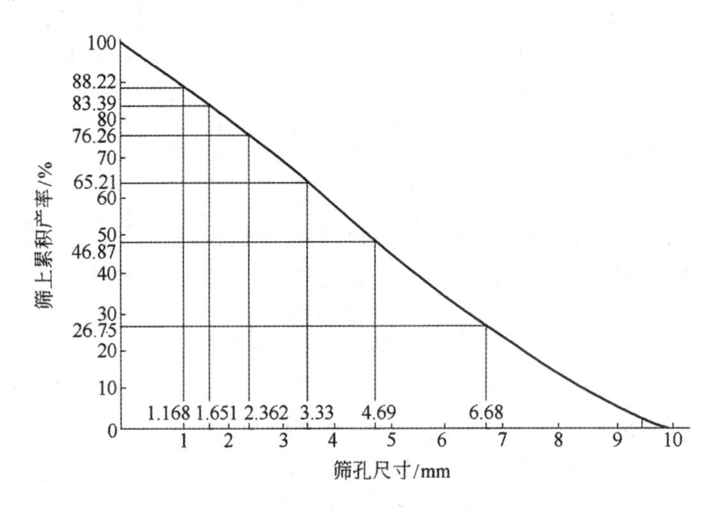

图 2-2　累积产率粒度特性曲线

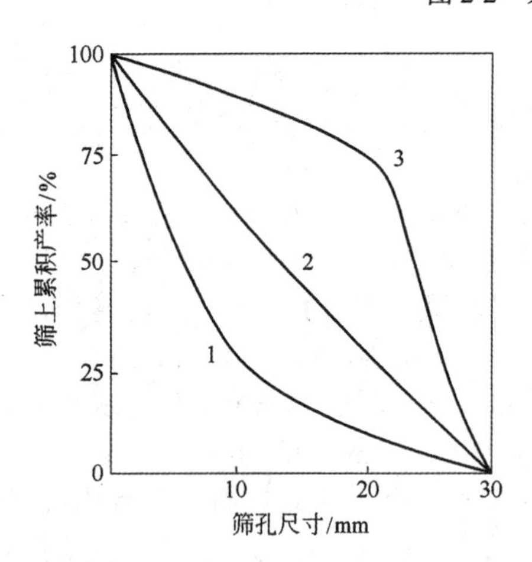

图 2-3　不同形状的累积产率粒度特性曲线

这种曲线在生产考查和流程计算中应用较为广泛，可以归纳为以下几点：

(1) 据此曲线可查得任何指定粒级相应的累积产率，相反，也可以由规定的累积产率查得相应的粒级。

(2) 据此曲线还可以查出任何级别的个别产率，在该曲线上某一级别($d_1 \sim d_2$)的产率，就是 d_1 和 d_2 对应纵坐标的差值。

(3) 据此曲线的形状，可以判定物料的性质和粒度组成特点，如图 2-3 所示为三种不同形状的累积产率粒度特性曲线。凹形的曲线 1 表示物料中细粒级含量较高(属于易碎性矿石)，凸形的曲线 3 表示物料中粗粒含量较高(属于难碎性矿石)，如果曲线近于直线，如曲线 2，则表示物料粗细较均匀(属中等可碎性矿石)。

(4) 据此曲线还可以求出物料的最大粒度。我国选矿工艺中规定用物料的 95% 能够通过的方形筛孔宽度表示该物料的最大块直径，因此，在筛上累积产率粒度特性曲线上，与纵坐标 5% 相对应的筛孔尺寸即物料的最大块的直径。

在使用累积产率粒度特性曲线时应注意：从曲线上直接查出的累积产率是大于该粒级的累积产率。如果要求的是小于该粒级的累积产率时，要用 100% 减去大于该粒级的累积产率。或者是在读数时，以纵坐标 100% 处当作 0 从上往下读数亦可。

累积产率粒度特性曲线的优点是绘制简单，应用方便；缺点是细粒级在横坐标上的间距特别短,点很密集,曲线难以绘制和使用,不宜用于表示粒度范围很宽的物料的筛析结果。

B 半对数累积产率粒度特性曲线

半对数累积产率粒度特性曲线,是以累积产率为纵坐标,以粒度尺寸取常用对数(以 10 为底的对数)的值为横坐标绘制的,它可以较清晰地看出粒度范围很窄的物料的粒度组成及特性。如果筛析用筛为标准筛,而标准筛的筛比都有一定值,所以在横坐标上相邻两个筛子的筛孔尺寸取对数后,它们之间的距离都是相等的。如泰勒标准筛的筛比为$\sqrt{2}$,各筛孔尺寸的对数差值恒等于$\lg\sqrt{2}$,即相邻两筛子的筛孔尺寸在对数坐标上的间距都是相等的,其值为$\lg\sqrt{2}$。值得注意的是:当 $d\to 0$ 时,$\lg d=\lg 0=-\infty$,所以曲线不能交到纵坐标轴上,即曲线不能绘到粒度为 0 处。根据表 2-3 的数据绘出的半对数累积产率粒度特性曲线,如图 2-4 所示。

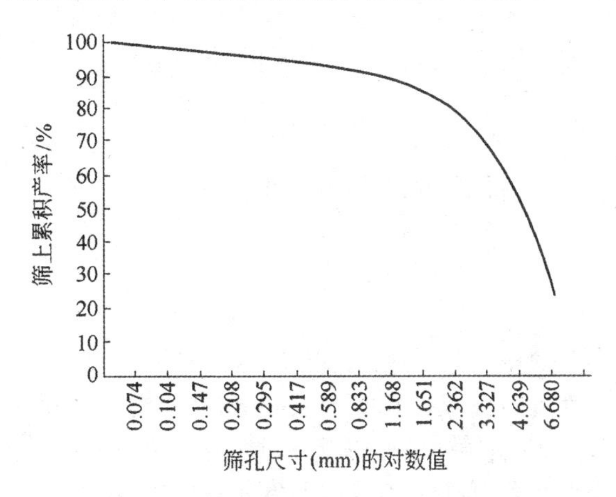

图 2-4 半对数累积产率粒度特性曲线

C 全对数累积产率粒度特性曲线

这种曲线的横坐标和纵坐标都用对数表示,用碎矿和磨矿产物的筛析数据在全对数坐标纸上作图,它的负累积产率与粒度的关系,常常近似于直线。我们在前面所介绍的累积产率粒度特性曲线,都是用大于某一筛孔级别的产率之和,即表示大于某一筛孔的物料共占原试样的百分率而作出的粒度特性曲线,所以这种曲线又称为正累积产率粒度特性曲线。所谓负累积产率,就是小于某一筛孔各级别的产率之和,即表示小于某一筛孔的物料共占原试样的百分率,用这些数据绘出的曲线,称为负累积产率粒度特性曲线。

图 2-5 就是根据表 2-3 负累积产率的数据作出的全对数累积产率粒度特性曲线。从图中所示的情况,可以求出这根直线的斜率和截距,可以用下列方程式表示

$$\lg\gamma = K\lg d + \lg c$$

或

$$\gamma = cd^{K} \tag{2-15}$$

在直线上取相距较远的两点(如 $d_1,\gamma_1;d_2,\gamma_2$),则斜率为

$$K=\frac{\lg\gamma_1-\lg\gamma_2}{\lg d_1-\lg d_2} \tag{2-16}$$

将所得的 K 值代入方程式 2-15 中,然后从上面选定一个点(如 d_2,γ_2) 求截距 c 为

$$\gamma_2=cd_2^{K} \quad 或 \quad c=\gamma_2/d_2^{K} \tag{2-17}$$

使用全对数坐标绘制累积产率粒度特性曲线的目的,就在于寻求可能存在的如方程式 2-15 的规律。

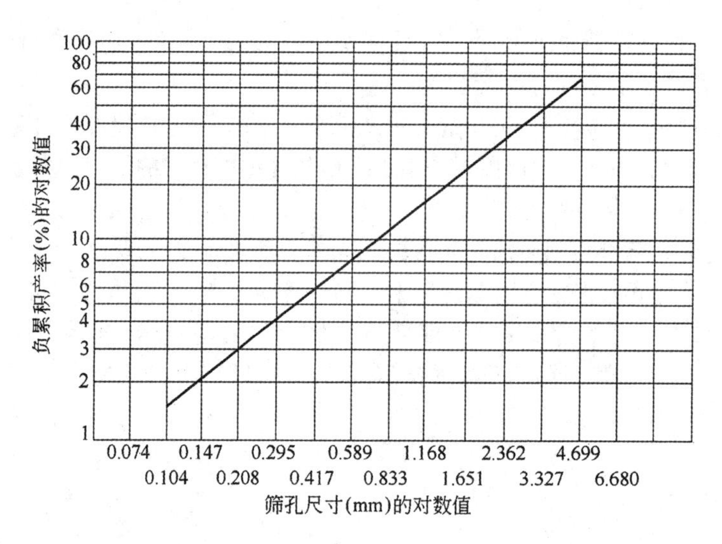

图 2-5 全对数累积产率粒度特性曲线

2.4 筛分原理

将颗粒大小不同的混合物料,通过单层或多层筛子按粒度分成若干个不同级别的过程称为筛分。筛分实际上就是使混合物料与筛子的筛面作相对运动。小于筛孔的颗粒从筛孔漏下,成为筛下产品;而大于筛孔的颗粒从筛面的一端排出,称为筛上产品;这样使物料按粒度分级。故筛分过程与物料的粒度和形状等因素有关,而与密度无关。

2.4.1 筛分作业与筛分过程

A 筛分作业

筛分作业通常用于粒度为 1 mm 以上物料的分级;但是,近年来,细筛已成功地用于小于 1 mm物料的分级,因此,在工业应用中,最小筛孔尺寸达 0.05 mm。筛分作业在冶金工业中是不可缺少的。此外,在煤炭、建筑、化工和其他工业部门中也广泛应用。在选矿厂中,筛分通常可以作为辅助作业、准备作业,也可作为筛选作业。筛分作业按照用途不同可分为以下几类:

(1) 准备筛分。将松散物料分为若干个级别,然后,分别送至下一步工序进行处理,称为准备筛分。例如,某些钨矿在重力选矿前将破碎产品用筛子分为粗粒、中粒和细粒,分别送往不同的跳汰机进行选别。

(2) 预先筛分。物料进入破碎机之前,用筛子将物料中小于破碎机排矿口宽度的细粒级筛分出去,仅将大于排矿口宽度的物料给入破碎机进行破碎,从而减少破碎机的负荷和避免物料过粉碎。几乎在所有破碎机之前,都设置预先筛分作业。

(3) 检查筛分。对破碎机的产品进行筛分,使筛上产品(大于规定的粒级)返回破碎机再破碎的筛分作业,筛下产品则为该破碎段的合格产品。一般只在最后一段破碎作业中采用。

(4) 独立筛分。将物料按用户要求筛分成若干粒度级别,直接作为出厂产品的筛分作业。例如在黑色金属矿山的破碎筛分厂中,将富铁矿石用筛子分成粒度不同的级别供给高炉冶炼;在选煤厂常将煤炭筛分成大小不同的级别直接供应用户。

(5) 选择筛分。当物料中有用成分在各个粒级中的分布有显著差别时,可以通过筛分将有用成分富集的粒级同含有用成分较少的粒级分开,前者作为粗精矿;后者送选别工序或当作尾矿丢掉。这种对有用成分起选择性作用的筛分作业,实质上是一种选别工序,因而也称为“筛选”。在铁矿磁选流程中所采用的细筛就是一例。

除此之外,在选矿厂中,有时筛分作业也可作为脱水、脱介筛分或者洗矿筛分。

筛分作业一般采用干法。但对于潮湿物料及夹带泥质的物料,进行干法筛分很困难,需要采用在筛面上喷压力水,将细粒级及泥质冲洗下去。

B 筛分过程

松散物料的筛分过程,可以看作由两个阶段组成:(1)小于筛孔尺寸的颗粒通过筛上颗粒所形成的物料层到达筛面;(2)小于筛孔尺寸的颗粒透过筛孔。

要使这两个阶段能够实现,物料在筛面上应有适当的运动,一方面要使筛面上的物料层处于松散状态,有利于物料层产生析离,即按粒度分层,大颗粒在上层,小颗粒位于下层,容易到达筛面,并透过筛孔。另一方面,物料和筛子的运动应促使堵在筛孔上的颗粒脱离筛面。

筛分实践表明,粒度小于筛孔 3/4 的颗粒,很容易通过粗粒物料在筛面上形成的间隙,到达筛面,到筛面后很快就透过筛孔。因此,这种颗粒在可筛性上被称为“易筛粒”。粒度大于筛孔 3/4 的颗粒,通过粗粒组成的间隙比较困难,所以也难以透过筛孔;而且颗粒直径愈接近筛孔尺寸,透过筛孔的困难程度就愈大,这种颗粒被称为“难筛粒”。原料中含的“难筛粒”数量愈少,筛分愈容易,在相同的筛分条件下,所得的筛分效率也愈高。下面根据矿粒通过筛孔的概率理论来进行说明。

2.4.2 筛分概率

矿粒通过筛孔的可能性称为筛分概率。一般来说,筛分概率与下列因素有关:(1)筛孔尺寸;(2)矿粒与筛孔的相对大小;(3)筛子的有效面积;(4)矿粒运动方向与筛面的夹角;(5)矿粒的含水量和含泥量。

由于筛分过程是许多复杂现象和因素的综合,因此不易用简单的数学式来确切地描述,这里仅仅从颗粒尺寸与筛孔尺寸的关系进行讨论,并假设某些理想条件(如颗粒是垂直地投入筛孔),得到颗粒透过筛孔的概率公式。

松散物料中粒度比筛孔尺寸小得多的颗粒,在筛分开始后,很快就落到筛下产物中,粒度与筛孔尺寸愈接近的颗粒,透过筛孔所需的时间愈长。所以,物料在筛分过程中透过筛孔的速度取决于颗粒直径与筛孔尺寸的比值。

研究单颗矿粒透过筛孔的概率如图 2-6 所示,假设由一个无限细的筛丝制成的筛网,筛孔为正方形,每边长度为 l。如果一个直径为 d 的球形颗粒,在筛分时垂直地向筛面下落,可以认为,颗粒不与筛丝相碰时,它就可以毫无阻碍地透过筛孔。换句话说,要使颗粒顺利地透过筛孔,在颗粒下落时,其中心应投在绘有虚线的面积$(l-d)^2$内,见图 2-6a。由此可见,颗粒透过筛孔或者不透过筛孔是一个随机现象。有利于颗粒透过筛孔的机会的次数与面积$(l-d)^2$成正比,而颗粒投到筛孔上的次数则与筛孔的面积 l^2 成正比。因此,直径为 d 的颗粒每次跳动的透筛概率等于可以透过筛孔的面积$(l-d)^2$与筛孔面积 l^2 之比。即

$$P=\frac{(l-d)^2}{l^2}=\left(1-\frac{d}{l}\right)^2 \tag{2-18}$$

由式 2-18 可见,颗粒直径愈接近于筛孔尺寸,P 值愈小,当 $d=l$ 时,$P=0$。

若考虑筛丝的尺寸图 2-6b,与上面所讨论的原理一样,得到颗粒透过筛孔的概率公式

$$P=\frac{(l-d)^2}{(l+a)^2}=\frac{l^2}{(l+a)^2}\left(1-\frac{d}{l}\right)^2 \tag{2-19}$$

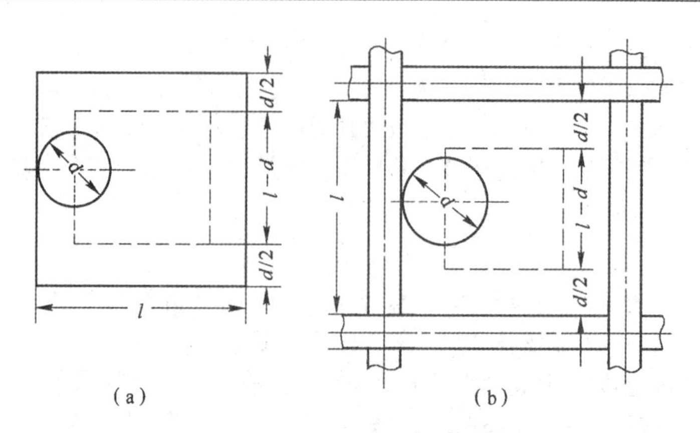

图 2-6 颗粒透过筛孔示意图

式中 a——筛丝直径。

上式说明，筛孔尺寸愈大，筛丝和颗粒直径愈小，则颗粒透过筛孔的可能性愈大。还可以看出，筛孔面积与筛面面积之比 $l^2/(l+a)^2$ 愈大，则透筛概率愈高。

取不同的 d/l 比值，按式 2-18 计算出的 P 值列于表 2-4。

表 2-4 颗粒透过筛孔的概率与颗粒及筛孔相对尺寸的关系

d/l	0.1	0.2	0.3	0.4	0.5	0.6	0.7	0.8	0.9	0.95	0.99	0.999
P	0.81	0.64	0.49	0.36	0.25	0.16	0.09	0.04	0.01	0.0025	0.0001	0.000001

由表 2-4 可见，相对粒度 d/l 愈小，透筛概率愈高，这就是细粒物料容易透过筛孔的原因。通常称相对粒度 $d/l<0.75$ 的颗粒为“易筛粒”；而与筛孔尺寸愈接近的颗粒透筛概率愈低，当相对粒度接近于 1 时，其透筛概率趋近于零。因此，在筛分实践中，通常把相对粒度介于 0.75～1.0 的颗粒称为“难筛粒”。

2.5 筛分效率及筛分动力学

2.5.1 筛分效率

在使用筛子时，既要求它的处理能力大，又要求尽可能多地将小于筛孔的细粒物料过筛到筛下产物中去。因此评价筛分工作有两个重要的工艺指标：一个是数量指标，即筛孔大小一定的筛子每平方米筛面面积每小时所处理的原矿吨数（$t/(m^2\cdot h)$）。另一个是筛分工作的质量指标，即筛分效率。

筛分作业的目的是希望将入筛物料中小于筛孔尺寸的粒级全部筛出，但在工业生产条件下，筛上产物中几乎总是或多或少地含有一些小于筛孔尺寸的颗粒。筛上产物中，未透过筛孔的细粒级别数量愈多，说明筛分的效果愈差，为了从数量上评定筛分的完全程度，常引用筛分效率这一质量指标。

所谓筛分效率，是指实际得到的筛下产物质量与入筛物料中所含粒度小于筛孔尺寸的物料的质量之比值。一般用百分数表示。

$$E=\frac{Q_1}{Q}\times 100\% \tag{2-20}$$

式中 Q_1——筛下产物的质量；

Q——入筛原物料中小于筛孔尺寸的粒级质量。

但在实际生产中，要称量全部的筛下物料的质量和入筛物料中的细粒级质量是很困难的，也是不经济的。为了便于在生产中测定筛分效率，可以根据入筛物料和筛上产物中小于筛孔尺寸的粒级的含量(可用筛析测定)来计算。

假设筛网无破损，筛下产物中不含大于筛孔尺寸的颗粒，由图 2-7，可以列出以下两个质量平衡方程式：

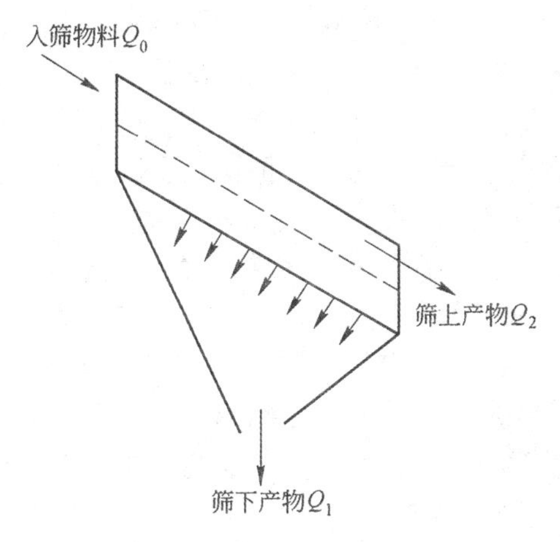

图 2-7 筛分效率的测定

(1) 入筛物料量等于筛上和筛下产物质量之和

$$Q_0 = Q_1 + Q_2 \tag{2-21}$$

(2) 入筛物料中小于筛孔尺寸的粒级的总质量等于筛上产物与筛下产物中所含有的小于筛孔尺寸的物料的质量之和

$$Q_0 a = Q_1 \cdot 100 + Q_2 \cdot b \tag{2-22}$$

式中 a——入筛原物料中小于筛孔尺寸粒级的含量，%；

b——筛上产物中所含小于筛孔尺寸粒级的含量，%；

Q_0——入筛原物料质量；

Q_2——筛上产物的质量。

将式 2-21 代入式 2-22 中可得

$$Q_1 = \frac{Q_0(a-b)}{100-b} \tag{2-23}$$

入筛原物料中小于筛孔尺寸的粒级的质量

$$Q = Q_0 \cdot \frac{a}{100} \tag{2-24}$$

将式 2-23、2-24 代入式 2-20 可得

$$E = \frac{\dfrac{Q_0(a-b)}{100-b}}{Q_0 \cdot \dfrac{a}{100}} \times 100\% = \frac{100(a-b)}{a(100-b)} \times 100\% \tag{2-25}$$

必须指出，在导出公式 2-25 时，是假定筛下产物中不含有大于筛孔尺寸的颗粒(即认为筛下产物中小于筛孔尺寸的粒级的含量为 100%)，但是，实际生产中由于筛面磨损，或由于使用的筛面质量不高，部分大于筛孔尺寸的颗粒总会或多或少地透过筛孔进入筛下产物，在这种情况下，筛分效率应按下式计算

$$E=\frac{c(a-b)}{a(c-b)}\times 100\% \tag{2-26}$$

式中　c——筛下产物中所含小于筛孔尺寸的粒级的含量，%。

运用式2-26计算筛分效率时，需要测定 a、b、c 三个数据，较为麻烦。只有当筛孔磨损很大时，才有采用的必要。一般情况下采用式2-25计算筛分效率。

筛分效率的测定方法如下：在入筛的物料流中和筛上物料流中每隔15～20 min取样一次，应连续取样2～4 h，将取得的试样在检查筛上筛分，检查筛的筛孔与生产用筛的筛孔相同。分别求出原料和筛上产品中小于筛孔尺寸的粒级的百分含量 a 和 b，代入公式2-25中可求出筛分效率 E。如果没有与所测定的筛子的筛孔尺寸相等的检查筛子时，可用套筛进行筛分分析，将其结果绘成筛析曲线，然后由筛析曲线图求出该粒级的百分含量 a 和 b。

生产实践证明，入筛物料中小于筛孔尺寸的那部分物料的粒度组成，对筛分效率有很大的影响。若按照各个不同粒级分别计算筛分效率时，细粒部分的筛分效率要高一些。因此有时必须对其中的某几个粒级计算筛分效率，算得的结果称为部分筛分效率。与之对应，如果用全部小于筛孔粒级来计算筛分效率，计算的结果称为总筛分效率。

部分筛分效率就是筛下产物中某一个粒级的质量占原物料中同一粒级质量的百分率。它的计算方法与公式2-26相同。只不过此时 a、b、c 在公式中不是表示小于筛孔尺寸粒级的含量，而是表示所要测定的某个粒级的含量。

部分筛分效率与总筛分效率的关系是：易筛颗粒的部分筛分效率总是大于总筛分效率，且粒级愈细，部分筛分效率愈高；而难筛颗粒的部分筛分效率恒小于总筛分效率，且难筛颗粒直径愈接近筛孔尺寸，部分筛分效率愈低。

2.5.2　筛分动力学及其应用

A　筛分动力学分析

筛分动力学主要研究筛分过程中，筛分效率与筛分时间的关系。

在松散物料的筛分过程中，都存在着这样一种普遍规律：筛分开始初期，筛分效率增加得很快，而以后增长速度逐渐降低，见图2-8。产生这种现象的原因是：筛分开始初期，“易筛粒”很快透过筛孔，因此，筛分效率增长快；随着筛分时间的增长，筛面上的“易筛粒”愈来愈少，以至筛上只剩下“难筛粒”，而“难筛粒”透过筛孔需要较长的时间，所以筛分效率的增加就变慢了。下面用筛分石英颗粒时筛分效率随筛分时间的变化关系来进行说明，表2-5为筛分石英颗粒时的试验数据。

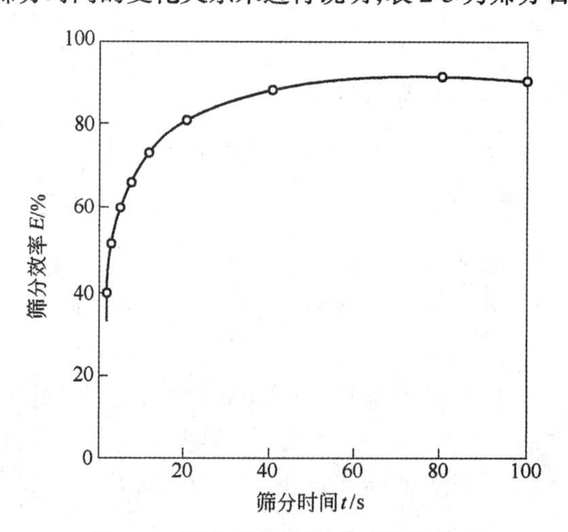

图2-8　筛分效率与筛分时间的关系

表 2-5　石英的筛分效率与时间的关系的试验资料

筛分时间 t/s	由试验开始计算的筛分效率 E	$\lg t$	$\lg\left(\lg\frac{1}{1-E}\right)$	$\lg\frac{1-E}{E}$
4	0.534	0.6021	−0.47939	−0.05918
6	0.645	0.7782	−0.34698	−0.25665
8	0.758	0.9031	−0.21028	−0.49594
12	0.830	1.0792	−0.11379	−0.68867
18	0.913	1.2553	+0.02531	−1.02136
24	0.941	1.3802	+0.08955	−1.20273
40	0.975	1.6021	+0.20466	−1.57512

如果将表中的数据(第三列和第五列)绘在对数坐标纸上,以横坐标表示 $\lg t$,以纵坐标表示 $\lg\frac{1-E}{E}$,可以得到一条直线,如图 2-9 所示。于是,可以写出直线方程式

$$\lg\frac{1-E}{E} = -m\lg t + \lg a$$

式中　m——直线斜率;

　　$\lg a$——直线在纵坐标上的截距。

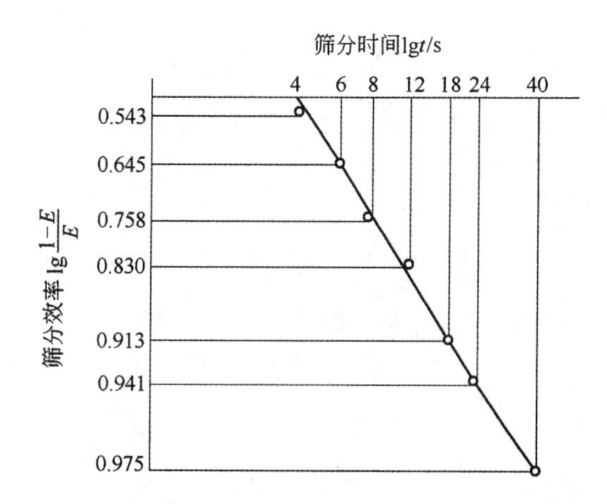

图 2-9　筛分效率$\left(\lg\frac{1-E}{E}\right)$与筛分时间($\lg t$)的关系

因此

$$\lg\frac{1-E}{E} = \lg(t^{-m}\cdot a)$$

即

$$E = \frac{t^m}{t^m + a} \tag{2-27}$$

式中,m 及 a 是与物料性质及筛分进行情况有关的参数。对于振动筛,m 可取 3,参数 a 可以看作物料的可筛性指标。

筛分效率与筛分时间的上述关系,可以用下面的理论来解释。

设 W 为某瞬间存在于筛面上比筛孔小的颗粒的重量,$\mathrm{d}W/\mathrm{d}t$ 为该瞬间的筛分速率(即极短瞬间内比筛孔小的矿粒透过筛孔的质量),与该瞬间留在筛面上比筛孔小的颗粒的重量成正比,即

$$\frac{\mathrm{d}W}{\mathrm{d}t} = -KW \tag{2-28}$$

式中　K——比例系数。

式中的负号表明，W 随时间的增长而减小。积分上式得

$$\ln W = -Kt + C \tag{2-29}$$

设 W_0 是筛分开始时给矿中所含比筛孔小的颗粒的质量，当 $t=0$ 时，$W=W_0$，即

$$\ln W_0 = C \tag{2-30}$$

因此
$$\ln W - \ln W_0 = -Kt \quad 或 \quad \frac{W}{W_0} = e^{-Kt}$$

比值 W/W_0 是比筛孔小的颗粒在筛上产物中的回收率，而$(1-W/W_0)$则是比筛孔小的颗粒在筛下产物中的回收率，即筛分效率。

故有
$$E = 1 - \frac{W}{W_0} \quad 或 \quad E = 1 - e^{-Kt} \tag{2-31}$$

更符合实际的筛分动力学公式为

$$E = 1 - e^{-Kt^n} 或\ 1 - E = e^{-Kt^n} \tag{2-32}$$

将上式取两次对数，可得到

$$\lg\left(\lg\frac{1}{1-E}\right) = n\lg t + \lg(K\lg e) \tag{2-33}$$

若以横坐标轴表示 $\lg t$，以纵坐标轴表示 $\lg\left(\lg\frac{1}{1-E}\right)$，用公式 2-33 作出的图形是一条直线，直线的斜率为 n。

式中，参数 K 和 n 与被筛物料的性质和筛分的工作条件有关。对于相同的物料，K 一定时，t 愈长，E 愈高；反之，t 愈短，E 愈低。对于不同的物料，t 一定时，K 大，则 E 高，反之 K 小则E 低。K 称为物料的可筛性指标。$K=1/T^n$。

以 $K=1/T^n$代入式 2-32，且当 $t^n=T^n$时，则

$$1 - E = \frac{1}{2.71} \quad 即\ E = 63.4\%$$

故参数 T^n 是某物料当$E=63.4\%$时筛分时间的 n 次方乘积。

把公式 2-32 改写为：
$$E = 1 - \frac{1}{e^{Kt^n}}$$

将 e^{Kt^n}分解为级数：
$$e^{Kt^n} = 1 + Kt^n + \frac{(Kt^n)^2}{2} + \cdots$$

取级数的前两项代入公式 2-32 得到

$$E = 1 - \frac{1}{1+Kt^n} = \frac{Kt^n}{1+Kt^n} \tag{2-34}$$

公式 2-33 是公式 2-32 的近似式，如果令 $K=1/a$，则 $E=t^n/(a+t^n)$。所以公式 2-34 与公式 2-27 相同。

设筛面长度为 L，因为 $t\propto L$，故公式 2-34 可表示为

$$E = \frac{K'L^n}{1+K'L^n} \tag{2-35}$$

B　筛分动力学的应用

利用筛分动力学公式来研究筛子的生产能力与筛分效率的关系：当物料的筛分条件保持一定时，筛分效率随筛子负荷的增加而降低。随着筛子负荷的增大，筛分效率逐渐下降；当筛子过负荷时，筛上物料层的厚度增加到一定程度以后，筛面上的物料不能按粒度分层。导致物料全部从筛上产物排出，此时，筛子变成了运输设备。为此，当筛子给料量很大时，为了达到相同的筛分效率，就必须增加筛分时间，使筛面上物料层厚度保持不变。

当筛分条件不变时，筛子给料量愈大，物料被筛分的时间愈短。所以，当筛分效率一定时，筛子生产率与筛分时间成反比。即

$$\frac{Q_1}{Q_2}=\frac{t_2}{t_1} \tag{2-36}$$

式中 Q_1,Q_2——筛子的生产率；

t_1,t_2——达到规定筛分效率所需要的筛分时间。

根据公式 2-27 可以求出 $t^m=aE/(1-E)$ 或 $t=\sqrt[m]{aE/(1-E)}$，当筛分时间相同，而给矿量为 Q_1 及 Q_2 时，相应的筛分效率为 E_1 及 E_2，将 t 值代入式 2-36 中可以求得

$$\frac{Q_1}{Q_2}=\frac{\sqrt[m]{\dfrac{aE_2}{1-E_2}}}{\sqrt[m]{\dfrac{aE_1}{1-E_1}}}=\sqrt[m]{\frac{E_2(1-E_1)}{E_1(1-E_2)}} \tag{2-37}$$

这个公式表达了筛子的生产率与筛分效率的关系。

表 2-6 振动筛的筛分效率与生产率的关系

Q \ E	在下列筛分效率(以小数表示)时，筛子的相对生产率									
	0.4	0.5	0.6	0.7	0.8	0.9	0.92	0.94	0.96	0.98
试验平均值①	2.3	2.1	1.9	1.6	1.3	1.0	0.9	0.8	0.6	0.4
$m=3$ 时，按公式 2-37 的计算值	2.36	2.09	1.82	1.57	1.31	1.0	0.92	0.83	0.72	0.585

①目前选厂设计中，振动筛的计算是采用表中所列的试验平均值。

应用这个公式时，要先知道 m 值。可以通过试验数据确定，振动筛可以取 $m=3$。按照公式 2-37 计算的结果列于表 2-6 中，表中取筛分效率为 0.9 时的相对生产率为 1。同时列出了试验平均值。可以看出，按公式 2-37 的计算结果与试验值基本相近。

利用筛分动力学公式来研究筛分效率与筛面长度的关系：在选矿厂中，有时需要提高筛子的筛分效率和处理能力，为缩小碎矿产物粒度和增加碎矿机生产能力创造条件，措施之一就是在配置条件允许的情况下增加筛子的长度，筛分动力学为这种措施提供了理论依据。

令 t_1、L_1 和 E_1 为第一种情况下的筛分时间、筛面长度和筛分效率；t_2、L_2 和 E_2 为第二种情况下的筛分时间、筛面长度和筛分效率。因为筛分时间与筛面长度成正比，故公式 2-35 可以写为

$$L_1^n=\frac{E_1}{K'(1-E_1)} \text{ 及 } L_2^n=\frac{E_2}{K'(1-E_2)}$$

从而

$$\left(\frac{L_1}{L_2}\right)^n=\frac{E_1}{1-E_1}\times\frac{1-E_2}{E_2} \tag{2-38}$$

对于振动筛，此处可以取 $n=3$。

本章小结

粒度就是矿块的大小，一般以 mm 为单位，通常采用平均直径、等值直径和粒级的上下限表示法三种近似的方法表示。粒级则是借助某种方法将矿粒混合物按粒度分成的若干级别，而矿粒混合物中各粒级的相对含量称为粒度组成。测定粒度组成的试验叫粒度分析，粒度分析根据物料粒度的不同，可采用筛分分析、水力沉降分析和显微镜分析的方法。

筛分分析常用的筛子有标准套筛和非标准套筛两种，其操作方法有干式筛析法、干湿联合筛

析法和快速筛析法三种。将筛析结果计算得出的数据,绘制成为曲线,称为该物料的粒度特性曲线。它反映出被筛析的物料中任何粒级与产率的关系,根据用途不同,有不同的绘制方法,如累积产率粒度特性曲线、半对数累积产率粒度特性曲线和全对数累积产率粒度特性曲线等。

筛分过程实际上就是使混合物料与筛子的筛面作相对运动,最终分成筛下产品和筛上产品的过程,它与物料的粒度和形状有关,而与密度无关。松散物料的筛分过程,可以看作是由小于筛孔尺寸的颗粒通过筛上颗粒所形成的物料层到达筛面和透过筛孔两个阶段组成。颗粒通过筛孔的可能性称为筛分概率,它与筛孔尺寸、颗粒与筛孔的相对大小、筛子的有效面积、颗粒运动方向与筛面的夹角、颗粒的含水量和含泥量等因素有关。

筛分效率是指实际得到的筛下产物质量与入筛物料中所含粒度小于筛孔尺寸的物料的质量百分比,它是筛分工作的质量指标。筛分动力学主要研究过程中筛分效率与筛分时间的关系,可以利用筛分动力学的公式来研究筛子的生产能力与筛分效率、筛分效率与筛面长度的相互关系。

复习思考题

2-1　什么叫粒度,什么叫粒级,什么叫粒度组成?

2-2　粒度分析方法有哪几种,各应用于什么粒度范围?

2-3　对于粒度范围宽的和粒度范围窄的物料,其平均粒度如何计算,什么叫偏差系数,有何意义?

2-4　试述泰勒标准筛的筛制。

2-5　筛析方法有哪几种,各应用在什么情况下?

2-6　试述几种筛析方法的操作过程。

2-7　筛析结果的计算有哪几个项目,如何计算,筛析记录表如何编制?

2-8　粒度特性曲线有哪几种,如何绘制?

2-9　举例说明累积产率粒度特性曲线的用途?

2-10　半对数和全对数累积产率粒度特性曲线有何特点?

2-11　选矿厂筛分作业的任务是什么,筛分分为哪几种类型?

2-12　选矿厂常用的筛分设备有哪些,如何进行分类?

2-13　何谓筛分概率,研究筛分概率有什么意义?

2-14　何谓筛分效率和部分筛分效率,二者有何关系?

2-15　如何计算筛分效率,如何测定筛分效率?

2-16　试计算振动筛筛分效率和 $-2+0$ mm 粒级的部分筛分效率。已知筛孔尺寸为 16 mm,振动筛给矿中小于 16 mm 粒级的含量为 80%,其中 $-2+0$ mm 粒级含量为 65%,筛上产物中 -16 mm 含量为 15%,其中 $-2+0$ mm 粒级含量为 0%,而且筛网无漏洞。

2-17　结合实际筛分过程分析筛分效率与筛分时间的关系。

2-18　应用筛分动力学分析筛子生产率与筛分效率的关系,它对筛分实践有何指导意义?

3 筛分设备

3.1 概述

工业上使用的筛子种类繁多,尚无统一的分类标准。在选矿工业中常用的筛子,根据它们的结构和运动特点,可以分为下列几种类型:

(1) 固定筛。包括固定格筛、固定条筛和悬臂条筛。由于构造简单,不需要动力,在选矿厂中广泛用于大块矿石筛分。

(2) 筒形筛。包括圆筒筛、圆锥筛和角锥筛等。主要用于建筑工业筛分和清洗碎石、砂子,也常用在选矿厂作洗矿脱泥用。

(3) 振动筛。包括机械振动和电力振动两种。属于前者的有惯性振动筛、自定中心振动筛、直线振动筛和共振筛等。属于后者的有电振筛。根据筛面运动轨迹不同又可分为圆运动振动筛与直线运动振动筛两类。圆运动振动筛是由不平衡振动器的回转质量产生的激振力使筛体产生强烈的振动作用,筛子运动轨迹为圆或近似于圆,由于它的筛分效率比较高,目前在选厂中应用最广泛,例如惯性振动筛与自定中心振动筛;直线运动振动筛是由振动器产生的定向振动作用拖动水平安装的筛框,筛框的运动轨迹为定向直线振动,以保证物料在筛面上产生强烈的抖动,主要用于煤的脱水分级、脱介、脱泥,也可用于磁铁矿的冲洗、脱泥和分级等,例如直线振动筛和共振筛。

(4) 弧形筛和细筛。用于磨矿回路中作为细粒分级的筛分设备。分离粒度可达 325 目。除弧形筛外,我国目前采用的细筛有:GPS 型高频振动细筛、德瑞克筛、直线振动细筛、旋流细筛以及湿法立式圆筒筛等。

3.2 固定筛

固定筛的特点是筛子固定不动,借自重或一定的压力给入到筛面上的物料在筛面上运动,透过筛孔成为筛下产物,另一部分留在筛面上成为筛上产物,从而达到按粒度分离的目的。在选厂常用于筛分大块物料的有固定格筛、固定条筛和悬臂条筛。用于筛分细粒物料的有弧形筛和旋流筛等。

固定筛是由平行排列的钢棒和钢条组成,钢棒或钢条称为格条,格条借横杆联结在一起,格条间的缝隙大小为筛孔尺寸。格条断面的形状如图 3-1 所示。

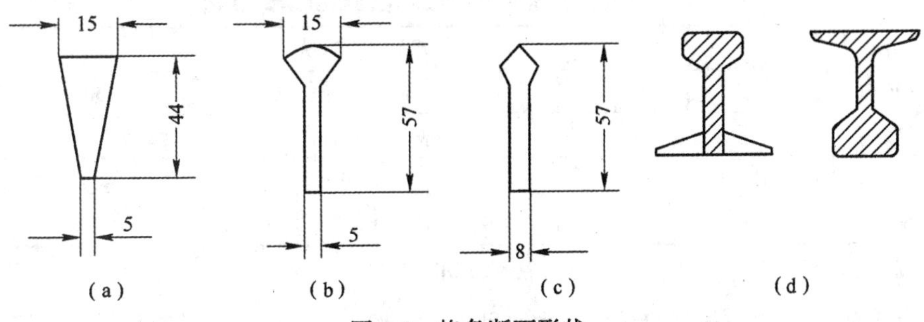

图 3-1　格条断面形状

固定格筛安装在原矿受矿仓及粗碎矿仓的上部，多为水平安装，筛孔为正方形，筛孔尺寸 a 应根据粗碎机的给矿口宽度来确定。即

$$a = 0.8 \sim 0.85B$$

式中 B——粗碎机的给矿口宽度，mm。

格筛的作用是控制进入粗碎机的合适入料粒度，筛上的大块需要用人工锤碎或其他方法破碎，使其能通过筛孔并顺利进入粗碎破碎机。

条筛主要用于粗碎和中碎前的预先筛分。粗碎前通常采用固定条筛，即格条两端刚性固定，见图 3-2；中碎前则采用格条半固定安装的悬臂条筛，见图 3-3，格条末端由于物料的冲击作用而产生振动，从而减少了筛孔堵塞的可能性。条筛一般倾斜安装，倾角的大小应能使物料沿筛面自动下滑，因此应大于物料与筛面的摩擦角。筛分一般矿石时，倾角为 40°～50°，对于大块矿石，倾角可稍减小；而对于潮湿物料或黏性物料，倾角应增加 5°～10°。条筛的筛孔尺寸约为要求筛下粒度的 0.8～0.9 倍，一般筛孔尺寸不应小于 50 mm，个别情况下允许小于 25 mm。

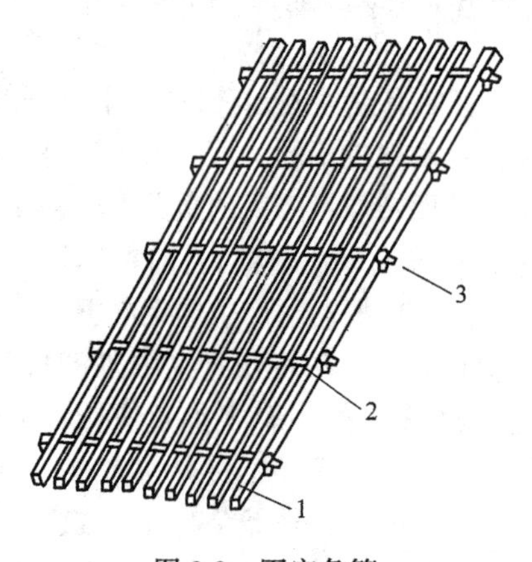

图 3-2 固定条筛

1—格条；2—垫圈；3—横杆

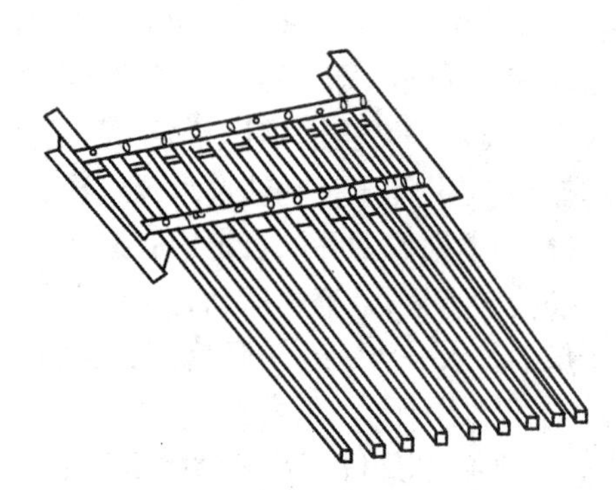

图 3-3 悬臂条筛

固定条筛的筛分面积按下列经验公式计算

$$F = \frac{Q_d}{qa} \tag{3-1}$$

式中 F——条筛的筛分面积，m^2；

Q_d——按设计流程计的给入条筛的矿量，t/h；

q——按给矿计的 1 mm 筛孔宽的固定条筛单位面积处理量，$t/(m^2 \cdot h \cdot mm)$，见表 3-1；

a——条筛的筛孔宽，mm。

表 3-1 1 mm 筛孔宽的固定筛单位面积处理量 q 值

<table>
<tr><td rowspan="3">筛分效率 E/%</td><td colspan="7">筛孔间隙/mm</td></tr>
<tr><td>25</td><td>50</td><td>75</td><td>100</td><td>125</td><td>150</td><td>200</td></tr>
<tr><td colspan="7">q/t·(m²·h·mm)⁻¹</td></tr>
<tr><td>70～75</td><td>0.53</td><td>0.51</td><td>0.46</td><td>0.40</td><td>0.37</td><td>0.34</td><td>0.27</td></tr>
<tr><td>55～60</td><td>1.16</td><td>1.02</td><td>0.92</td><td>0.80</td><td>0.74</td><td>0.68</td><td>0.54</td></tr>
</table>

注：单位面积处理量 q 是按矿石松散密度为 1.6 t/m^3 计算出来的。

算出筛子面积之后，应根据给矿中最大块尺寸确定筛子的宽度 B，再按筛子的宽度选定筛子

的长度 L。条筛的宽度决定于给矿机、运输机以及破碎机给矿口的宽度，为了避免大块矿石在筛面上堵塞，筛子宽度至少应等于给矿中最大矿块粒度的2.5～3倍，长度应为宽度的2～3倍。

固定筛的优点是构造简单，无运动部件，不消耗动力，容易制造。缺点是筛分效率不高，需要的安装高度大，处理黏性或潮湿矿石时筛孔易堵塞。尽管如此，它仍然广泛地用于大块物料的筛分。

3.3 振动筛

根据筛框的运动轨迹不同，振动筛可以分为圆运动振动筛和直线运动振动筛两类。圆运动振动筛包括惯性振动筛、自定中心振动筛和重型振动筛。直线运动振动筛包括直线振动筛和共振筛。各种振动筛技术规格列于表3-2。

振动筛是选矿厂普遍采用的一种筛子，它具有以下突出的优点：

(1) 筛体以低振幅、高振动次数作强烈振动，加速物料在筛面上的分层和通过筛孔的速度，使筛子有很高的生产率和筛分效率。

(2) 由于筛面的强烈振动，筛孔较少堵塞，在筛分黏性或潮湿矿石时，工作指标明显优于其他类型的筛子。

(3) 所需的筛网面积比其他筛子小，可以节省厂房的面积和高度。而且动力消耗少，操作、维修比较方便。

(4) 应用范围广，既可适用于中、细碎前的预先筛分和检查筛分；还可以用于洗矿、脱水与脱泥等作业及磨矿循环中的分级作业。

3.3.1 惯性振动筛

A 惯性振动筛的构造

国产惯性振动筛有单层、双层，座式和吊式之分。图3-4为SZ型(座式)惯性振动筛外形图，图3-5是惯性振动筛的原理示意图。它是由筛箱、振动器、板弹簧组和传动电机等部分组成。筛网2固定在筛箱1上，筛箱安装在两椭圆形板弹簧组8上，板弹簧组底座与倾斜度为15°～25°的基础固定。筛箱是依靠固定在其中部的单轴惯性振动器(纯振动器)产生振动。振动器的两个滚动轴承5固定在筛箱中部，振动器主轴4的两端装有偏重轮6，调节重块7在偏重轮上不同的位置，可以得到不同的惯性力，从而调整筛子的振幅。安装在固定机座上的电动机，通过三角皮带轮3带动主轴旋转，因此使筛子产生振动。筛子中部的运动轨迹为圆；因板弹簧的作用使筛子的两端运动轨迹为椭圆，在给料端附近的椭圆形轨迹方向朝前，促使物料前进速度增加；根据对生产量和筛分效率的不同要求，筛子可安装成不同的坡度(15°～25°)。在排料端附近的椭圆形轨迹方向朝后，以使物料前进速度减慢，有利于提高筛分效率，如图3-6所示。

SZ型惯性振动筛可用于选矿厂、选煤厂及焦化厂对矿石、煤及焦炭的筛分，入筛物料的最大粒度为100 mm。

SXG型惯性振动筛与SZ型惯性振动筛的主要区别在于此筛的筛箱是利用弹簧悬挂装置吊起。电动机经三角皮带来带动振动器的主轴回转，由于振动器上不平衡重量产生的离心力作用，使筛子产生圆运动。这种筛子适用于矿石和煤的筛分。

B 惯性振动筛的工作原理

惯性振动筛是由于偏重轮的回转运动产生的离心惯性力(称为激振力)传给筛箱，激起筛子振动，筛上的物料受筛面向上运动的作用力而被抛起，前进一段距离后再落回筛面，直至透过筛孔。

表 3-2　国产筛分机械系列及技术规格

类　型	型号与规格	工作面积 /m^2	筛网层数 /层	最大给料粒度 /mm	处理量 /$t\cdot h^{-1}$	筛孔尺寸 /mm	双振幅 /mm	振　次 /次$\cdot min^{-1}$	筛面倾角 /(°)	电动机		质量/t
										型　号	功率 /kW	
自定中心振动筛	SZZ 400×800	0.29	1	50	12	1~25	3	1500	10~20	Y90S－4	1.1	0.12
	$SZZ_2$400×800	0.29	2	50	12	1~16	3	1500	10~20		0.8	0.149
	SZZ 800×1600	1.2	1	100	20~25	3~40	6	1430	10~25	$Y100L_1－4$	2.2	0.498
	$SZZ_2$800×1600	1.2	2	100	20~25	3~40	6	1430	10~25	$Y100L_2－4$	3.0	0.772
	SZZ 900×1800	1.62	1	60	20~25	1~25	6	1000	15~25	$Y100L_1－4$	2.2	0.44
	$SZZ_2$900×1800	1.62	2	60	20~25	1~25	6	1000	15~25	$Y100L_1－4$	2.2	0.6
	SZZ 1250×2500	3.13	1	100	150	6~40	1~3.5	850	15~20	Y132S－4	5.5	1.021
	$SZZ_2$1250×2500	3.13	2	150	150	6~50	2~6	1200	15	$Y132M_2－6$	5.5	1.26
	$SZZ_2$1250×4000	5	2	150	120	3~60	2~6	900	15	Y132M－4	7.5	2.5
	SZZ 1500×3000	4.5	1	100	245	6~16	8	800	20~25		7.5	2.234
	$SZZ_2$1500×3000	4.5	2	100	245	6~40	2.5~5	840	15~20		7.5	2.511
	SZZ 1500×4000	6	1	75	250	1~13	8	810	20~25	Y132M－4	15	2.582
	$SZZ_2$1500×4000	6	2	100	250	6~50	5~10	800	20	Y160L－4	15	3.412
	SZZ 1800×3600	6.48	1	150	300	6~50	8	750	25		17	4.626
	$SZZ_2$1800×3600	6.48	2	150	300	6~70	7	820	20		15	3.6
惯　性振动筛	SZ 1250×2500	3.1	1	100	70	6~40	4	1450	15~25	YB132S－4	5.5	1.093
	$SZ_2$1250×2500	3.1	2	100	70~200	6~40	4.8	1300	15~25	YB132S－4	5.5	1.387
	SZ 1500×3000	4.5	1	100	70~150	6~40	4.8	1300	15~25	YB132S－4	5.5	1.388
	$SZ_2$1500×3000	4.5	2	100	100~300	6~40	6	1000	15~25	YB132S－4	5.5	1.797
重　型振动筛	H-1735 1750×3500	6.1	1	300	300~600	25~100	8~10	750	20~25	Y160L－4	15	3.994
	2H-1735 1750×3500	6.1	2	300	400~700	上 25~100 下 25~50	7~8	750	22~25	Y160L－4	15	5.28
	2H-2460 2400×6000	14.4	2	300		22~50	8~10	735	15~25	Y280S－4	37	15.8
	YH-1836 1800×3600	6.48	1	300	900	150	6~8	970	20		10	4.935
共振筛	SZG1000×2500	2.5	1	150			12~18	650~750			4	2.23
	2SZG1200×3000	3.6	2	150			12~18	650~750			5.5	3.44
	SZG1500×3000	4.5	1	200		3~50	12~20	650~750			7.5	3.523
	2SZG1500×4000	6	2	150			12~18	550~800			7.5	5.58
	SZG2000×4000	8	1	100		10~50	12~20	650~750			11	7.14
	2SZG2000×4000	8	2	150			12~18	650~750			11	6.5

续表 3-2

类　型	型号与规格	工作面积/m^2	筛网层数/层	最大给料粒度/mm	处理量/$t \cdot h^{-1}$	筛孔尺寸/mm	双振幅/mm	振　次/次$\cdot min^{-1}$	筛面倾角/(°)	电　动　机		质量/t
										型　号	功率/kW	
	ZKX1536 1500×3600	5	1	300	35～55	0.5～13	8.5～11	890		Y132M－4	7.5	5.091
	2ZKX1536 1500×3600	5	2	300	35～55	3～80	8.5～11	890		Y132M－4	7.5	7.114
						0.5～13						
	ZKX1548 1500×4800	6	1	300	42～70	0.5～13	8.5～14.5	890		Y160M－4	11	7.443
	2ZKX1548 1500×4800	6	2	300	42～70	3～80	8.5～14.5	890		Y160M－4	11	8.789
						0.5～13						
	ZKX1836 1800×3600	7	1	300	45～85	0.5～13	8.5～14.5					
	2ZKX1836 1800×3600	7	2	300	45～85	3～80	8.5～14.5	890		Y132M－4	7.5	5.428
						0.5～13		890		Y160M－4	11	7.78
	ZKX1848 1800×4800	8.9	1	100	60～100	0.5～13	8.5～11					
直　线 振动筛	2ZKX1848 1800×4800	8.9	2	150	60～100	3～80	10	890		Y160M－4	11	6.085
						0.5～13		890		Y160L－4	15	7.545
	ZKX2448 2400×4800				80～125	0.5～13	8.5～14.5					
	2ZKX2448 2400×4800	9	1	300	80～125	3～80	8.5～14.5	890		Y160L－4	15	7.886
		9	2	300		0.5～13		890		Y180L－4	22	11.143
	ZKX2460 2400×6000				95～170	0.3～13	8.5～11					
	2ZKX2460 2400×6000	14.9	1	100	95～170	3～80	8.9～14.5					
		14	2	300		0.15～13		890		Y180L－4	22	13.33
	ZKX2160 2100×6000				90～150	0.15～13	8～11	890		Y180L－4	22	16.17
	2ZKX2160 2100×6000	13	1	300	90～150	13～80	8～11					
		13	2	300		0.15～13		890		YZ180L－4	22	10.426
								890		YZ200L－4	30	13.991
	ZKB1545 1500×4500	6	1	30	150	0.5～1.5	4.59	970	0～15		10～2	5.362
	ZKB1856 1800×5600	10	1	30		0.5～1.5	11	970	0～15		7.5	5.306
直线振动 筛(细筛)	ZKB1856A 1800×5600	10	1	30	120～200	0.5～1.5	11	970	0～15	Y160L－6	11～2	6.466
	ZKB2163 2100×6300	13	2	30	120	13～50(上)	11	970	0～15	Y180L－6	15	10.83
						0.25～13(下)						

注:A—偏心轴;B—双机同步;H—种型;K—块偏心激振器;G—共振;S—筛、双轴、滚轴筛;X—箱式激振器;Y—圆运动、筛盘异型;Z—中心、振动、直线运动、座式。

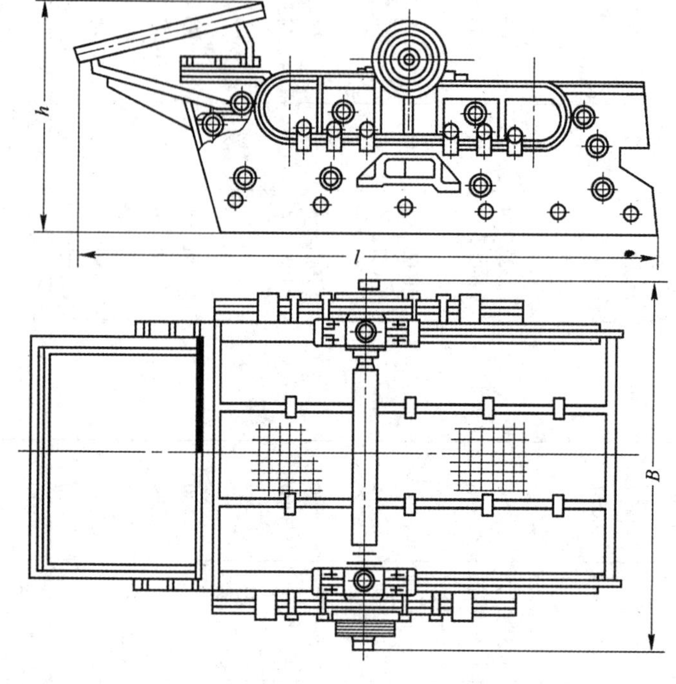

图 3-4　SZ 和 SZ_2 惯性振动筛外形图

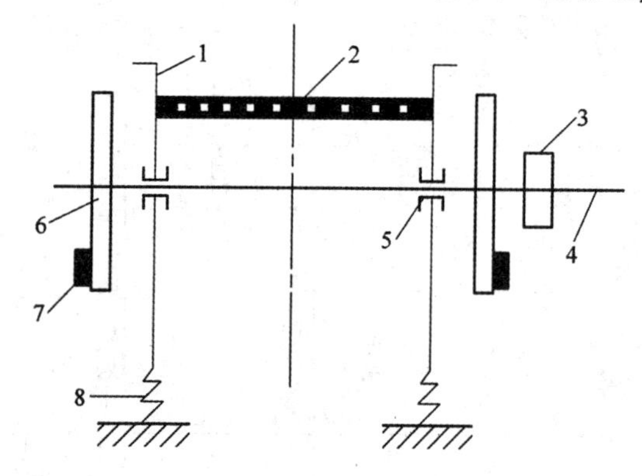

图 3-5　惯性振动筛原理示意图

1—筛箱；2—筛网；3—皮带轮；4—主轴；
5—轴承；6—偏重轮；7—重块；8—板弹簧

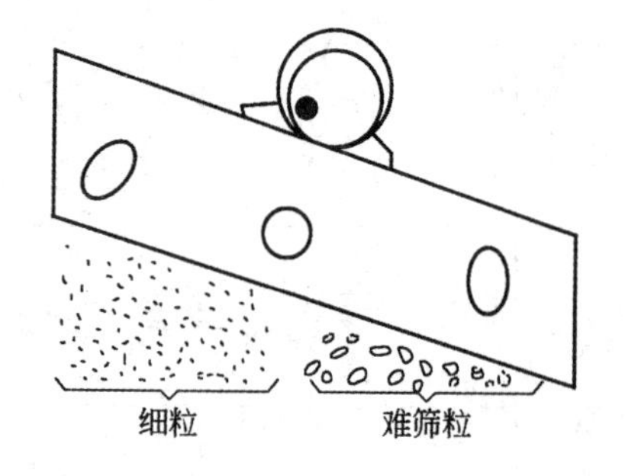

图 3-6　椭圆形运动轨迹

如图 3-7 所示，当主轴以一定的转速 n(r/min)转动，偏心重块的向心加速度为 a_n。

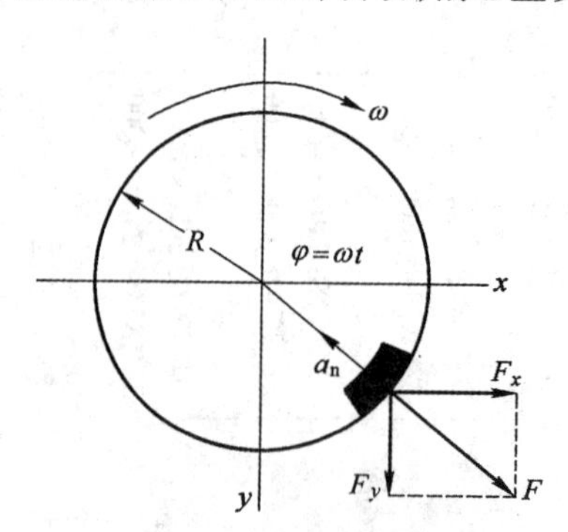

图 3-7　惯性振动筛激振力

$$a_n = R\omega^2$$

式中 R——偏心重块的重心的回转半径；

ω——偏心重块的角速度(rad/s)，$\omega = \pi n/30$。

于是，有离心力 F 作用于筛箱上 $F = ma_n = (q/g)R\omega^2$。式中 q 为偏心重块的质量；m 为偏心重块的质量；g 为重力加速度。

这个离心力 F 称为激振力，它的方向随偏心重块所在位置而改变，指向永远背离转动中心。在任意瞬时 t，F 与 x 轴的夹角为 φ，且 $\varphi = \omega t$，则 F 力在 x 和 y 轴方向的分力为

$$F_x = F\cos\varphi = \frac{q}{g}R\omega^2\cos\omega t \tag{3-2}$$

$$F_y = F\sin\varphi = \frac{q}{g}R\omega^2\sin\omega t \tag{3-3}$$

这两个分力中，一个分力垂直于筛面，也就是沿弹簧的轴线的方向；另一个分力与筛面平行。第一个分力使支承筛箱的弹簧压缩和拉长，第二个分力使弹簧作横向变形，由于弹簧的横向刚度较大，因此，筛箱的运动轨迹是椭圆形或近似于圆。整个传动机械与筛箱一起振动，振动的半径取决于筛箱质量与偏心重块的比值。

一般振动筛的工作转速选择在远离共振区，即工作转速比共振转速大几倍。其优点是在远离共振区工作，振幅比较平稳，可以减少弹簧的数量，节约材料使机器轻便，而且由于弹簧刚度小，传给地基的动载荷小，机器的隔振效果好。

在远离共振区的范围内，下列比式是正确的

$$QA = qR, \frac{A}{R} = \frac{q}{Q} \tag{3-4}$$

式中 q——偏心重块质量；

R——偏心重块至回转轴线的距离(即回转半径)；

Q——参加振动的总质量(包括筛箱、筛网、传动轴、偏重轮及负荷的总质量)；

A——筛子振幅。

由式3-4可以看出，偏心重块的质量虽小，但其旋转半径比振幅 A 大，因此它的惯性力矩可以平衡筛箱运动产生的很大的惯性力矩。从公式3-4还可以看到，当 Q 不变时，改变偏心重块的质量 q 或回转半径 R，可以得到不同的振幅。同理，当给矿量波动以至 Q 发生变化，在 q 及 R 不变的情况下，振幅 A 也相应地要变动。所以，当筛子过负荷时，筛子振幅减小，振动减弱，筛分效率因而降低。当筛子负荷减小时，虽然振幅增加，但筛分效率也可能因颗粒过快跳越筛面而降低。

C 惯性振动筛的性能和用途

惯性振动筛的振动器安装在筛箱上，轴承中心线与皮带轮中心线一致，随着筛箱的上下振动，引起皮带轮振动，这种振动传给电机，会影响电机的使用寿命，因此这种筛子的振幅不宜太大。此外，由于惯性振动筛振动次数高，使用过程中必须特别注意轴承的工作情况。

惯性振动筛由于振幅小而振次高，适用于中、细粒物料的筛分，并且要求在给料均匀的条件下工作。因为振幅随给矿量的变化而改变，当给矿量加大时，筛子的振幅减小，易发生筛孔堵塞现象；反之，当给矿量过小时，筛子的振幅加大，物料颗粒会很快地跳跃而越过筛面，这两种情况都会导致筛分效率降低。由于筛分粗粒物料时需要较大的振幅，才能使物料松散，而且筛分粗粒时，又很难保证给料均匀，故惯性振动筛只适用于中、细粒物料，它的给料粒度一般不能超过100 mm。同时，筛子不宜制造得太大，只有中、小型选厂才宜采用。

3.3.2 自定中心振动筛

国产自定中心振动筛的型号为SZZ,按筛面面积大小有各种规格,每种规格筛子又分为单层筛网(SZZ)和双层筛网(SZZ_2)两种,多数为悬吊筛,但也有装在座架上的。它可以在冶金、化工、建材、煤炭等行业中用作中、细粒物料的筛分。

A 自定中心振动筛的构造

图3-8为SZZ1250×2500型自定中心振动筛的外形图。它主要由筛箱、振动器、悬吊弹簧等部分组成。筛箱1用四根带弹簧的吊杆4悬挂在厂房的楼板或构架上。筛箱与水平的倾角为15°~20°,在上面固定有筛网2和振动器3。筛面可以是单层或双层。振动器3的轴承座6固定于筛箱侧壁。振动器的主轴5的两端装有带偏心重块的皮带轮7和飞轮8。主轴中部也有向一方突起的偏心重块。筛箱的振幅可以通过增减皮带轮和飞轮上偏心重块的数量来进行调整。电动机9通过三角皮带带动振动器,该振动器的偏心效应与惯性振动筛相同,使整个筛箱产生振动。

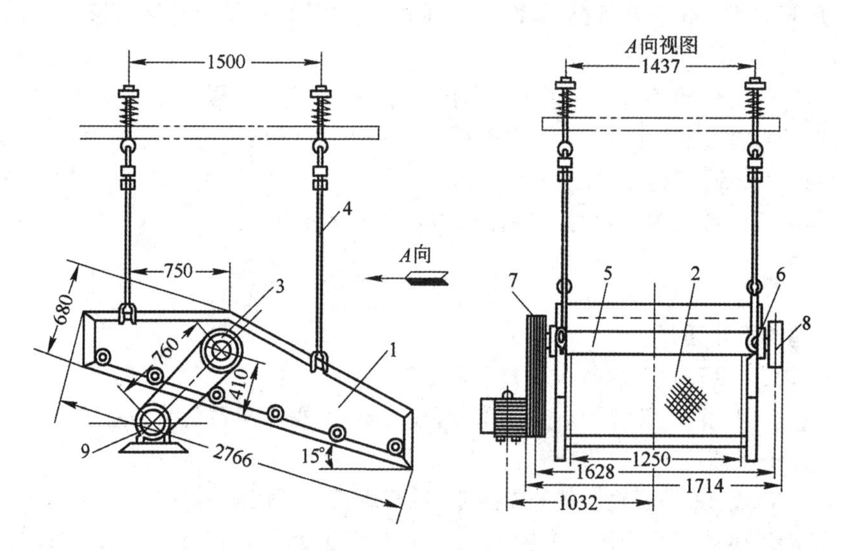

图3-8 SZZ型自定中心振动筛外形图

B 自定中心振动筛的工作原理

自定中心振动筛与惯性振动筛的主要区别在于,惯性振动筛的传动轴与皮带轮轴是同心安装的,而自定中心振动筛的传动轴与皮带轮轴不同心。下面对这两种不同的结构进行简单的比较。

惯性振动筛在工作过程中,当皮带轮和传动轴的中心线作圆周运动时,筛子随之以振幅A为半径作圆周运动,但装于电动机上的小皮带轮中心的位置是不变的,因此大小两皮带轮中心距将随时改变,引起皮带时松时紧,皮带易于疲劳断裂,而且这种振动作用也影响电动机的使用寿命。为了克服这一缺点,出现了自定中心振动筛。

自定中心振动筛的工作原理示意图如3-9所示。与惯性振动筛不同的是皮带轮中心$O-O$位于轴承中心O_1-O_1与偏心重块的重心O_2-O_2之间。主轴是在与筛箱相连的轴承中转动,主轴的偏心距为r,等于筛箱在正常工作时的振幅A。当电动机带动皮带轮7使主轴转动时,由主轴偏心所产生的离心惯性力是加在筛箱振动系统的内力,带动筛箱绕系统的重心作圆运动。偏重轮5上偏心重块的质量,应该保证它们所产生的离心惯性力能够平衡筛箱旋转时所产生的离心惯性力。使皮带轮中心在空间不发生位移的条件是筛箱旋转(回转半径等于主轴的偏心距)产生的离心惯性力与偏心重块所产生的离心惯性力大小相等,方向相反,此时达到动力平衡。即

$$Q \cdot r = 2qR \quad 或 \quad \overline{Q \cdot r} + \overline{2qR} = 0 \tag{3-5}$$

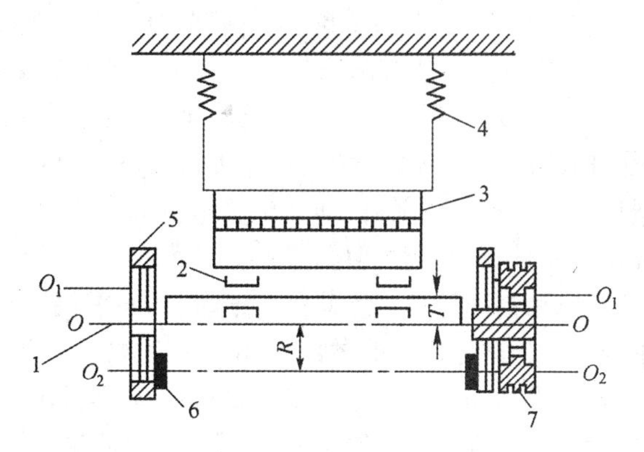

图 3-9 自定中心振动筛工作原理

1—主轴;2—轴承;3—筛框;4—弹簧;5—偏重轮;6—配重;7—皮带轮

式中 Q——筛框、筛面和负荷的总质量;

r——主轴的偏心距;

q——偏心重块的质量;

R——偏心重块重心与回转轴线的距离。

此时,筛箱绕轴线 $O-O$ 作圆运动,振幅 $A=r$,所以不管筛箱和主轴在运动中处于任何位置,皮带轮的中心始终与振动中心线重合,其空间位置不变,从而实现皮带轮"自定中心"。使大小两皮带轮的中心距保持不变,消除了皮带时松时紧的现象。

C 自定中心振动筛的性能与用途

由前面的叙述可知,自定中心振动筛在实质上与惯性振动筛相同,其区别仅仅是使皮带轮中心线不发生位移,所以两者的使用性能和用途也基本相同。

自定中心振动筛的动平衡是相对的,皮带轮的中心线有时也会发生位移。如果偏心重块的质量 q 过小,而参加振动的总质量 Q 不变,则筛箱将以半径小于振幅 A 的圆形轨迹回转;如果偏心重块过重,筛箱的回转半径就大于主轴的偏心距 r。在上述两种情况下,皮带轮中心线也将发生圆周运动。但是,如果偏心重块质量变化不大,皮带轮中心线仅作直径很小的圆运动,不会对电机的挠性传动有什么影响。据此可以认为,自定中心振动筛的偏心重块质量并不需要十分精确的选择。

自定中心振动筛的优点是在电机的稳定方面有很大的改善,所以筛子的振幅可以比惯性振动筛稍大一些。筛分效率较高,一般可以达到80%以上。可以根据生产要求调节振幅的大小。但是,在操作中,筛子的振幅受给矿量影响而变化,当筛子的给矿量过大时,它的振幅变小,不能使筛网上的矿石全部抖动起来,因而筛分效率下降;反之,当筛子的给矿量过小时,矿石在筛面上筛分时间过短,也导致筛分效率下降。因此,给矿量不宜波动太大。所以,这种筛子适用于中、细粒物料的筛分,是选矿厂中广泛采用的筛子之一。

D 重型振动筛

一般振动筛的转速是选择在远离共振区,即工作转速比共振转速大几倍。当筛子启动和停车时,由于转速由慢到快,或由快到慢都会经过共振区,短时地引起系统的共振,这时,筛箱的振幅很大,在操作过程中常可以见到。为此,出现了克服共振可以自动移动偏心重块位置的重型振

动筛。

图 3-10 是用于筛分大块度、大密度物料的自定中心座式重型振动筛，这种振动筛结构比较坚固，能承受较大的冲击负荷，最大入料粒度可达 300 mm。由于它的结构重，振幅大，使筛子在启动和停车时共振现象更为严重，因此，采用了自动平衡器，可以起到减振作用。激振器的结构如图 3-11 所示，偏心重块 5 利用铰链安装在销轴 3 上，在重块中部用弹簧 6 拉紧，重块可以自由转动。当主轴 1 的转速低于某一数值时（大致等于共振转速），偏心重块所产生的离心力很小（离心力随转速而变化），由于弹簧的作用，偏心重块的离心力对销轴 3 产生的力矩小于弹簧力对销轴 3 的力矩，偏心重块对回转中心不发生偏离，即图中所示位置。这种位置对筛箱而言，产生的激振力很小，虽然振动器主轴有一定的转速，但筛箱的振幅很小。可以平稳地克服共振转速，避免筛箱的支承弹簧损坏。当振动器的转速高于共振转速时，偏心重块所产生的离心力大于弹簧的作用力而被弹出，产生正常工作中所需要的激振力，从而使筛箱的振幅达到工作振幅。当停车时，发生相反的情况：当振动器转速降至共振转速时，偏心重块被弹簧作用力拉回原位，振动器基本处于平衡位置。从而使振动器经过共振转速附近时，筛箱的振幅也不致急剧增加。

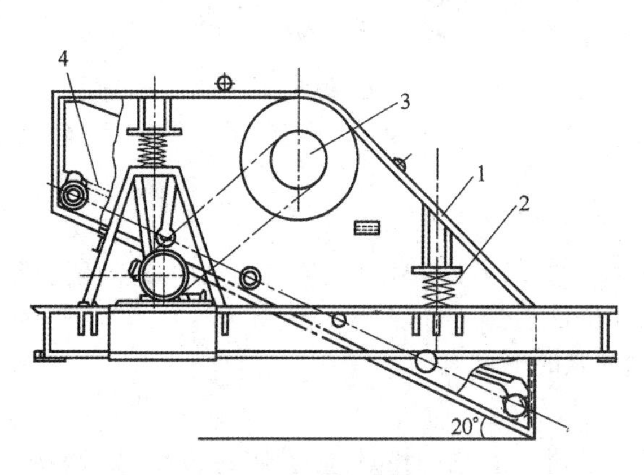

图 3-10 重型振动筛

1—筛箱；2—弹簧；3—激振器；4—筛面

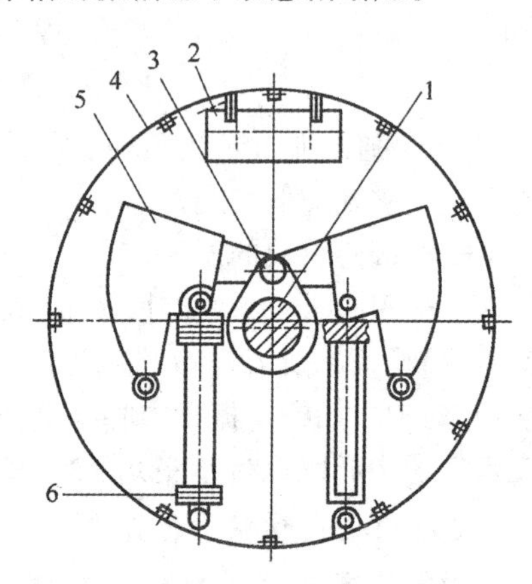

图 3-11 重型振动筛的激振器

1—主轴；2—挡块；3—销轴；4—激振器；
5—偏心重块；6—弹簧

筛子的振幅可以通过增减偏心重块的重量来进行调整。筛子的振动次数可以用更换小皮带轮的方法来改变。

在筛子启动和停车过程中，偏心重块弹出和拉回时对挡块 2 有冲击力，因此应制成由铁片和胶片垫片所组成的组合件，可以对冲击力起缓冲作用。

重型振动筛在选矿厂主要用于中碎之前作预先筛分设备，代替容易堵塞的固定条筛。此外，也可作为含泥多的大块物料的洗矿设备。

3.3.3 直线振动筛

直线振动筛又称为双轴惯性振动筛，是惯性振动筛的一种。它具有很高的生产率和筛分效率。有适用于筛分大块及中细粒物料筛分的 ZKX 型和适用于细粒物料湿式分级和脱水、脱泥、脱介的 ZKB 型。广泛用于冶金矿山、选煤厂、建材及化工等部门。

吊式直线振动筛的工作原理如图 3-12 所示。这种筛子主要由筛箱、箱型振动器、悬吊减振装置和驱动装置等所组成。振动器有两根主轴，两轴上装有相同偏心距的相等的偏心重量。两轴之间用一对速比为 1 的齿轮联接。当电动机经三角皮带带动主轴旋转时，通过齿轮使从动轴转动，两轴的回转速度相同，而方向相反，所以在两轴上相同重量的偏心所产生的离心惯性力在 y 轴方向的分力，其方向相反，而大小相等，所以互相抵消；而在垂直的 x 方向上的分力相互迭加，其结果在 x 方向产生一个往复的激振力，使筛箱在 x 方向上产生往复的直线轨迹的振动。激振力的方向与水平成45°角。物料在筛面上的运动不是依靠筛面的倾角，而是取决于振动的方向角。所以，直线振动筛的筛面是水平安装的。

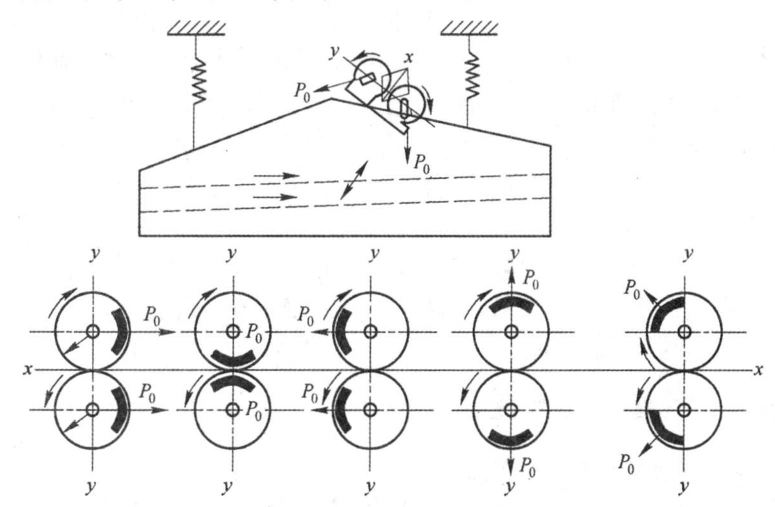

图 3-12 吊式直线振动筛及双轴振动器的工作原理图

直线振动筛与圆振动筛相比，有以下特点：(1)由于筛面水平安装，筛子的安装高度减小。(2)由于筛面是直线往复运动，上面的物料层一方面向前运动，一方面料层在跳起和下落过程中受到压实的作用，有利于脱水、脱泥和重介质选矿时脱去重介质。亦可用于干式筛分及磨矿流程中的粗磨段代替螺旋分级机进行检查分级等作业中。(3)筛面振动角度通常为45°，但对于难筛物料如石块、焦炭、烧结矿可采用60°。(4)构造比较复杂，振幅不易调整，振动器质量大。

3.3.4 共振筛

共振筛属于筛面作直线振动的振动筛，是用连杆上装有弹簧的曲柄连杆机构驱动，使筛子在接近共振状态下工作，达到筛分的目的。

共振筛的构造和原理见示意图 3-13 所示。主要由内装筛网的筛箱、下机体(即平衡机体)、传动装置、共振弹簧、板弹簧、支承弹簧等部件组成。筛箱由倾斜板弹簧片支杆所支承，筛箱的末端由弹性连杆机构传动，使筛箱作垂直于支杆的往复运动。弹性连杆机构和筛箱都安在下机体上。下机体由弹簧支承于地基上。在下机体上有若干个共振弹簧框架，这些弹簧框架与下机体制成一体。筛箱上有一凸起块伸到弹簧框架内，受到弹簧框内主弹簧和附加弹簧的作用，构成振动系统。

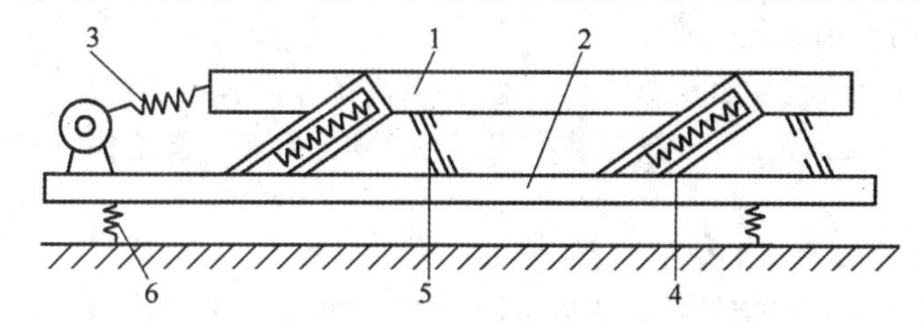

图 3-13 共振筛的原理示意图

1—筛箱；2—下机体；3—传动装置；4—共振弹簧；5—板簧；6—支承弹簧

下机体的作用是减少对厂房和地基的振动。弹簧框架、支杆、弹簧连杆机构都将振动传给参加振动的整个机体。如果下机体直接同地基相连，则振动将传给地基和厂房。因此，为了隔离和减少振动，下机体与地基为弹性连接。由于它的质量通常为筛箱质量的3倍，因而其振幅很小，传给地基的振动也很小。

当电动机通过皮带传动使装于下机体上的偏心轴转动时，轴上的偏心使连杆作往复运动，连杆通过其端部的弹簧将作用力传给筛箱，同时，下机体也受到相反方向的作用力，使筛箱沿着弹簧框架的方向作往复振动，而下机体的运动方向相反。由筛箱和弹簧框架装置(包括凸起块)形成一个弹性系统，有一定的自振频率，传动装置也有一定的强迫振动频率，当两个频率接近相等时，使筛子在接近共振状态下工作。共振筛的工作过程是弹性系统的位能和动能相互转化的过程。所以，在每一次的振动中，只消耗供给克服阻力所需的能量就可以使筛子连续运转，因此筛面虽大，但功率消耗却很小。

共振筛具有处理能力大，筛分效率高，振幅大，电耗小以及结构紧凑等优点。但也存在制造工艺比较复杂，机器质量大，振幅很难稳定，调整较复杂，使用寿命较短等缺点。常用于选煤和金属矿选厂的洗矿分级、脱水、脱介等作业。

3.3.5 振动筛的安装、操作、维护与检修

振动筛的安装与调整应注意以下几点：

(1) 筛子按规定倾角安装在基础上或悬架上后，要进行调整。先进行横向水平度调整，以消除筛箱的偏斜。校正水平后，再调整筛箱纵向倾角。

(2) 筛网应均匀地拉紧，以消除因筛网的局部下垂而产生任何可能的局部振动，因为这种振动只要一出现，就会导致这部分筛网受弯曲疲劳而损坏。

(3) 三角皮带的松紧度是靠调整滑轨螺栓而改变，调整应使三角皮带具有一定的初拉力，但不应使初拉力过小或过大。

(4) 为减少对筛面的冲击，要求受料端的给料落差不大于500 mm，给料方向要求与筛面上物料运动方向一致。

振动筛启动前，应检查各连接部件有无松动，电气元件有无失效，振动器的主轴是否灵活，轴承润滑情况是否良好。筛子启动顺序是：先启动除尘装置，然后启动筛子，待运转正常后，才允许向筛面均匀地给矿。停车的顺序与此相反。其操作规程如下：

(1) 首先启动除尘装置，保证其正常运行。

(2) 振动筛在开机前，应检查筛子周围是否有妨碍筛机运动的障碍物。

(3) 应在没有负荷的情况下开机，待筛机运转平稳后才能给料。停机前，应先停止给料，待筛面上物料全部排除后才能停机。

(4) 在工作过程中，应经常观察筛机运动是否平稳。若发现运动不正常或有物体撞击声，必须及时停机检查，找出原因排除故障。

(5) 应经常监视轴承温度，如发现轴承温度过高，必须立即停机检查。

(6) 支承筛箱的螺旋弹簧内，一般容易积聚矿粉，影响弹簧正常工作，应经常用压缩空气进行清理。

振动筛的维护与检修应注意以下几点：

(1) 经常检查筛机上各连接螺栓的紧固情况，若发现松动应及时拧紧。

(2) 筛网与物料直接接触，易磨损，故应经常检查筛网是否张紧，有无破损，如有破损应及时更换。

(3) 振动器若采用润滑脂润滑，应每月加注一次润滑油。加油量不应超过整个轴承空间的三分之二，否则会引起轴承温度过高。

(4) 振动器使用 6 个月后，应检查油质情况，发现润滑脂变干或有硬块时，应立即清洗并更换新脂，要求轴承每年清洗一次，发现损坏及时更换。

(5) 筛箱侧板和横梁如出现裂缝应及时焊补，焊补时应严格按焊接工艺进行。

(6) 为提高筛网的寿命，可在筛网金属丝上敷上一层耐磨橡胶，或采用特制的橡胶筛面。近年来还采用新材料制作筛网，如用尼龙制作的筛网可以使用 3～6 个月。

(7) 筛机的轴承一般经 8～12 个月更换一次，传动皮带 2～3 个月更换一次，弹簧寿命不低于 3～6 个月，筛框的寿命在两年以上。

在筛机中修及大修时，要更换筛机的成套部件，如激振器和筛框等。筛机一般在两年内不进行大修，而只更换某些零部件。为了减少筛机停歇修理的时间，在工作场所应储备有足够数量的易损件，如筛网、弹簧等。

3.3.6 振动筛生产能力的计算

振动筛的生产能力按下列经验公式计算

$$Q=\varphi FV\delta_0 K_1 K_2 K_3 K_4 K_5 K_6 K_7 K_8 \tag{3-6}$$

式中 Q——振动筛的生产能力，t/(台·h)；

φ——振动筛的有效筛分面积系数：单层筛或多层筛的上层筛面 $\varphi=0.9\sim0.8$；双层筛作单层筛使用时，下层筛面 $\varphi=0.7\sim0.6$，作双层筛使用时，下层筛面 $\varphi=0.7\sim0.65$，三层筛的第三层筛面 $\varphi=0.6\sim0.5$；

δ_0——筛分物料的松散密度，t/m^3；

F——筛网名义面积，m^2；

V——单位筛分面积的平均容积生产能力(见表 3-3)，$m^3/(m^2\cdot h)$；

$K_1\sim K_8$——校正系数，见表 3-4。

表 3-3 单位筛面容积生产能力 V 值

筛孔尺寸/mm	0.15	0.2	0.3	0.5	0.8	1	2	3	4	5	6	8
$V/m^3\cdot(m^2\cdot h)^{-1}$	1.1	1.6	2.3	3.2	4.0	4.4	5.6	6.3	8.7	11.0	12.9	15.9
筛孔尺寸/mm	10	12	14	16	20	25	30	40	50	60	80	100
$V/m^3\cdot(m^2\cdot h)^{-1}$	18.2	20.1	21.7	23.1	25.4	27.8	29.6	32.6	37.6	41.6	48.0	53.0

表 3-4 系数 K_1、K_2、K_3、K_4、K_5、K_6、K_7、K_8 之值

系 数	考 虑 因 素	筛分条件及各系数值										
K_1	细粒的影响	给料中小于筛孔尺寸之半的颗粒含量/%	<10	10	20	30	40	50	60	70	80	90
		K_1	0.2	0.4	0.6	0.8	1.0	1.2	1.4	1.6	1.8	2.0
K_2	粗粒的影响	给料中大于筛孔尺寸颗粒的含量/%	<10	10	20	30	40	50	60	70	80	90
		K_2	0.91	0.94	0.97	1.03	1.09	1.18	1.32	1.55	2.0	3.36

续表 3-4

<table>
<tr><th>系数</th><th>考虑因素</th><th colspan="10">筛分条件及各系数值</th></tr>
<tr><td rowspan="2">K_3</td><td rowspan="2">筛分效率</td><td>筛分效率/%</td><td>85</td><td>87.5</td><td>90.0</td><td>92.0</td><td>92.5</td><td>93.0</td><td>94.0</td><td>95.0</td><td>96.0</td></tr>
<tr><td>$K_3\left(\frac{100-E}{8}\right)$</td><td>1.87</td><td>1.56</td><td>1.25</td><td>1.00</td><td>0.94</td><td>0.88</td><td>0.75</td><td>0.63</td><td>0.5</td></tr>
<tr><td rowspan="2">K_4</td><td rowspan="2">物料种类及颗粒形状</td><td>颗粒形状</td><td colspan="3">破碎后的矿石</td><td colspan="3">圆形颗粒物料</td><td colspan="3">煤</td></tr>
<tr><td>K_4</td><td colspan="3">1.0</td><td colspan="3">1.25</td><td colspan="3">1.5</td></tr>
<tr><td rowspan="3">K_5</td><td rowspan="3">湿度的影响</td><td>筛孔尺寸/mm</td><td colspan="6"><25</td><td colspan="3">>25</td></tr>
<tr><td>物料湿度</td><td colspan="2">干矿石</td><td colspan="2">湿矿石</td><td colspan="2">黏结矿石</td><td colspan="3" rowspan="2">0.9~1.0
(视湿度而定)</td></tr>
<tr><td>K_5</td><td colspan="2">1.0</td><td colspan="2">0.25~0.75</td><td colspan="2">0.2~0.6</td></tr>
<tr><td rowspan="3">K_6</td><td rowspan="3">筛分方法</td><td>筛孔尺寸/mm</td><td colspan="6"><25</td><td colspan="3">>25</td></tr>
<tr><td>筛分方法</td><td colspan="3">干筛</td><td colspan="3">湿筛(喷水)</td><td colspan="3"></td></tr>
<tr><td>K_6</td><td colspan="3">1.0</td><td colspan="3">1.25~1.4</td><td colspan="3">1.0</td></tr>
<tr><td rowspan="2">K_7</td><td rowspan="2">筛子运动参数</td><td>$2rn$ 乘积值
$/\mathrm{mm \cdot r \cdot min^{-1}}$</td><td colspan="2">6000</td><td colspan="2">8000</td><td colspan="2">10000</td><td colspan="3">12000</td></tr>
<tr><td>K_7</td><td colspan="2">0.65~0.70</td><td colspan="2">0.75~0.80</td><td colspan="2">0.85~0.90</td><td colspan="3">0.95~1.0</td></tr>
<tr><td rowspan="3">K_8</td><td rowspan="3">筛面种类及筛孔形状</td><td>筛面种类</td><td colspan="3">编织筛网</td><td colspan="3">冲孔筛板</td><td colspan="3">橡胶筛网</td></tr>
<tr><td>筛孔形状</td><td>方形</td><td colspan="2">长方形</td><td colspan="2">方形</td><td>圆形</td><td>方形</td><td colspan="2">条缝</td></tr>
<tr><td>K_8</td><td>1.0</td><td colspan="2">0.85</td><td colspan="2">0.85</td><td>0.70</td><td>0.90</td><td colspan="2">1.20</td></tr>
</table>

注:r—筛子的振幅(双层筛不乘 2),mm;n—筛子轴的转速,r/min。

3.4 其他筛分机械

3.4.1 弧形筛

弧形筛是一种细粒物料(小于 10 mm 左右)的湿式筛分设备。筛面为一个圆弧形的格筛,由等距离、相互平行的固定梯形筛条组成;筛条的排列是与物料在筛面上运动的方向相垂直,过去采用不锈钢筛条,目前大多数采用尼龙或聚酯制成的筛条,轻巧耐磨。筛条之间的距离即筛孔尺寸,最小可达 0.1 mm。筛条多为梯形或矩形断面,向排矿方向扩大。实践表明,筛条横向排列不仅分离效率高,而且筛孔不易堵塞。

弧形筛按给料方式不同可以分为两种:一种为无压力给矿,称为自流弧形筛;另一种为压力给矿,称为压力弧形筛。

自流弧形筛的结构和工作原理如图 3-14 所示。需筛分的物料自流给到上宽下窄的给料槽 1 中,通过该槽的排出口 2,矿浆呈切线方向给到筛面 3 上。排出口应保证使矿浆均匀地分布在弧形筛网的整个宽度上。筛上产品从筛网上排出,如箭头所示。而通过筛孔的细粒产品集中在筛下产品的接受器 4 中,通过排矿管 5 排出。

压力弧形筛的给矿是用砂泵将矿浆送入给矿箱,物料从给矿箱出口处的喷嘴以切线方向给入弧形筛面上进行筛分。可以通过改变喷嘴的截面尺寸控制物料喷入筛面的速度和在筛面上形成均匀薄层的稳流。

弧形筛的工作原理是:当矿浆沿切线方向以一定速度进入筛面后,矿浆流动方向与筛条排列方向互相垂直,由于离心力的作用,使得矿浆层紧贴筛面运动,当矿浆层流经筛条时受到筛条边

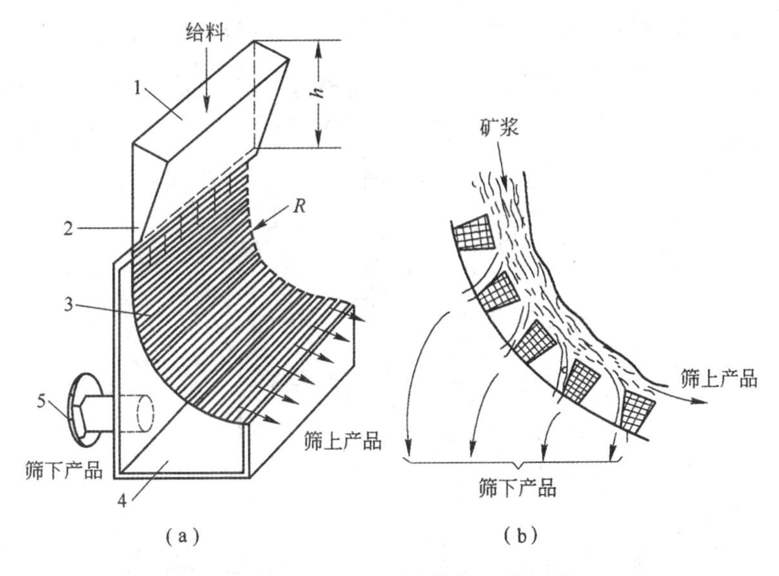

图 3-14 弧形筛的结构与工作原理

棱的"切割"作用,被切割的矿浆通过筛孔成为筛下产品;未被"切割"的另一部分矿浆在惯性力作用下,越过筛面而成为筛上产品。可见,矿浆在弧形筛上的筛分过程是在摩擦力、惯性力、离心力的联合作用下进行的。而且,筛条边棱的锋利程度直接影响筛下量及分离粒度,因此,经一定时间磨损后,应将筛面反复掉头使用。实践证明,弧形筛的筛孔尺寸一般比分离粒度大 1.1~3.0 倍,详见表 3-5。

表 3-5 弧形筛筛孔间隙与筛下产品计算粒度关系表

筛下产品计算粒度/mm	0.2	0.3	0.4	0.5	0.6	0.8	1.0	1.5	2.0	2.5	3.0
筛孔尺寸/mm	0.6	0.7	0.8	1.0	1.1	1.4	1.6	2.2	2.5	3.0	3.2

弧形筛的规格是以筛面的曲率半径 R、筛面宽度 B 和弧度 a 表示,即 $R\times B\times a$,例如 R500mm ×300mm ×90°。

弧形筛的优点是结构简单,轻便,整个筛子无运动部件和传动机构。工作可靠,占地面积小,并且生产能力大。弧形筛分离精确度与振动筛相近,筛分效率一般为 75%~80%。其缺点是筛网磨损快,较易堵塞;筛上产品含水分高。而且要求给矿均匀和有一定压力。弧形筛主要用于煤炭、水泥及选厂对细粒物料的筛分和脱水,也可用于重介质选矿作业的脱介。

3.4.2 细筛

细筛是指筛孔小于 1 mm 的筛分设备。细筛作为分级设备,其效率比螺旋分级机高得多,而且适应性强。故细粒物料的筛分、分级和固液分离作业,几乎均可应用细筛。

在磨矿循环中采用细筛作为分级设备以取代螺旋分级机和水力旋流器,日益受到重视。其原因详见第 7.2 节关于细筛的分析。

我国目前在磨矿循环中采用的细筛有:GPS 型高频振动细筛、直线振动细筛(见表 3-2)、旋流细筛及湿法立式圆筒筛等。

A 高频振动细筛 GPS900-3 型

高频振动细筛是国内研制成功的一种新型细粒物料(0.4~0.1 mm)筛分设备。其结构如图

3-15 所示。它由机架、筛框、矿浆分配器、给矿器、激振器、叠层筛网和悬挂弹簧等部件构成。

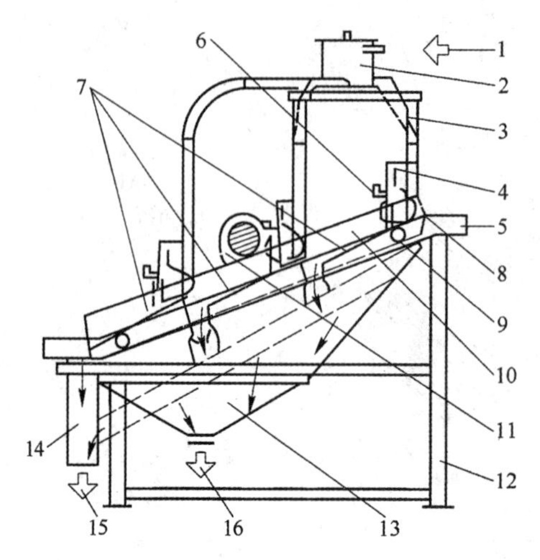

图 3-15　GPS900－3 型高频振动细筛结构示意图

1—给矿；2—分配器；3—给矿胶管；4—给矿器；5—多孔橡胶板；6—喷水管；7—筛面；8—筛架；9—橡胶弹簧；10—筛框；11—振动器；12—机架；13—筛下产品收集斗；14—筛上产品收集斗；15—筛上产品；16—筛下产品

筛框由四个橡胶弹簧借助于螺钉固定在筛架上，使筛框呈悬浮状态，由直接安装在筛框中部上方的激振器使筛框产生高频振动。激振器由一台三相交流激振电动机驱动，电动机轴的两端装有一对振子，这对振子是由偏重块和调偏块组成，改变调偏块和偏重块之间夹角的大小就可以改变激振力的大小，从而改变振幅的大小。

高频振动细筛是一种三路给矿的筛分设备，各路能独立完成给矿、筛分和排矿的筛分程序，为了使给到每一路的矿浆量、浓度和粒度基本相近，因此安装了三流矿浆分配器，从矿浆分配器流下的矿浆经匀分板和多孔橡胶板均匀给到筛面上。

筛面采用不锈钢编织筛网，由三层不同孔径的筛网重叠构成，见图 3-16 所示。最上层为主筛网，筛孔最小；第二层筛网的筛孔比第一层大一个筛序，称为防堵筛网；第三层为支承筛网，筛孔孔径应尽可能大，以增加筛孔面积，三层筛网绷制成一体，而后横向张紧固定在筛框上。筛面沿筛子的长度方向由三块筛网组成，与三路给矿装置相对应。

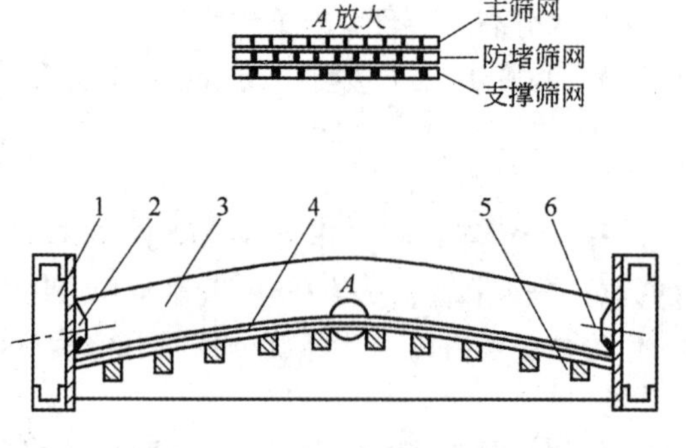

图 3-16　筛网装配示意图

1—筛框；2—张紧板；3—支撑条；4—叠层筛网；5—支撑板；6—张紧螺钉

与常规振动筛相比较，高频振动细筛有如下特点：(1)三路给矿，相当于增加了筛面宽度，减薄料层厚度,有利于充分地利用筛面,提高筛分效率和生产能力。(2)叠层筛网,用大筛孔筛细粒物料,使筛孔不易堵塞;筛丝增粗,筛网寿命延长。而且采用编织筛网,有效面积比筛箅的大。(3)高频率小振幅。振幅在0.2～0.35 mm之间,频率为2850次/min。激振机构简单,每台筛子功率只需1.1 kW;且筛框弹性悬浮支承,隔振性能良好。

高频振动细筛作为筛分分级设备,既可作为第二段磨矿回路中的分级设备,也可作为二次分级流程中与螺旋分级机、水力旋流器等组成联合分级工艺,以进一步提高分级作业的效率,同时也可作为进一步提高磁选精矿品位的筛分分选设备。

B 德瑞克高频细筛

美国生产的德瑞克高频细筛在筛子结构、工作原理及使用性能上与GPS900－3型极为相似,也是一种较先进的细粒筛分设备。

这种筛子由三段相互独立的筛面组成,相当于三台传统筛安装在同一活动筛框,由一个振动器驱动,每段筛面配置单独的给料箱,由一个分配器同时向三个给料箱均衡供料,这种筛分方式有效利用了筛分面积。采用高效耐磨聚酯筛网,孔径最小达0.1 mm,具有寿命长,开孔率高(35%～45%),处理能力大,防止筛孔堵塞等优点。它的筛网全部配置张紧装置,大大增强了筛孔和聚酯筛面处理细粒物料的性能。目前,在国内一些磁铁矿选厂作为磨矿回路中的分级设备,取得很好的效果。

C 旋流细筛

旋流细筛是在旋流器中安装一层筒形筛网,因而兼有水力旋流器和弧形筛两者的特点。

旋流细筛的结构见图3-17,它由给矿体1、圆柱体2、筒形筛网3、圆锥体4、筛下管5和溢流管6组成。其中最重要部件是筒形筛网,国内已研制了一种小筛孔楔形断面的筒筛,筛孔向排矿方向扩大。采用尼龙1010制作,筛网不易堵塞而且耐磨。造价较低,为在生产中广泛使用创造了条件。

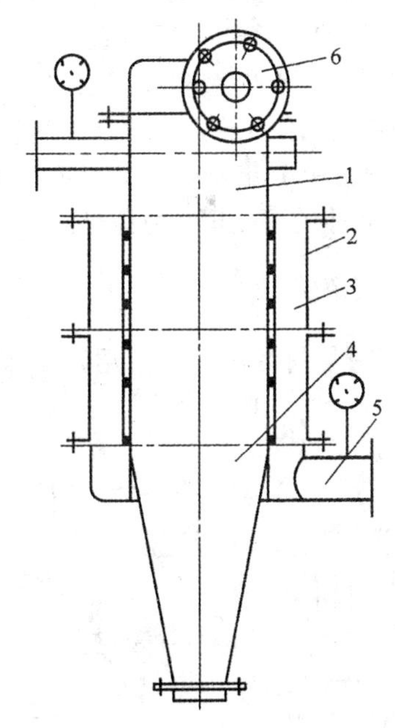

图3-17 ϕ150mm 旋流细筛结构简图

给矿由圆柱体上方的给矿口给入,给矿口结构型式有两种:一种是切线形,另一种是近似渐开线形。后者结构近似螺旋线,给矿平稳,磨损均匀。

进入旋流细筛的给矿在离心力、重力的作用下经筒形筛网筛分后,筛上产品由圆锥体下方沉砂口排出,而筛下产品则通过筛下管排出,通过胶管阀可以改变筛下管截面积大小。筛下管截面积的变化可以调节筛下的压力,从而改变旋流细筛内部矿浆的运动情况,以便获得不同量和不同粒度的产品。从旋流筛排出的筛下产品可根据不同的要求进行不同的处理,如可以和溢流合并。

根据弧形筛原理,由试验得出旋流细筛筛孔尺寸与分级粒度之间的关系如式3-7所示。

$$S = 2.2d - 2d^2 \tag{3-7}$$

式中 S——筛孔尺寸,mm($S \leqslant 0.6$ mm);

d——分级粒度,mm。

试验证明,分级粒度与给矿粒度组成有关。给矿粒度细,分级粒度细,反之亦然。

ϕ150 mm 旋流细筛的主要技术性能列于表 3-6,表中所列为某铅锌矿和萤石矿的使用数据。

表 3-6　ϕ150 mm 旋流细筛技术性能

项　目	工艺参数	项　目	结构参数
生产能力:干矿	8~14 t/h	直　径	144 mm
矿浆	15~25 m^3/h	给矿口尺寸	20 mm×50 mm(可调)
给矿计示压力	0.03~0.06 MPa	溢流管尺寸	ϕ50 mm(可调)
给矿浓度	32%~44%	筛下管尺寸	ϕ40 mm(可调)
沉砂浓度	74%~80%	沉砂口尺寸	ϕ16~22 mm(可调)
分级粒度	0.074;0.15 mm	筛孔尺寸	0.15 mm;0.30 mm
分级效率	70%~90%	锥　角	20(°)
		外形尺寸	420 mm×460 mm×1065 mm
		设备质量	126 kg

旋流细筛是一种新型的细粒分级设备。实践证明,它可以提高分级效率达 70%~90%,减少过粉碎,降低磨矿的能耗,钢耗,提高磨矿效率。

D　湿法立式圆筒筛

胡基(Hukki)筛属于立式圆筒筛的一种,它兼有水力分级和筛分作用。图 3-18 是胡基筛的结构示意图。该筛分机主要由一个敞开的倒锥体组成,圆锥体上部为圆筒筛,筛面由垂直安装的合金或塑料棒条制成。给矿由顶部中央进入,利用一个装有径向清扫叶片的低速旋转盘使矿浆以环形轨迹向圆筒筛运动,这样筛面可以不直接负载物料而进行筛分。细粒级物料通过筛孔排至筛面外侧的环形槽内,粗粒级物料被筛面阻留,沿圆锥体向下运动。冲洗水在圆锥体下部导入,使物料进一步产生分级作用,粗粒沉落到锥体底部,通过控制阀排料。粗粒部分沉降时所夹带下来的细粒,依靠向上冲洗水送回旋转圆盘顶部进行循环处理。据报道,胡基筛可用于从水力旋流器底流中分出细粒级。例如一种小型试验用胡基筛,筛孔尺寸为 0.5 mm,筛面面积 0.24 m^2,每小时可处理水力旋流器沉砂 13.2 t,细粒级回收率达 87%。

3.4.3　概率筛

概率筛是利用大筛孔、多层筛面、大倾斜角的原理进行筛分的一种振动筛。其结构如图 3-19 所示。

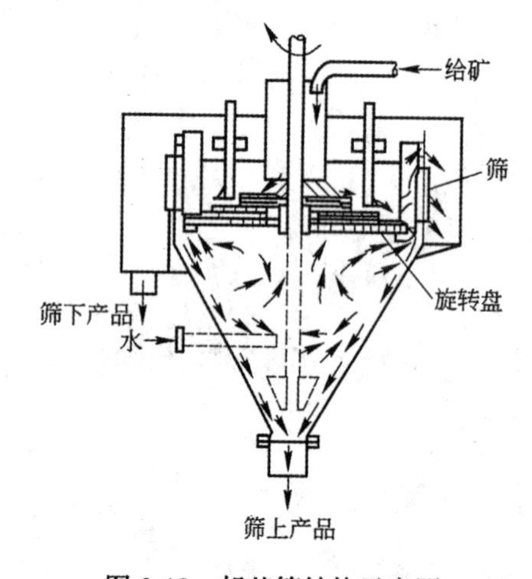

图 3-18　胡基筛结构示意图

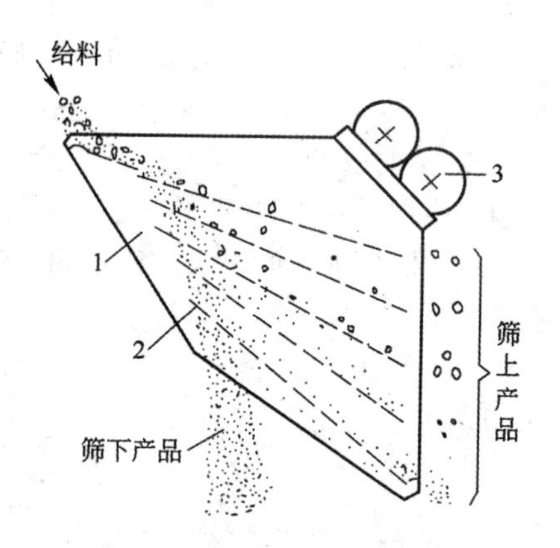

图 3-19　概率筛结构示意图
1—筛箱;2—筛面;3—惯性激振器

筛箱1弹性吊装于厂房楼板或钢架上，筛箱内有3～6层筛面2，自上而下筛面的倾角逐渐增大，筛孔宽度愈来愈小。偏心重式惯性激振器3安装在筛箱上部。给料自筛箱左上方给入，筛下产品自下方排出，各层筛面的筛上产品可以汇集在一起排出或分别排出(产品为多级别时)。筛面有筛网或棒条两种。用筛网做筛面时，筛孔尺寸在50 mm以下；筛面为棒条时，筛孔可达300 mm以上。采用哪种筛面视需要而定。

一般筛分设备的筛孔尺寸和分级粒度相接近，往往由于难筛粒级影响筛子生产率。而概率筛则十分明显和有效地按概率理论进行筛分，由于筛孔大(筛孔尺寸与分级粒度之比一般为2～10倍)，细粒迅速通过筛孔，以至在筛面上不能形成料层，粗粒可以迅速散开并向排料端运动，筛子给料速度加快，在概率筛上筛分物料所需的时间仅为普通筛分机的1/3～1/20，所以，概率筛上进行的筛分是快速筛分。因此可以提高筛子的生产能力，在相同的分级粒度和精度情况下，概率筛的生产能力相当于常规筛分机的10倍。

概率筛可以采用较大的筛孔尺寸获得较小的分级粒度。原因是：(1)由于筛面倾角大，有效筛孔尺寸小于实际筛孔尺寸。(2)粗颗粒与筛网碰撞的概率较细颗粒多，因而通过筛孔的概率小，仅粒度远小于实际筛孔的细粒能通过筛孔排出。上述特点对筛分有利。其优点是：(1)筛孔不易堵塞，能够处理潮湿物料。(2)筛丝直径较大，耐磨损性能较好；(3)单位面积的筛子生产量大。

由于概率筛采用多层筛面，各层筛面的倾斜角不相等，一般为30°～60°，越往下，筛面的倾斜角越大，有效筛孔尺寸越小，筛孔尺寸与分离粒度的比值也就越大。可以认为，最上层筛面上，物料主要起疏松作用；在中间层筛面，粗粒物料进行预筛作用，在最下层筛面上进行细粒级的筛分作用。当给料仅分为两个粒级时，最下层筛网的筛孔尺寸选取1.4～4d_T(分级粒度)，最上层筛网的筛孔尺寸选为5～50d_T，而中间各层的筛孔尺寸介于两者之间。当给料要求分为若干个粒级时，各层筛的筛孔尺寸为该层筛分级粒度的2～4倍。例如某选矿厂采用5层筛面的概率筛将给料分为两个粒级，各层的筛孔尺寸为10、10、8、6、4 mm，倾角为10°、17°、24°、31°、38°。激振器转速为3000 r/min，振幅0.6 mm。筛子生产率2.68 t/(h·m^2)，分级粒度为2.497 mm。筛孔尺寸与分级粒度比值为4/2.497=1.6。

用于粗粒的概率筛适用于粗粒分级和中等粒级的检查筛分，分级范围为25～300 mm，最大分级粒度可以达到400 mm，设备的生产能力每小时可以达到1000～1500 t。

概率筛的结构紧凑，筛箱是全封闭的，筛孔不易堵塞，筛分效率高，功率消耗及工作时的噪声较小。

3.5 影响筛分作业的因素

3.5.1 物料的性质

A 物料的粒度特性

被筛物料的粒度组成，对于筛分过程有决定性的影响，在任何情况下，细粒总是比粗粒容易通过筛孔。因此，当物料中细级别含量增大时，筛子的生产率也随之显著增大。图3-20所示曲线表示不同筛分效率时的生产率(按筛下产物计算)与原料中细粒级含量之间的关系。由图可以看出，当原物料中筛下级别的含量由10%增加到90%时，筛子的生产率几乎增大一倍。这是因为，当筛下级别含量大的物料给入筛面时，细粒很迅速地通过筛孔，而留在筛上的物料就很少了，此时，即使在筛上物料中还有一些“难筛粒”，相对地比较容易通过筛孔，因为其他矿粒对它们的影响小。反之，当原物料中筛下级别含量少时，因为整个筛面几乎被筛上产物所占据，妨碍了细粒通过筛孔，因此，在保证筛分效率相等的条件下，按给矿量计算的生产率也就降低了；所以当原物料中细级别含量少，而粗级别的粒度又比筛孔尺寸大得多的时候，为了提高筛子的生产能力和延长筛网的使用寿命，可以采用增加辅助筛网的方法，用筛孔尺寸较大的辅助筛网，预先筛除筛上产物过粗的级别，然后用下层筛网对含有大量细级别的物料进行最终筛分，此时，双层筛作单层筛使用，只接两个产品。

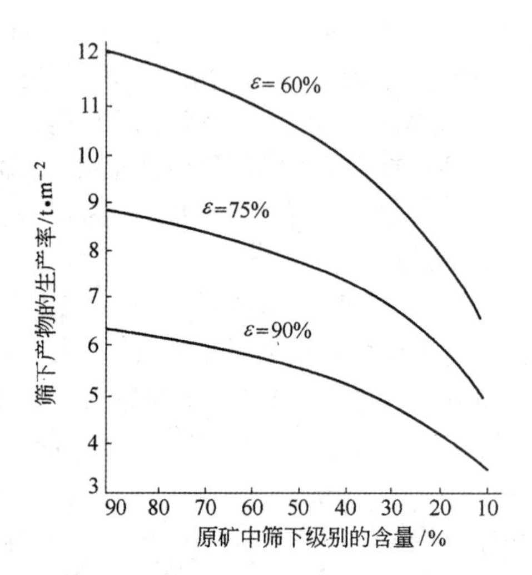

图 3-20 在筛分效率等值的情况下生产率与筛下级别含量的关系

粒度小于筛孔尺寸的物料，它们的粒度组成对筛分过程有着重大的影响。例如，比筛孔尺寸的二分之一小的矿粒(称为细粒)很快就会透过筛孔，因此，当这种细粒含量增加时，生产能力和筛分效率迅速上升。相反，颗粒粒度接近筛孔尺寸的“难筛粒”则是筛分效率降低的主要原因。生产实践表明，大部分“难筛粒”要到筛子的排料端才能透过筛孔，甚至还有部分“难筛粒”混入筛上产物中，所以，原料中“难筛粒”含量愈多，筛分效率愈低。

物料颗粒最大容许尺寸与筛孔尺寸之间的一定比例关系还没有明确的规定，一般认为最大粒度不应大于筛孔尺寸的2.5～4倍。

B 被筛物料的含水量和含泥量

附着在物料颗粒表面的外在水分，对物料的筛分有一定的影响；而处在物料孔隙和裂缝中的水分以及物料的化合水分，对筛分过程则没有影响。

物料所含表面水分在一定范围内增加，黏滞性也就增大，物料的表面水分能使细粒互相粘结成团，并附着在大块上，黏性物料也会把筛孔堵住。这些原因使筛分效率大大降低。

同一种物料在不同筛孔尺寸的筛面上筛分时，水分对筛分效率的影响是不同的。筛孔尺寸愈大，水分的影响愈小。这是因为筛孔尺寸愈大，筛孔堵塞的可能性就愈小。另外，更重要的原因是因为水分在各粒级内的分布是不均匀的。粒度愈小的级别，比表面积愈大，水分含量也愈高。因此，在筛孔大时，就能够很快将水分含量高的细粒级别筛下去，筛上物的含水量大大降低，使之不致影响筛分过程的进行。因此，当物料含水量较高，严重影响筛分过程时，可以考虑采用适当扩大筛孔尺寸的方法来提高筛分效率。

水分对某种物料的筛分过程的具体影响，只能根据试验结果判断。筛分效率与物料湿度的关系见图3-21。由图可知，水分对两种物料的影响是不同的，其原因是这两种物料具有不同的吸湿性能。图中曲线说明，当物料含水分达到某一范围时，筛分效率急剧降低。这个范围取决于物料性质和筛孔尺寸。当物料所含水分超过这个范围后，颗粒的活动性重新提高，物料的黏滞性反而消失。此时，水分有促进物料通过筛孔的作用，并逐渐达到湿法筛分的条件。这时，物料和水一起进行筛分。

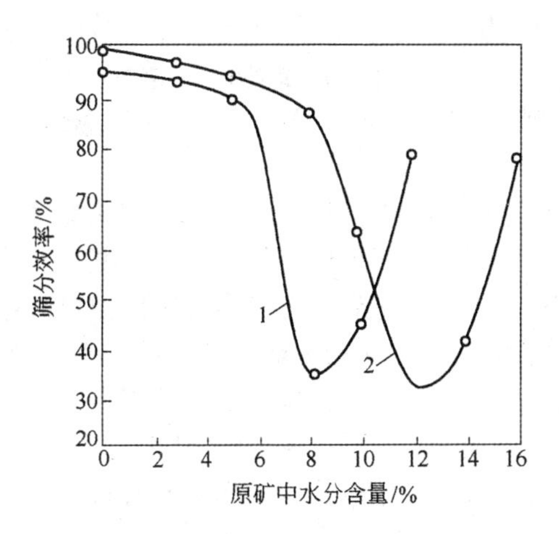

图 3-21 筛分效率与矿石湿度的关系

1—吸湿性弱的物料；2—吸湿性强的物料

如果物料中含有易于结团的黏性物质，即使在含水分很少时，也会粘结成团，使细泥混入筛上产物，而且也会很快堵塞筛孔。故在筛分黏性矿石时，必须采取有效措施来强化筛分过程，如用湿法筛分或者在筛分前进行预先洗矿，将泥质排除。还可以用电热筛网筛分潮湿而有黏性的矿石。

C 物料的颗粒形状

圆形颗粒易于透过方孔和圆孔：破碎产物大多为多角形，透过方孔或圆孔不如透过长方形孔容易；而条状、板状和片状颗粒难以透过方孔和圆孔，而较易透过长方形孔。因此，可以通过选择适当的筛孔形状来克服颗粒形状的影响。

3.5.2 筛面种类及工作参数

A 筛面种类

筛子的工作面通常有三种：钢棒（或条）制造、钢板冲孔和钢丝编织。它们对筛分过程的影响，主要和它们的有效面积有关，见表 3-7。

表 3-7 筛面种类与有效面积、使用寿命、价格的关系

筛面种类	棒条	钢板冲孔筛	钢丝编织筛
有效面积	最少	次少	较大
使用寿命	最长	次长	最短
价格	最低	次低	最贵

筛子的有效面积是筛孔所占面积与筛面面积之比，简称有效筛面。有效筛面愈大，单位筛面上的筛孔数目愈多，物料通过筛孔的机会越多，因而，筛面的单位生产能力和筛分效率就愈高，但寿命较短。选用何种筛面，应根据具体要求确定。当筛分大块物料或磨损严重时，应采用耐磨的棒条筛或钢板冲孔筛；当筛分中、细粒时，多采用钢丝编织筛。

B 筛孔形状

在筛分实践中，通常采用的筛孔形状有圆形、正方形、长方形。其中冲孔筛面的筛孔形状多为圆形；而编织筛面则有长方形和正方形两种。筛孔形状的选择，取决于对筛分产物粒度和对筛子生产能力的要求。

透过长方形筛孔的颗粒的粒度，大于透过尺寸相同的圆形和正方形筛孔的颗粒粒度。圆形筛孔与其他形状的筛孔比较，在名义尺寸相同的情况下，透过这种筛孔的筛下产物的粒度较小。一般认为，实际上透过圆形筛孔的颗粒的最大粒度，平均只有透过同样尺寸的正方形筛孔的颗粒粒度的80%～85%。

筛孔形状对筛面的有效面积和矿粒通过筛孔的可能性都有影响。长方形筛孔的有效面积最大，其次是正方形，最小是圆形。因此，其单位面积生产率也按上述顺序依次减小。长方形筛孔的另一个优点是筛孔不易堵塞，矿粒通过时只需与筛孔三面或两面接触，受到的阻力较小。其孔长方向顺着物料在筛面上的运动方向。它的缺点是容易使条状或片状矿粒透过，使筛下产物粒度不均匀。因此，长方形筛孔只能在筛分产物粒度要求不特别严格的情况下采用。

在选择筛孔的形状时，最好与物料的形状相吻合，如处理块状物料应采用正方形筛孔，处理板状物料才采用长方形筛孔。不同形状筛孔尺寸与筛下产品最大粒度的关系，按下式计算

$$d_{max}=K \cdot a \tag{2-8}$$

式中　d_{max}——筛下产品最大粒度，mm；

a——筛孔尺寸，mm；

K——系数，见表3-8。

表3-8　*K* 值表

孔　型	圆　形	方　形	长　方　形
K	0.7	0.9	1.2～1.7①

①板条状物料取大值。

C　筛孔尺寸

筛孔愈大，单位筛面的生产率愈高，筛分效率也增高。但筛孔的大小取决于采用筛分的目的及对产品粒度的要求。当要求筛上产物中含细粒尽量少时，应采用较大的筛孔；反之，若要求筛下产物中尽可能不含大于规定粒度的颗粒时，则应以规定粒度作为筛孔尺寸。在碎矿筛分流程中所采用的筛子的筛孔尺寸，应联系破碎机的工作来选择，其中预先筛分的筛孔尺寸一般在本段碎矿机的排矿口宽度与它的产物的最大粒度之间选择。而检查筛分的筛孔尺寸应取决于要求的最终碎矿产物的最大粒度，其值通常比细碎机的排矿口宽度大，具体数值应视碎矿机的负荷率确定。

D　筛面的运动特性

选矿厂采用的筛子，其筛面运动特性可以分为：筛面固定不动的固定筛和筛面作强烈振动的振动筛。实践经验指出，筛面固定不动，矿粒平行筛面运动，筛分效率很低，而振动筛由于筛面强烈振动，矿粒在筛面上以接近于垂直筛孔的方向被抖动；而且振动频率较高，所以筛分效率最高。转动的圆筒形筛，筛孔容易堵塞，筛分效率不高。各种筛子的筛分效率大致如下：

筛子类型	固定条筛	转筒筛	振动筛
筛分效率/%	50～60	60	85～95

即使是同一种运动性质的筛子，它的筛分效率又随筛面运动强度不同而有差别。筛面的运动可以使物料在筛面上散开，有利于细粒通过松散物料层而透过筛孔，筛分效率因此而提高。但如果筛面运动强度过大或过小，都不利于细粒透过筛孔。

E 筛面的宽度和长度

对一定的物料,生产率主要取决于筛面宽度,筛分效率主要取决于筛面长度。在筛子生产率及物料沿筛面运动速度恒定的情况下,筛面宽度越大,料层厚度将越薄;长度越大,筛分时间越长。料层厚度减小及筛分时间加长都有利于提高筛分效率。当筛面窄而长时,筛面上物料层厚度增大,使细粒难以接近筛面和透过筛孔,给矿量和筛分效率降低;反之,筛面宽而短时,筛面上物料层厚度减小,使细粒易于通过筛孔,但此时颗粒在筛面上停留时间短促,通过筛孔的概率减小,因此筛分效率也会降低。通常筛面的长度与宽度比值为2～3。

F 筛面的倾角

一般情况下,筛子是倾斜安装的,以便于排出筛上物料。倾角大小要合适,倾角过小,物料在筛面上运动速度太慢,虽然筛分效率高,但筛子的生产率减小;反之,倾角太大,物料排出太快,筛分效率降低。当筛面倾斜安装时,可以让颗粒顺利通过的筛孔尺寸只相当于筛孔的水平投影,如图3-22所示。能够无阻碍地透过筛孔的颗粒直径等于 $d = l\cos\alpha - h\sin\alpha$,式中 l 为筛孔尺寸,h 为筛面厚度,α 为筛子的倾角。由此可见,筛面的倾角愈大,使颗粒通过时受到的阻碍愈大。因此,筛面的倾角要适当。表3-9所示为筛面的倾角与筛下物最大粒度及筛孔尺寸的关系。

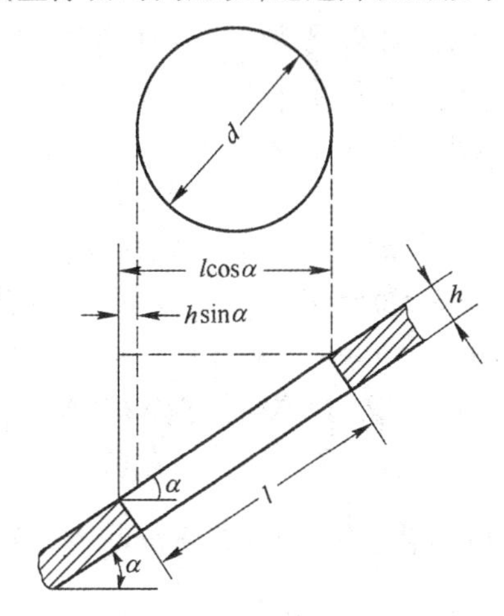

图3-22 单个颗粒透过倾斜筛面的筛孔示意图

表3-9 筛面倾角与筛下物最大粒度的关系

保证筛去最大粒度必需的筛孔大小			
圆 孔		方 孔	
水 平	40°～45°倾斜	水 平	40°～45°倾斜
1.4d	(1.85～2)d①	1.16d	1.52d

①颗粒在5～30 mm时用2d,在40～60 mm时用1.85 d。

筛面倾角的大小直接影响物料在筛面上的运动速度和筛分效率,如表3-10所示。由此可见,随着振动筛安装倾角的增大,筛面上物料的运动速度明显加快,同时,筛分效率下降。

表3-10 筛面倾角与筛分效率、运动速度的关系

筛面倾角/(°)	15	18	20	22	24	26	28
筛分效率/%	94.51		93.80	83.4	81.29	76.65	68.93
物料运动速度/$m \cdot s^{-1}$		0.305	0.41	0.51	0.61		

3.5.3 操作条件

A 给矿量

给矿量增加,筛子的生产率增大,但筛分效率降低。原因是筛子负荷加重。生产实践证明,随着筛子负荷的增加,筛分效率最初下降较慢,尔后即迅速下降。给料量过大时,筛面成为一个溜槽,实际上只起运输物料的作用。透过筛孔而进入筛下的产物为数极少。在小筛孔的筛面上由于给料量的增大所造成的筛分效率下降更为显著。因此,对于筛分作业,既要生产率高,又要保证较高的筛分效率,两者应当兼顾。

B 给料均匀性

均匀地向筛面给入物料和将其均匀地分配在筛宽上,是筛分过程相当重要的因素。给料的均匀性是指任何相同的时间间隔内给入筛子的物料重量应该相等;入筛物料沿筛面宽度方向的分布要均匀。让物料沿整个筛子的宽度铺满一薄层,既充分利用筛面,又有利于细粒透过筛孔,以保证获得较高的生产能力和筛分效率。为了保证给料的均匀性和连续性,应使物料流在未进入筛子之前的运动方向与筛面上料流的方向一致,并尽可能使进入筛面的物料流宽度接近于筛面宽度。

C 筛子的振幅和振次

在一定范围内,筛分效率和生产率随筛子振幅和振次的增加而增大。但振幅过大会使矿粒在空中停留时间长,反而减少了矿粒透筛的概率,降低筛分效率。而且振幅和振次过高还可能损坏构件。生产中可根据物料的具体情况对筛子的振幅作适当的调整。调整的原则是:粒度粗、料层厚、密度大、黏滞性大的难筛物料用较大的振幅;而对粒度细、料层薄、密度小的易筛物料采用小振幅。筛分粗粒物料时宜采用较大的振幅和较小的振次;筛分细粒时则采用小振幅高振次。

3.6 提高筛分工艺指标的措施

3.6.1 湿法筛分

对含泥高的黏性矿石采用湿法筛分,即向沿筛面运动的物料上喷压力水,可以有效地除去泥质和细粒矿石,防止泥质及细粒物料粘结成团和堵塞筛孔。湿法筛分的生产能力比干法筛分高几倍,提高的倍数与筛孔尺寸有关。对于愈细的筛孔,差别越明显。采用湿法筛分时,应注意矿浆的排出与处理。湿法筛分的耗水量取决于黏土混合物、细泥及尘粒的数量和性质,一般每立方米原料耗水 1.5~3 m^3 左右。

3.6.2 电热筛网

筛分潮湿、黏性大的物料时,可以采用加热筛网的方法,避免细粒物料粘结成团,防止物料粘在筛网上堵塞筛孔,因而可提高筛分效率。

通常采用低压电流通过与筛框绝缘的筛网,利用筛丝的电阻进行加热,以烘干筛网。电源经过变压器降低至不超过 36 V,以保证安全。一般利用低电压(如 8~12 V)高电流(5000~10000 A)的电,经导线接到筛网,利用筛丝的电阻加热筛网,筛网加热温度与物料的特性和湿度有关,可由试验确定。筛子启动时,加热到 70~80℃,工作中保持在 40~60℃。耗电量约为 4~7.5 kW/m^2。筛孔愈小,耗电量愈大。为了使面积很大的筛网加热均匀,筛面可分成相互绝缘的几部分,电流可分别通至每一部分筛面。

3.6.3 等值筛分

等值筛分是利用适当加大筛孔尺寸和降低筛分效率的办法提高筛子的生产率,同时又保证筛下产品质量不变的筛分。

例如用短头圆锥破碎机和振动筛构成闭路破碎中硬矿石时,要求破碎最终产物粒度为 10 mm,检查筛分的筛孔尺寸应为 10 mm,此时的筛分效率为 85%;但是,也可以采用筛孔尺寸为 12 mm,而将筛分效率降低至 65%(通过改变筛面倾角或增加给矿量),采用上述两种筛分工作制度,所得到的筛下产品有着相同的比表面积(单位质量的表面积 m^2/t),即筛下产品有相同的平均粒度。见表 3-11。也就是说,筛下产物的质量是相等的。

表 3-11 不同筛孔和筛分效率时筛下产物的粒度特性

粒度级别/mm	级别含量/%	
	筛孔为 10 mm,筛分效率 85%	筛孔为 12 mm,筛分效率 65%
+10	0.0	1.0
-10+2.5	60.6	58.0
-2.5+0	39.4	41.0
共计	100.0	100.0
相对比表面	1.0	1.03

注:相对比表面即以筛孔为 10 mm,筛分效率为 85%时的筛下产物的比表面为 1 进行比较。

由表 3-11 可以看出,采用第二种筛分工作制度,筛下产物中夹杂 +10 mm 的矿粒并不多,而 -2.5+0 mm 的细粒含量比第一种筛分工作制度有所增加,至于筛子的生产能力,在第二种筛分工作制度下,由于筛孔尺寸的加大而有显著上升。所以,当筛下产物粒度要求不太严格时,采用适当增大筛孔尺寸以提高生产率,在技术经济上是合理的。

3.6.4 采用辅助筛网

当筛子给料中细粒级含量较少,而粗粒级的粒度大大超过筛孔尺寸时,可以采取增加辅助筛分的方法,用筛孔尺寸较大的辅助筛网,预先排出过粗粒级,然后将含细粒较多的物料进行最终筛分。具体做法是将双层筛作单层筛使用。这不仅可以提高生产率,而且可以保护下层筛网,延长筛子的使用寿命。

3.6.5 等厚筛分法

目前一般筛分方法的缺点是,筛面上物料层厚度从给料端至排料端逐渐减薄,整个筛面长度上都有可能存在着供料不合理的现象。在筛子的给料端含有大量的细颗粒,由于料层太厚,处于上层的细颗粒被下层物料隔离,大大地降低了细颗粒的下落速度,细粒级必须在筛上流过一段较长的距离以后才能接触到筛面。在筛子的排料端,则由于料层较薄,大颗粒占用了筛面,而细颗粒的数量少,筛面上供料不足的现象更为明显,因此,整个筛面的利用率减小。例如,根据某铁矿石试验,小于筛孔的颗粒沿筛面上的透筛率,在筛面的第一段为 50%;第二段为 25%;第三段为 12%;末一段为 6%。为了提高物料的透筛率,应该使给料端物料层有较大的运动速度,以使物料层迅速变薄,分层加快,在排料端则不需要大的运动速度,以便对物料进行检查筛分,这种筛分方法称为等厚筛分法。它的主要特征是:从给料端到排料端料层厚度不变或者递增,而物料在筛面上的运动速度递减,从而使物料的透筛率达到 80%。

为了达到物料沿筛面全长等厚的目的,可采用以下办法:(1)在一台筛子上的筛面采用不同倾角的折线型式,以使物料在各段有不同的运动速度。或者采用多台小型筛串联,从给料端到排料端安装角度逐渐减小。(2)单轴和双轴惯性振动筛串联,单轴惯性振动筛倾角为 30°~40°,筛分速度高,料层薄;双轴惯性振动筛倾角为 0°~10°,以正常速度进行检查筛分。

图 3-23 为采用等厚筛分法的多倾角高速筛分机示意图。它由不同倾角的三段筛面所组成:第一段 34°,第二段 24°,第三段 12°。不同的倾角,适应筛子不同部位细粒物料通过速度的要求,这样可以提高生产能力。由图可见,给料段的物料运动速度为 3~4 m/s,料层薄,物料中细粒的 60%~70%被筛下。中段速度为 1~1.5 m/s,末端速度为 0.5~0.8 m/s,以便使剩余的细粒有足

够的时间通过筛孔。因此,在整个筛面上物料的运动速度是递减的,而料层厚度是相等的(或递增)。在相同生产能力时,筛分面积可以节省20%~30%,因而使基建和生产费用降低。

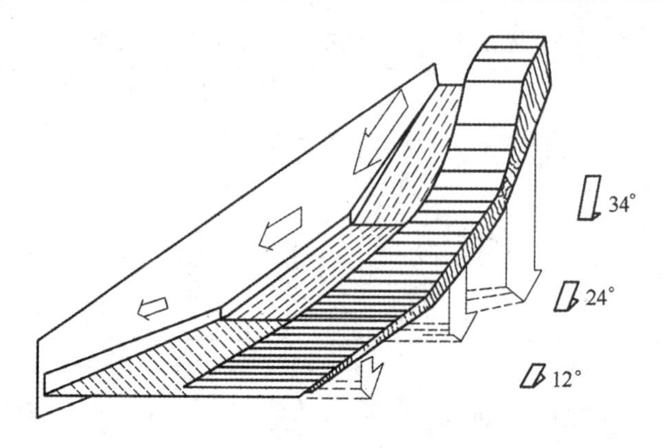

图3-23 多倾角高速筛分机

等厚筛具有生产能力大;筛分效率高;用于细粒级(小于25 mm)筛分时,减少筛孔堵塞的优点。它已在煤炭和矿石等中、细粒物料的干、湿筛分作业中得到应用。但其缺点是机器庞大和笨重,为克服和减轻这一缺点,国内研制一种采用概率分层的等厚筛,目前已用于生产。

3.6.6 用橡胶筛面

橡胶筛面具有耐磨损、质量小及噪声小等优点,在应用中取得了较好的效果。橡胶筛面可以直接用橡胶制造成型,其筛孔可以是方形、圆形及缝条形;也可以有一个钢条制的芯子,外面裹以橡胶。由于橡胶的弹性好,在筛分过程中,物料易于松散,加强了离析作用,减少了筛孔的堵塞,因而筛分效率较高。

对于同样的分级粒度,橡胶筛面的筛孔尺寸应该比金属丝筛网或筛板的筛孔尺寸大10%~20%。经验表明,具有方形筛孔和圆形筛孔的橡胶筛面,筛孔尺寸应该比分级粒度分别大10%和12.5%。

橡胶筛面的使用寿命比金属丝筛面的寿命高6~8倍,而且易于拆装,生产费用低,可以应用于粗、中、细粒物料的筛分作业中。近几年来,聚酯筛面也得到了广泛的应用。一般来说,它的耐磨性能是橡胶的2~4倍,具有防止筛孔堵塞的特性,使得过去认为难筛分甚至不可筛分的细粒和微细粒物料的筛分成为可能。

我国除了橡胶、聚酯筛板正在研制和推广外,还有尼龙1010细筛筛板,已在磁选厂大量使用。这种耐磨、防堵的细筛筛板可以应用在高频细筛、旋流细筛及直线振动筛上,效果较好。

本章小结

筛分设备的种类较多,在选矿工业中常用的筛子,根据其构造和运动特点,可分为固定筛、筒形筛、振动筛、弧形筛和细筛等类型。

固定筛的特点是筛子固定不动,借自重或一定的压力给入到筛面上的物料在筛面上运动,透过筛孔的成为筛下产物,另一部分留在筛面上成为筛上产物,从而达到按粒度分离的目的。在选矿厂常用于筛分大块物料的有固定格筛、固定条筛和悬臂条筛。

固定筛的构造简单,无运动部件,不消耗动力,容易制造;但筛分效率不高,安装高度大,处理黏性或潮湿矿石时筛孔易堵塞。目前广泛地用于大块物料的筛分。

振动筛是选矿厂普遍采用的筛子,它具有很高的生产率和筛分效率,筛分黏性或潮湿矿石的工作指标明显优于其他类型的筛子。所需筛网面积比其他筛子小,可节省厂房面积和高度,且动力消耗少,操作维修较方便,应用范围相当广泛。振动筛可以根据其筛框的运动轨迹不同分为圆运动和直线运动振动筛两类,圆运动振动筛包括惯性振动筛、自定中心振动筛和重型振动筛,直线运动振动筛包括直线振动筛和共振筛。

弧形筛是一种细粒物料的湿式筛分设备,按给料方式不同分为自流弧形筛和压力弧形筛两种,它主要用于煤炭、水泥及选矿厂对细粒物料的筛分和脱水,也可用于重介质选矿作业的脱介。细筛是指筛孔小于 1 mm 的筛分设备,目前很多选矿厂用它作为分级设备以取代螺旋分级机和水力旋流器,获得很好的经济效果。我国目前在磨矿循环中采用的细筛有:GPS 型高频振动细筛、直线振动细筛、旋流细筛及湿法立式圆筒筛等。

筛分作业的影响因素有三大类。第一类影响因素是物料的性质,包括物料的粒度特性、被筛物料的含水量和含泥量、物料的颗粒形状;第二类影响因素是筛面种类及工作参数,包括筛面种类、筛孔形状、筛孔尺寸、筛面的运动特性、筛面的倾角、筛面的宽度和长度;第三类影响因素是操作条件,包括给矿量、给料的均匀性、筛子的振幅和振次。可以采用湿法筛分、电热筛网、等值筛分、辅助筛网、等厚筛分法及橡胶筛面等措施来提高筛分工艺指标。

复习思考题

3-1 简述固定格筛、固定条筛、悬臂条筛三者在构造上和用途上的区别。
3-2 如何计算固定筛的生产能力以及确定筛面尺寸?
3-3 说明惯性振动筛的构造和使用性能,并用简图说明其工作原理。
3-4 说明自定中心振动筛的构造特点和使用性能,结合简图分析“自定中心”的原理。
3-5 说明重型振动筛自动平衡振动器的构造和克服共振的原理。
3-6 直线振动筛是如何使筛面产生直线振动的,说明它的优缺点。
3-7 说明共振筛的构造特点和产生共振的原理。
3-8 振动筛的操作中应注意哪些问题?
3-9 结合振动筛生产能力计算公式中的系数,分析影响振动筛工艺指标的因素。
3-10 何谓细筛?分析采用细筛的必要性。
3-11 简述高频振动细筛、旋流细筛、湿法立式圆筒筛的构造和原理。
3-12 分析概率筛的构造特点与筛分原理?
3-13 何谓有效筛面,分析筛孔形状与有效筛面大小的关系?
3-14 分析振动筛的振幅、振次对筛分工艺过程的影响。
3-15 何谓等值筛分法,有何优点?
3-16 何谓等厚筛分法,如何实现等厚筛分?
3-17 破碎筛分流程中常用的筛分设备有哪些,分别写出它们所适应的粒度范围。

4 粉碎矿石的理论基础

4.1 粉碎过程的基本概念

矿石的粉碎,就是矿石在外力作用下,克服其内部分子间的内聚力而产生碎裂。粉碎过程就是物料块度由大变小的过程。在选矿厂,粉碎分为碎矿和磨矿两大阶段。

4.1.1 解离度和过粉碎

矿石中的有用矿物和脉石矿物绝大多数都是紧密连生在一起的,如果不先将它们解离,任何物理选矿方法都不能富集它们。矿石粉碎后,由于粒度变小,原来连生在一起的各种矿物,有一些在不同矿物间的界面上裂开,达到一定程度的分离。在粉碎细了的矿石中,有些粒子只含有一种矿物,叫单体解离粒;另外一些粒子还是几种矿物连生在一起的,叫连生粒。某矿物的解离度,就是该矿物的单体解离粒的颗粒数与含该矿物的连生粒颗粒数及该矿物的单体解离粒颗粒数之和的比值,一般用百分数表示。

在选矿过程中,指标不稳定、精矿品位低、尾矿品位高和中矿产率大等情况,往往是由于解离度不够所造成的。因此,碎矿和磨矿是选别前不可缺少的作业。它可以为选别作业准备有用矿物解离度大的入选物料。从矿物的结构看,除极少数极粗粒嵌布的矿石经破碎后即可得到相当多的单体解离粒外,绝大多数矿石都必须经过磨矿才能得到比较高的解离度。因此,碎矿是为磨矿准备给料,而磨矿是碎矿的继续。磨矿是达到充分解离的最后工序。

若磨矿产品过粗,则解离不够充分,选出的精矿品位和回收率都低。但过细也不好,不仅会增加机器的磨损及电力和材料的消耗,而且会对选矿过程造成危害。因为过细的粉碎产品会产生难以选别的微细粒子,如果微粒过多,也同样会使选出的精矿品位及回收率降低。这种现象称为过粉碎。过粉碎带来的危害是:难以控制的微细粒子多,精矿品位和回收率都差,机器的磨损增大,设备的处理能力降低,破碎矿石的功率消耗增多。过粉碎的发生在磨矿过程中较严重,但碎矿也会产生。因此从开始破碎时,就应防止过粉碎,遵循“不作不必要的破碎”原则。尤其在处理脆性矿石如钨、锡的选矿厂,更应重视此问题。

产生过粉碎的原因通常有以下几个方面:(1)破碎和磨矿流程不合理;(2)所用的破碎和磨矿设备与矿石性质不适应;(3)磨矿细度超过了最佳解离粒度;(4)操作条件与矿石性质不符。因此,在选矿厂设计时就应重视流程和设备的选择;在选矿厂生产过程中,应严格遵守操作条件并将磨矿细度控制在最佳范围。

4.1.2 阶段破碎和破碎比

由于采矿方法、运输条件及选矿厂规模的不同,送到选矿厂来的原料粒度也不同。目前井下开采的矿石最大块度为200～600 mm,而露天开采的矿石最大块度则为1200～1500 mm。选别作业所要求的入选粒度往往都很细,通常在0.3 mm以下。目前所用的碎矿和磨矿设备,由于构造上的原因,所能处理的给矿粒度和产品粒度,都有一定范围,因此不可能一次就把粗大的矿块粉碎到所要求的入选粒度。所以必须通过若干台不同型式的碎矿和磨矿设备,逐段进行处理,而每段只完成整个粉碎过程的一部分任务。在选矿厂中“段”是根据所处理的入料和产品的粒度来划分的。一般分为两个大的阶段,即碎矿阶段和磨矿阶段(统称为粉碎段),碎矿采用两段或三段,磨矿采用一段或两段。各段的大致粒度范围为:

阶 段	给矿最大粒度/mm	产品最大粒度/mm
碎矿:粗碎	1500～300	350～100
中碎	350～100	100～40
细碎	100～40	25～6
磨矿:粗磨	25～6	1～0.3
细磨	1～0.3	0.1～0.074

近代有些大型选矿厂有的采用四段破碎,也有些日处理量为一二百吨的小选厂,采用一段破碎。在重选厂或处理极细粒嵌布的矿石或很硬的矿石及工艺上有特殊要求的选矿厂,也有采用三段或三段以上磨矿的。随着生产的发展,新型粉碎设备的出现和应用,必然会导致碎矿和磨矿工艺过程的改革。如无介质及装少量介质的自磨及半自磨设备的使用,可能同时取代中碎、细碎及磨矿,使碎矿和磨矿阶段大为简化。总之,上面的划分是近似的,只能说明一般情况。

矿石经破碎后,粒度都将变小,矿石原来的粒度与破碎后的粒度的比值,叫破碎比(在碎矿段叫碎矿比,在磨矿段叫磨矿比)。破碎比表示矿石破碎后,粒度缩小的倍数,用字母 S 表示。它是衡量碎矿与磨矿过程的一项数量指标。其计算方法有以下几种:

(1) 用矿石在破碎前的最大粒度与破碎后的最大粒度的比值来计算

$$S=\frac{D_{\max}}{d_{\max}} \tag{4-1}$$

式中 $D_{\max}$——破碎前矿石的最大粒度,mm;

$d_{\max}$——破碎后矿石的最大粒度,mm。

矿石的最大粒度,可以从累积产率粒度特性曲线中找出。这种计算法多用于现厂及选矿厂设计中。

(2) 用矿石破碎前、后的平均粒度来计算

$$S=\frac{D_{\mathrm{p}}}{d_{\mathrm{p}}} \tag{4-2}$$

式中 D_{p}——破碎前矿石的平均直径,mm;

d_{p}——破碎后矿石的平均直径,mm。

破碎前、后的物料,都是由若干粒级所组成,只有用平均直径才能代表它们,用这种方法计算出的破碎比,能较真实的反映破碎程度,因而在理论研究中应用较广。

(3) 用碎矿机给矿口有效宽度与排矿口宽度之比来计算

$$S=\frac{0.85B}{e} \tag{4-3}$$

式中 B——碎矿机给矿口宽度,mm;

e——碎矿机排矿口宽度,mm。

排矿口宽度,对粗碎机,排矿口取最大宽度,对中、细碎机中,取排矿口的最小宽度。用这种方法计算出的破碎比,不能真实地反映出矿粒缩小的倍数,但可估算破碎比,主要用于生产中近似地了解碎矿机担负的任务。

矿石在每个破碎阶段的破碎比,称为阶段破碎比(或称部分破碎比)。而破碎前原物料的粒度与经过若干段破碎后最终产品粒度之比叫总破碎比。总破碎比等于各段破碎比的连乘积。即

$$S = S_1 \times S_2 \times S_3 \times \cdots \times S_n \tag{4-4}$$

式中 S——总破碎比；

S_1、S_2、S_3、…、S_n——第一、第二、第三、…、第 n 破碎段的阶段破碎比。

4.2 岩矿的机械强度、可碎性与可磨性

4.2.1 岩矿的机械强度

机械强度是固体的一种力学性质。岩矿的机械强度是指岩矿在机械力的作用下，抵抗外力破坏的能力。由于施加的外力不同，有抗压机械强度（简称抗压强度），抗剪机械强度（简称抗剪强度），抗弯机械强度（简称抗弯强度）和抗拉机械强度（简称抗拉强度）。机械强度是用单位面积上所承受的机械力大小来表示的，单位为 kg/cm^2。岩矿所能承受外力的最大值，叫强度极限。所施加的外力一旦超过这一极限，岩矿即被破碎。根据受力的不同，有抗压、抗剪、抗弯和抗拉强度极限。

根据静载下测定的结果，各种岩矿的抗压强度极限最大，抗剪强度极限次之，抗弯强度极限再次之，抗拉强度极限最小。因此选择机械强度极限最小的那种形式的力来破碎岩矿，应当是最经济最合理的，然而要对岩矿施加拉力却不是那么方便。在实际破碎矿石时，往往是施加压力为最多。因此矿石破碎的难易程度，一般是用抗压强度极限来衡量的，在选矿上习惯用普氏硬度系数作为划分岩矿坚固性的标准。普氏硬度系数约为抗压强度极限的百分之一，用符号 f 表示。f 值较大的岩石的坚固性也较高。用同一岩石的大小不同的试件所作的抗压试验说明，试件的尺寸越小，其抗压强度极限越大。在磨矿中，矿粒越细越难磨。这是由于小试件中存在的宏观和微观裂缝比大试件中的少，因而它的强度极限较高。

在选矿实践中，通常按照普氏硬度系数的不同，将各种矿石划分为五个等级，见表 4-1，以此来表示矿石的破碎难易度。

表 4-1 矿石的破碎难易度的分类

矿石硬度等级	σ_P/kg·cm^{-2}	普氏硬度系数 f	可碎性系数	可磨性系数	岩 石 实 例
很软	<200	<2	1.3~1.4	2.00	石膏，石板岩
软	200~800	2~8	1.1~1.2	1.25~1.4	泥灰岩，石灰石
中硬	800~1600	8~16	1.0	1.0	硫化矿，硬质页岩
硬	1600~2000	16~20	0.9~0.95	0.85~0.7	硅化页岩铁矿，硬砂岩
很硬	>2000	>20	0.65~0.75	0.5	硬花岗岩，玄武岩，含铁石英岩

实际上，所有的矿石结构都是不均匀的，有各种各样缺陷和裂缝，同时某种金属矿石中往往夹杂着其他有用矿物和脉石，在这些矿物共生界面上的结合力，往往比同一种矿物内部的结合力小得多，因此，矿石在破碎时，首先是沿着最脆弱的断面裂开，随着矿石的粒度越碎越小，其脆弱面也逐渐减少或消失，使矿石越来越坚固，这就是为什么同类矿石，随着粒度减小，变得较难破碎的缘故。粒子越细，粉碎的难度越大。

4.2.2 矿石的可碎性系数和可磨性系数

矿石的可碎性系数和可磨性系数，反映矿石被破碎与磨碎难易程度，用同一破碎机械在相同的条件下，处理硬矿石与处理软矿石比较，前者的生产率低，且功耗也较大。因此，该系数既反映了矿石的坚硬程度，也可用来定量的衡量碎矿和磨矿机械的工艺指标。所以应用较为广泛。

可碎性系数和可磨性系数的表示方法如下：

$$可碎(磨)性系数=\frac{该碎(磨)矿机在同样条件下破碎(磨细)指定矿石的生产率}{某碎(磨)矿机破碎(磨细)中硬矿石的生产率} \tag{4-5}$$

通常用石英作为标准的中硬矿石，作为比较的标准，并将其可碎性系数和可磨性系数定为1，硬矿石的可碎性系数和可磨性系数都小于1，而软矿石则大于1。如表4-1所示。

4.3 粉碎设备的施力情况

粉碎矿石时，为了克服矿石的内聚力，必须施加外力。对于矿石的粉碎，目前主要是借助机械力的作用，最常见的粉碎方法有5种，如图4-1所示。

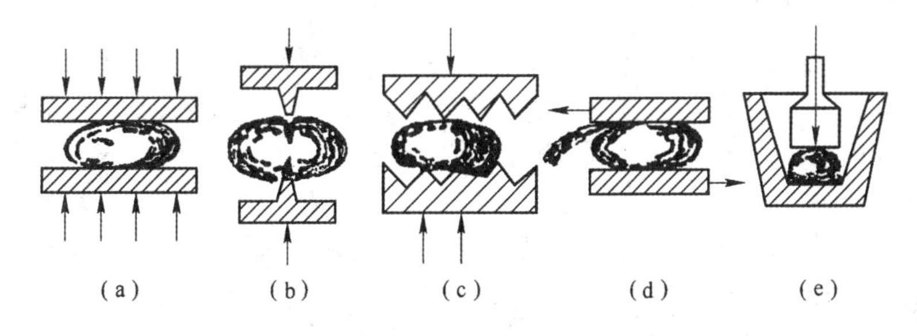

图4-1 各种粉碎方法

(1) 压碎。如图4-1a所示，它是利用两个工作面逐渐靠近矿石时，所产生的压力使矿石粉碎。这种方法的特点是作用力逐渐加大，力的作用范围较大。

(2) 劈碎。如图4-1b所示，它是利用尖齿楔入矿石的劈力，使矿石粉碎，其特点是力的作用范围比较集中，发生局部破裂。

(3) 折断。如图4-1c所示，矿石在粉碎时，由于受到方向相对力量集中的弯曲力，使矿石折断而破碎。这种方法的特点是除在外力作用点处受劈力外，还受到弯曲力的作用，因此易于使矿石粉碎。

(4) 磨剥。如图4-1d所示，它是利用工作面在矿石表面上作相对移动，从而产生对矿石的剪切力，这种力是作用在矿石表面上，所以适用于对细粒物料的磨碎。

(5) 冲击。如图4-1e所示，它是利用瞬时的冲击力作用在矿石上，由于撞击速度高，变形来不及扩展到被撞击物的全部，就在撞击处产生相当大的局部应力。冲击对矿石的破坏作用最大，所以粉碎效果最好。由于作用力是瞬时作用在矿石上，所以冲击又称为动力粉碎。

在这五种粉碎方式中，冲击粉碎效果最好，磨剥粉碎由于力是作用在矿石表面上，所以效果最差，只有对细粒矿石，其比表面积大的情况下，才较为有利。在其他三种粉碎方式中，压力粉碎因矿石与破碎工作面的接触面积大，故需要的压力也大，消耗的能量也较多。劈碎因矿石受力集中，而弯曲粉碎除受力集中外，还有弯曲力矩的作用，故所需的外力较小，消耗的能量也较少，实验表明，劈碎与弯曲粉碎所需的力只是压碎力的10%～20%。目前使用的粉碎设备往往同时有上述几种力的联合作用。

值得注意的是，一般矿石都是由多种矿物组成的，它们的物理性质并不一样，有时还有很大差别，当粉碎这类矿石时，其中各矿物被粉碎的情形就不一样，有的被粉碎成较粗的粒子，有的却较细。这种现象称为选择性粉碎。发生选择性粉碎的根本原因是矿石中各矿物的机械性质差别很大，但粉碎机械的性能也有影响，如反击式碎矿机和自磨机就容易产生选择性粉碎。注意这种现象在选矿工艺中很重要。例如，对有用矿物比脉石易泥化的矿石，应当先将已解离的含有用矿物较多的粒级分出，不必等待将全部矿料都磨到同样细度，从而有利于减轻过粉碎。

在了解矿石的机械性质和粉碎设备的施力情况之后，要注意粉碎机的施力方式应该与矿石的性质相适应，才会有好的粉碎效果。对于硬矿石，应当用弯折配合上冲击来粉碎它，如用磨剥，设备必遭严重磨损。对于脆性矿石，弯折和劈开较为有利，如用磨剥，产品中的过细粉末就会太多。对于韧性及黏性较大的矿石，采用磨剥的方式来粉碎它，就较为合理。由于物料的力学性质是形形色色的，所以粉碎设备也是多种多样的。

4.4　粉碎功耗学说

4.4.1　三个主要的粉碎功耗学说

在选矿厂中，电能绝大部分用于粉碎矿石，为了深入了解粉碎过程，评价粉碎机械的效率，寻找提高粉碎效率的方法，出现了很多有关粉碎功耗的学说。但由于影响粉碎的因素极为复杂，目前尚无比较完善的理论，至今仍在不断研究，现在得到多数人公认的，有如下三个学说。

A　雷廷格学说

雷廷格(P.R.Rittinger)学说又称面积说(1867)。

当物料被破碎时产生了新的表面积，即外力所做的功转变成矿石的表面能，因而提出：破碎过程所消耗的功(W_1)与新生成的表面积(A)成正比。即

$$W_1 \propto A \quad \text{或表示为} \quad dW_1 = \gamma dA \tag{4-6}$$

式中　dW_1——生成新表面积 dA 所需的功；

γ——比例系数，即生成一个单位新表面积所需的功。

设 D 为矿块直径，k_1 为由直径求面积的形状系数，k_2 为由直径求体积的形状系数，则 k_1D^2 为表面积，k_2D^3 为体积。设 Q 为被破碎物料的总重，δ 为被破碎物料的密度，则在物料的总重为 Q 时，直径为 D 的物料的颗粒数 n 为

$$n = \frac{Q}{\delta k_2 D^3} \tag{4-7}$$

因此，当破碎物料质量为 Q 时，所需的功为

$$dW_1 = \gamma \frac{Q}{\delta k_2 D^3} \cdot d(k_1 D^2) = K_1 Q \frac{1}{D^2} dD \tag{4-8}$$

设 D_0 为物料破碎前的直径，D_P 为破碎产物直径，则

$$W_1 = K_1 Q \int_{D_P}^{D_0} \frac{1}{D^2} dD = K_1 Q \left(\frac{1}{D_P} - \frac{1}{D_0} \right)$$

$$= K_1 Q \frac{1}{D_0} \left(\frac{D_0}{D_P} - 1 \right) = K_1 Q \frac{1}{D_0} (S - 1) \tag{4-9}$$

式中，S 为破碎比；K_1 为比例常数($K_1 = 2\gamma k_1 / \delta k_2$)，与物料的强度有关。由上式可知，在破碎比相同的条件下，功耗与被破碎物料给入粒度成反比。

上述公式的推导，由于给矿和产品都是用混合粒群，故应用时，用它们的平均直径来计算，其平均直径的计算方法，可采用调和平均值，即用公式 2-7 计算。

B　吉尔皮切夫学说

吉尔皮切夫(В.Л.КИрпичев)或基克(F.Kick)学说又称体积说。

该学说认为：破碎时外力对矿石所做的功，完全用于使矿石发生变形，转变为弹性体的形变能。当形变能储至极限，矿石即被破坏。因而提出：把物料破碎成几何形状相似的产物，所需的

功与该物料的体积或质量成正比，即

$$W_2 \propto V \quad \text{或表示为} \quad dW_2 = K dV \tag{4-10}$$

式中　dW_2——破碎体积为 dV 的物料所需的功；

K——比例系数，即破碎一个单位体积的物料所需的功。

按照推导面积学说公式的方法，可以得

$$dW_2 = K \frac{Q}{\delta K_2 D^3} d(K_2 D^3) = K_2 Q \frac{1}{D} dD \tag{4-11}$$

式中，K_2 为系数，$K_2 = 3K/\delta$。

在给矿直径为 D_0 和破碎产物直径为 D_P 限内积分

$$W_2 = K_2 Q \int_{D_P}^{D_0} \frac{1}{D} dD = K_2 Q (\ln D_0 - \ln D_P)$$

$$= K_2 Q \ln(D_0 / D_P) = 2.303 K_2 Q \lg S \tag{4-12}$$

在应用公式 4-12 时，也要用给矿和产品的平均直径来计算，其计算方法采用公式 2-6 计算。

C　邦德学说

邦德(F.C.Bond)学说又称裂缝说(1952)。

邦德学说是介于上述两个学说之间，适用范围较广的一种学说。F.C. 邦德在综合了大量的破碎和磨矿实际资料后整理得出了经验式。在此之后，邦德进行了物理意义的解释：矿石在外力作用下，首先使矿石发生变形，积累了一定的形变能后，其局部变形超过了临界点，即产生裂缝，裂缝形成后，储在物体内的形变能使裂缝扩展并生成新的断面。这时的输入功即转化为新生表面上的表面能，最后破碎。因此，破碎矿石所需的功，应当考虑形变能和表面能两项，形变能和体积成正比，表面能和新生表面积成正比。

根据邦德所作的解释，采用推导前面两个学说公式的方法进行推导，即可得如下公式：

$$W_3 = K_3 Q \left(\frac{1}{\sqrt{D_P}} - \frac{1}{\sqrt{D_0}} \right) = K_3 Q \frac{1}{\sqrt{D_0}} (\sqrt{S} - 1) \tag{4-13}$$

式中　D_0 及 D_P——给矿中及产品中 80% 能通过的方形筛孔宽度，μm。

4.4.2　三个学说的应用和比较

A　面积说的物理意义及其应用范围

面积说认为破碎所消耗的功都变为表面能，也就是外力所作的功，都用来克服物料的内聚力。对一定物料来说，使其破碎所要求分开的距离是一定的。故消耗的功与内聚力成正比。

面积说假定全部功耗都用于克服物料的内聚力，也就是只考虑到物料破碎过程中晶格面裂开的分离功，而没有考虑晶格面分离前的准备阶段(弹性变形及塑性变形)的形变功。这是面积说的主要缺点。

面积说的应用，应有以下条件：(1)整个功耗都用于克服内聚力，并且都被吸收为表面能，而没有弹性变形及塑性变形。这只有完全均匀、各向同性、完全脆性的物料才能符合这一条件。(2)功耗随着破碎比及表面积的增加而急剧增加，只有破碎比很大，表面积增加很多的作业(例如细磨作业)，才比较适用。对于破碎比较小(一般小于 10)的破碎作业，表面积变化不大，面积说是不适用的。总之，面积说只有用于脆性物料的细磨作业中，才能得出与实际相近似的结果。在工业上，曾有用面积说进行磨矿功耗的近似计算，但由于影响磨矿的因素很多，计算结果与实际有误差。

B 体积说的物理意义及其应用范围

体积说考虑了物料受外力产生变形所耗的功，即考虑了克服内聚力所需的功。体积说认为在外力作用下物料发生弹性变形时，外力所做的功储存在弹性体内，成为弹性体的形变能，故破碎物料所需的功，与该物料的体积或质量成正比。

体积说的应用，应有以下条件：(1)当粒度很大，而比表面很小，即在表面能可以忽略的情况下，体积说比较接近实际。因此，体积说较适用于大矿块的粗碎和中碎作业。(2)如物料是脆性的，其弹性模数一直到断裂时为止，保持常数值，则外力所做的功将等于弹性形变能，并与体积成正比。因此体积说适用于弹性或脆性物料，而不适用于塑性或韧性的物料。(3)物料的结构应该是均匀的，其极限抗压强度和弹性模数一定，并要求凡外部形状相似的物料，其内部结构也相似。实际上破碎的矿石不是完全均匀的，其极限抗压强度和弹性模数也在较宽的范围内变动，因此用体积说计算得出的功耗，也只是近似的数值。

C 裂缝说的物理意义及其应用范围

裂缝说认为，物料先在压力作用下变形，形变功积累到一定程度，物料中某些脆弱点(或面)的内应力达到极限强度，因而产生裂缝。此时形变功就集中在裂缝附近，使裂缝加大，变为产生断裂面所需的功。

裂缝说的公式及其系数，是根据各种破碎机磨矿机大量生产数据总结出来的。可用于破碎磨矿过程功耗的计算和各种破碎机、磨矿机的选择。也可用它进行各种破碎机械不同工作条件下工作效率的比较。但采用裂缝说公式时，必须有符合实践条件下的系数及准确的粒度数据，否则仍得不到准确的计算结果。

D 三个学说的比较

物料粉碎过程的实质是：外力作用于物体，首先使之变形，到一定程度，物体即产生微裂缝。能量集中在原有和新生成的微裂缝周围并使它扩展，对于脆性物料，在裂缝开始扩展的瞬间即行破裂，因为这时能量已积蓄到可以造成破裂的程度。物料粉碎以后，外力所做的功一部分转化为表面能，其余则转化为热能损失。因此，粉碎物体所需的功包含形变能和表面能。

从上面所讲的物料粉碎过程可以看出，体积说注意的是物料受外力发生变形的阶段，它是以弹性理论为基础，所以比较符合于压碎和击碎过程。当物料粗碎时，破碎比不大，新生的表面积不多，形变能占主要部分，颚式破碎机的粗碎实验结果证明，按体积说计算出的功率与实际的比较，误差较小。裂缝说注意到裂缝的形成和发展，但不是以裂缝的形成和发展的研究为依据，而是为了解释其经验公式所作的假定。裂缝说的经验公式是用一般的碎矿及磨矿设备做试验定出的，所以在中等破碎比的情况下，都大致与它符合。面积说注意到的是粉碎后生成的新表面，所以比较符合于切割和磨剥过程。当物料细磨时，磨碎比很大，新生的表面积很多，这时表面能是主要的。所以细磨实验的结果与按面积说计算出的结果接近。因此，这三个学说都有一定的片面性，但互不矛盾，却相互补充。

根据上述情况，在应用各种功耗学说时，要注意各学说的适用范围，正确地加以选择。

粉碎过程是很复杂的，建立这些学说时，有许多因素未作考虑。如结晶缺陷、矿石的节理和裂缝、矿石的湿度、黏度和不均匀性、矿块间的相互摩擦和挤压等，都会影响矿石的强度，从而影响到粉碎所需要的功。同时在粉碎时，还有一部分由于各种原因的损失功未考虑。因此，各学说在适合它的范围内也只能得到近似的结果，还须用实践数据来进行校核。

4.4.3 功耗指标(功指数)的测定

从上面所讲的三个学说的应用和比较可知，由于裂缝说是根据各种碎矿机和磨矿机的大量生产数据总结出来的，在中等破碎比的情况下，都与它符合。所以关于一般碎矿和磨矿设备的功耗指标的计算和测定，都用裂缝说所整理成的经验公式，其公式如下。

$$W_c = W_i\left(\frac{10}{\sqrt{P_{80}}} - \frac{10}{\sqrt{F_{80}}}\right)$$

或者

$$W_i = \frac{W_c}{10}\sqrt{P_{80}}\left(\frac{\sqrt{F_{80}}}{\sqrt{F_{80}} - \sqrt{P_{80}}}\right) \tag{4-14}$$

式中 F_{80}——给矿的 80% 能通过的方孔筛的宽度，μm；

P_{80}——产品的 80% 能通过的方孔筛的宽度，μm；

W_c——将 1 短吨(907.18 kg)粒度为 F 的给矿破碎到产品粒度为 P 后所耗的功，kW·h/短吨；

W_i——功耗指标，即将“理论上无限大的粒度”破碎到 80% 可以通过 100 μm 筛孔宽（或 67% 可以通过 200 目筛孔）时所需的功，kW·h/短吨。

公式 4-14 中的各项都是可测的，关于功耗指标 W_i 的测定，邦德曾提出了几种测定方法，为了便于应用裂缝说公式，以后的研究者又提出了更为简便的测定方法——比较法。

在相同条件下，用同一磨机分别磨同样质量的标准矿石（功耗指标已知）和待测矿石（需求出其功耗指标），从它们的给矿和产品的筛析粒度特性曲线中分别找出标准矿石和待测矿石的 F_{80} 和 P_{80}，然后分别代入公式 4-14 进行计算，即可得出待测矿石的功耗指标。例如要测定某矿石的功耗指标，首先必须要有已知其功指数的标准矿石，然后取出同样重量，同样份数的标准矿石和待测矿石，在相同条件下，用同一磨机分别磨细同样重量标准矿石和待测矿石若干组，从它们的给矿和产品的筛析曲线中分别找出若干组的 F_{80} 和 P_{80} 值，再用所得出的 F_{80} 和 P_{80} 分组分别代入公式 4-14 进行计算，得出若干个待测矿石的功指数，最后求出其平均值即为其功指数。当然测试的份数愈多，其结果也更准确。必须指出，采用裂缝说公式时，必须要有符合实践条件的标准矿石及较准确的功耗指标数和比较准确的粒度特性曲线数据，否则仍不能得到较正确的结果。

4.5 粉碎矿石新方法简介

由于工业发展的需要，促使粉碎技术的发展，各种新型设备逐步取代了旧式设备，但是目前通用的粉碎方法，仍然采用机械力，因其机体笨重，破碎比小，生产流程也较为复杂，功的损失也很大。通过试验研究，得出各种碎矿、磨矿机在一定条件下，机械效率大致为：颚式破碎机，50%；圆锥破碎机，83%；圆筒形磨矿机，87%，如果将一部分粉碎损失功也考虑在内，则现有各种粉碎过程的效率大都低于 30%。为了提高粉碎效率，在改进现有设备的同时，近年来，正研究和试验粉碎矿石的新方法。如采用电、热、风、爆炸等方法来粉碎，由于这些方法不是利用机械力，因而有可能避免安装笨重而能耗大的粉碎机械，所以有一定的发展前途。但这些新方法还处于试验阶段，或在应用时有一定的条件限制，下边介绍几种新的粉碎方法。

(1) 高压电弧破碎法。这种破碎方法是在两个炭极间通以高压电，作用于被破碎矿石上，当高压电的炭极开始接触矿石时，就发生电弧。即在接触面上发生火花放电。经短时间作用，矿石爆裂，电流剧增，这时矿石就被击穿而破碎。此法曾在采矿场对大块矿石进行二次爆破试验。但用于选矿厂连续破碎矿石，尚待进一步研究。

(2) 水电效应破碎法。这种方法是利用高压脉冲发生器，在液体（水）中以高压脉冲放电时，产生的热电效应来破碎矿石。由于扩散的电火花对周围的液体发生作用，经液体传到待破碎的矿石上，使矿石破碎。试验结果证明，可将 150 mm 的矿石破碎到 10 mm 左右。

(3) 热力破碎法。选矿上研究的热力破碎，实际是热与机械破碎相结合。先将矿石加热到一定温度,然后在水中冷却,这样就可以改善矿石的可碎性及可磨性。

(4) 超声波破碎法。目前,超声波破碎法可分为两种:1)超声波振动破碎法。它是利用超声波产生的高频振动,使物料沿缺陷和裂缝产生集中应力,使裂缝扩大而破碎。此破碎过程由于力的作用集中于断裂处附近,效率较高。并且频率越大,效率越高。2)超声波电热破碎法。这种破碎法又有两种:①超声热力破碎。用于有导电性的金属矿石,在超声波振荡区内使温度升高,从而使矿石产生裂隙而破碎。②超声电场破碎。将矿石通入直流及交流电,利用直流电是沿导体整个切面传导,而高频交流电则是沿导体表面传导的原理,因而相互干扰,温度升高,因各种矿物热导率不同,产生温度差,从而引起应力使矿石破碎。

(5) 气力粉碎法。根据用力方式不同,又可分为两种:1)气力冲击粉碎。其工作原理是以高速喷射气流,使细粒物料互相撞击而粉碎,其粉碎粒度很细。粉碎程度与进入气流压力有关,压力愈高,产物粒度愈细,可达 0.25~3 μm。2)气力反击粉碎。此法适用于脆性物料,其工作原理是将流动固体物料送入有压力的工作气流管道中,用高速气流带动固体喷射碰到反击板上,达到粉碎的目的。

(6) 减压粉碎法。这种方法的原理是,当受高压的气体突然开放时,体积立刻膨胀,以声速或超声速运动,造成强大的冲击波,并作用在矿石上。冲击波在矿粒内部的晶粒交界处反射,使晶粒交界处受到张应力。高速运动着的气流的动能更有效的传给矿石,以及矿石间的高频碰撞,从而使矿石粉碎。

本章小结

碎矿和磨矿是选别前不可缺少的作业,是为选别准备好解离充分且过粉碎轻的入选物料。碎矿一般采用两段或三段,磨矿一般采用一段或两段。根据矿石普氏硬度系数的不同,划分为很软、软、中硬、硬和很硬 5 个等级;矿石的可碎性和可磨性分别用可碎性系数和可磨性系数表示。目前主要是借助压碎、劈裂、折断、磨剥和冲击 5 种机械力的作用来粉碎矿石。

由于影响粉碎的因素极为复杂,目前尚无完善的理论,现在得到多数人公认的粉碎功耗学说有三个,即面积说、体积说和裂缝说。当物料粗碎时,破碎比不大,按体积说计算的功率比较符合实际;在中等破碎比的情况下,用裂缝说计算的功率比较符合实际;当物料细磨时,破碎比很大,新生的表面积很多,按面积说计算的功率比较符合实际。在应用各个功耗学说时,要注意其适用范围,正确地加以选择。

目前通用的采用机械力的粉碎方法,其粉碎效率都比较低。为了提高粉碎效率,在改进原有设备的同时,正研究和试验采用电、热、风、爆炸等新方法来粉碎矿石,如高压电弧破碎法、水电效应破碎法、热力破碎法、超声波破碎法、气力破碎法和减压破碎法等。这些破碎方法有一定的发展前途,但还处于试验阶段,或在应用时有一定的限制条件。

复习思考题

4-1 什么叫解离粒和连生粒,什么叫解离度和过粉碎,解离度和过粉碎对选矿指标有何影响?

4-2 矿石为什么要分段破碎,什么叫破碎比,总破碎比和部分破碎比的关系如何,选矿厂一般采用几段破碎?

4-3 破碎比的计算方法有哪几种,各运用于什么情况?

4-4 岩矿的机械强度一般用什么方法表示,有何实用意义?

4-5　粉碎矿石时,主要借助哪几种机械力作用?

4-6　什么叫可碎性系数和可磨性系数,如何测定?

4-7　粉碎的三个功耗学说的基本观点是什么?试写出裂缝学说的经验式,并说明各符号意义。

4-8　结合粉碎全过程分析三个功耗学说的片面性及其应用范围。

4-9　什么叫功指数,功指数如何测定?

4-10　粉碎矿石的新方法有哪些,各基于什么原理来粉碎矿石?

5 碎矿设备

5.1 碎矿设备的分类

目前选矿厂应用的碎矿设备，主要是利用机械力的作用粉碎矿石，根据其构造的不同(如图5-1所示)，可以分为如下几种：

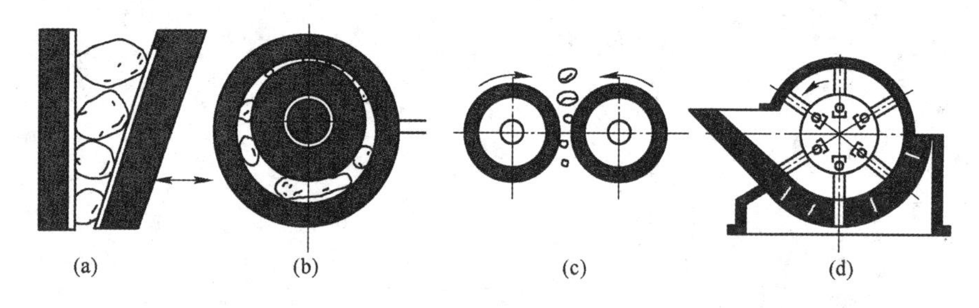

图5-1 主要碎矿机分类示意图

(1) 颚式碎矿机(见图5-1a)。通过摇动的颚板周期地压向固定颚板，将在其中的物料压碎，以完成破碎矿石的任务。

(2) 圆锥碎矿机(见图5-1b)。被破碎的物料，放在内外两个圆锥之间。外圆锥固定(称为固定锥)，内圆锥做圆周运动(称为可动锥)，从而将夹在其中的物料压碎或折断。

(3) 对辊碎矿机(见图5-1c)。被破碎的物料，在两个相对转动的圆辊夹缝中，受到连续不断的压碎作用，并兼有磨剥作用，使矿石破碎。如果辊面是齿形的，则主要是利用劈碎作用破碎矿石。

(4) 反击式碎矿机(见图5-1d)。被破碎的物料，受到快速旋转的运动部件的冲击作用而被击碎。

5.2 颚式碎矿机

5.2.1 颚式碎矿机的类型及破碎矿石的过程

颚式碎矿机(又名老虎口)出现于1858年，首先广泛应用于筑路工程，以后应用于矿山。由于这种破碎机的构造简单，工作可靠，所以至今仍得到广泛的应用。它适用于破碎硬和中硬的物料。在选矿厂中，多作为粗碎及中碎设备。

颚式碎矿机的类型很多，目前在我国选矿厂中使用最广的主要有简单摆动颚式碎矿机(如图5-2a)和复杂摆动颚式碎矿机(如图5-2b)两种类型。近年来，由于液压技术的应用，在简单摆动颚式碎矿机的基础上制成了液压颚式破碎机，如图5-2c所示，在选矿厂也开始应用。

颚式碎矿机破碎矿石的过程如图5-3所示，加入到颚式碎矿机破碎腔(由固定颚板和可动颚板组成的空间)中的物料，由于动颚板作周期性往复摆动，当动颚板靠近固定颚板时，物料受到压碎、劈裂和弯曲折断的作用而被破碎。当动颚板离开固定颚板时，已碎到小于排矿口尺寸的物料，靠其自重从下部排矿口排出。位于破碎腔上部还未破碎到足够小的物料，随之下落到破碎腔的下部，再次受到颚板的作用而继续被破碎。

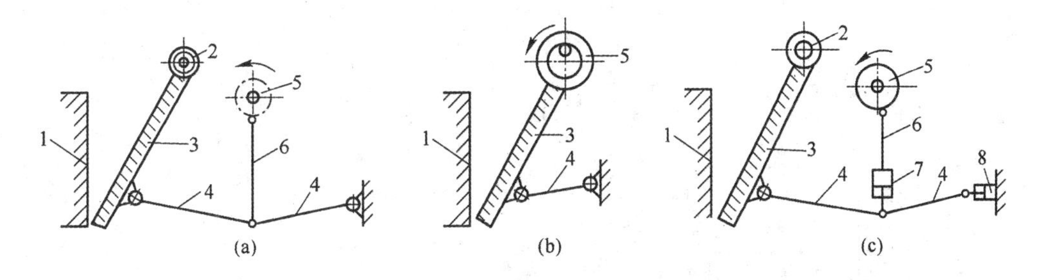

图 5-2　颚式碎矿机的主要类型

(a) 简单摆动颚式碎矿机；(b) 复杂摆动颚式碎矿机；(c) 液压颚式碎矿机

1—固定颚板；2—动颚悬挂轴；3—可动颚板；4—前、后推力板；5—偏心轴；6—连杆；7—连杆液压油缸；8—调整液压油缸

图 5-3 为一大块物料在颚式碎矿机中被破碎的过程。图 5-3a 是动颚板张到最大的位置，即动颚离固定颚最远，此时物料进入破碎腔。图 5-3b 是动颚逐渐向固定颚靠近，物料受挤压，劈裂和折断的作用产生裂缝而被破碎。图 5-3c 是动颚靠近固定颚最近的位置，被破碎的物料分为几个小块。图 5-3d 是动颚又张到最大位置，被破碎了的物料由于自重下落而从排矿口排出，大于排矿口的则落至下部与新给入的物料再次受到破碎。

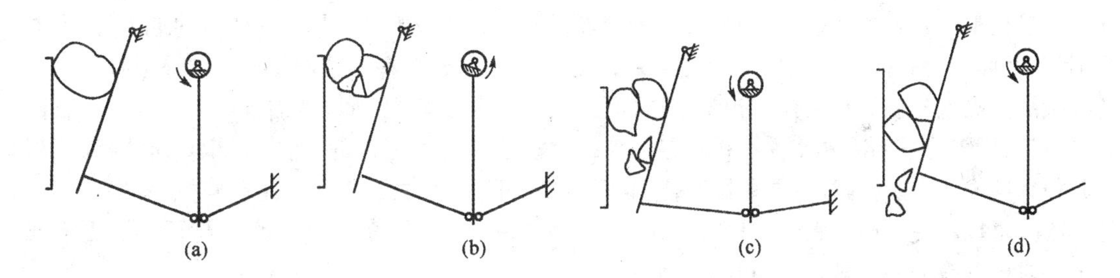

图 5-3　颚式碎矿机的破碎过程

5.2.2　简单摆动颚式碎矿机

图 5-4 是我国生产的 PJ1200×1500 简单摆动颚式破碎的剖视图。这种碎矿机主要是由机架和支承装置，碎矿的工作机构，传动机构，保险装置及排矿口调整装置等几部分组成。

A　机架和支承装置

机架是碎矿机的最笨重部件，要有足够的强度，因它要承受破碎物料的强大挤压力。可用铸钢整体铸造，但随着碎矿机规格的增大，愈加笨重的机架，给运输和制造带来很大困难，因此大型颚式碎矿机(规格大于 1200 mm×1500 mm)的机架做成上下两部分(或几部分)的组合体，在机架的上部有装动颚悬挂轴及偏心轴的轴承。大、中型破碎机一般采用铸有巴氏合金的滑动轴承，它能承受较大的冲击载荷，又比较耐磨，但传动效率低，需进行强制润滑，小型的碎矿机多采用滚动轴承，它的传动效率高，维修方便，但承受冲击性能差。随着滚动轴承制造技术的提高，今后大型颚式碎矿机，也将采用滚动轴承。

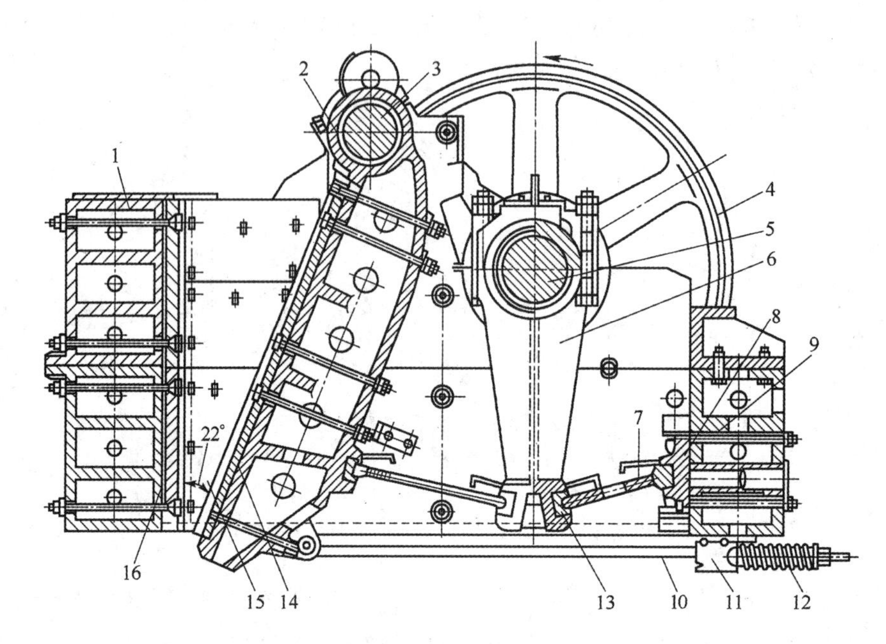

图 5-4　PJ1200×1500 简单摆动颚式碎矿机

1—机架；2—动颚；3—悬挂轴；4—飞轮；5—偏心轴；6—连杆；7—肘板；8—挡板；9—后壁；10—拉杆；11—凸轮；12—弹簧；13—凹槽；14，16—衬板；15—侧壁衬板

B　工作机构

碎矿机的工作机构，是由固定颚板和可动颚板所构成的破碎腔。是破碎矿石的地方，故容易磨损，其上面装有可拆卸的衬板，衬板 14 及 16 通常采用耐磨材料高锰钢制造。在外国有采用耐磨性很高的高锰－镍钢和高锰－钼钢制造，但因其价格十分昂贵，所以我国采用得较少。在破碎软矿石时，也可以采用冷硬铸铁。衬板各部分的磨损情况是不一样的，通常下部磨损快，为了延长其使用期限，往往将衬板制成可以互换的若干块或可以调头的。对于小型破碎机，多采用调头的办法。可以将使用期限延长一倍或一倍以上。大型碎矿机，则多采用将磨损衬板单块更换或上下部衬板互换的办法，以延长其使用期限。

衬板的表面一般都制成齿形，其齿的排列是可动颚板和固定颚板的齿峰和齿谷相对，除对矿石有压碎作用外还有劈碎及折断作用，有利于破碎矿石。近来有将衬板做成曲面的齿板，即排矿口接近于平行，这样可使破碎产品粒度均匀，减少片状产品和排矿口堵塞现象。

为了使衬板和颚板间能紧密而牢固地贴合在一起，使衬板各点受力较均匀，常在衬板与颚板间垫有可塑性材料，如铅、锌或某些合金的衬垫。

在破碎腔的两个侧壁上也装有锰钢制造的侧壁衬板 15，因它不破碎矿石，故表面是平滑的，其磨损也较小，用螺栓固定在侧壁上，以便于磨损后更换。

C　传动机构

颚式碎矿机可动颚板的运动是借助偏心连杆和推力板来实现的，它是由飞轮 4、偏心轴 5、连杆 6、前推力板和后推力板 7（俗称肘板）组成。两个飞轮分别装在偏心轴的两端。偏心轴支承在机架侧壁上的轴承中。连杆上部装在偏心轴上，前、后推力板的一端分别支承在连杆下部两侧的推力板支座的凹槽 13 上，前推力板的另一端支承在动颚下部的推力板支座中，后推力板的另一端支承在机架后壁的推力板支座中。当电动机通过皮带轮带动偏心轴旋转时，使连杆作上下运动，从而带动推力板运动，使前、后两推力板所形成的夹角不断改变推动动颚运动。使可动颚板围绕悬挂轴 3 作往复摆动，从而破碎矿石。当动颚向前摆动时，水平拉杆 10 通过弹簧 12 来平衡动颚和推力板所产生的惯性力，使动颚和推力板紧密结合，不致分离。当动颚后退时，弹簧又可起协助作用。

由于颚式碎矿机是间歇工作的，电动机负荷不均匀而浪费动力，对机器的寿命也有影响。为使负荷均匀，就应把动颚后退的空转行程的能量储存起来，在破碎矿石的工作行程时，再将能量释放出来，因此利用惯性原理，在偏心轴的两端装两个飞轮，以此来达到这个目的。飞轮越重惯量也越大，储存的能量也就越多，所以飞轮很大很重。为了简化机器结构，通常将一端的飞轮兼作皮带轮。

偏心轴是碎矿机的重要零件，带动连杆作上下运动。由于它工作时承受很大的破碎力，一般都采用优质合金钢制造。

连杆由于工作时承受拉力，故用铸钢制造，为了减轻连杆的质量，连杆的下部断面常制成“工”字形或“十”字形或箱形。大型的颚式碎矿机主要用组合连杆。组合连杆质量小，节省材料，并设有简单的保险装置。

推力板又称肘板，它是向动颚传递运动的一个杆件，同时用它作为保险装置。改变其长度，还可以调整排矿口的大小。一般用铸铁铸成整体，也有铸成两块的，然后用螺栓或铆钉连接起来。也有将肘头和肘身分开制造，如图 5-6 所示，然后用螺栓或铆钉连接起来。

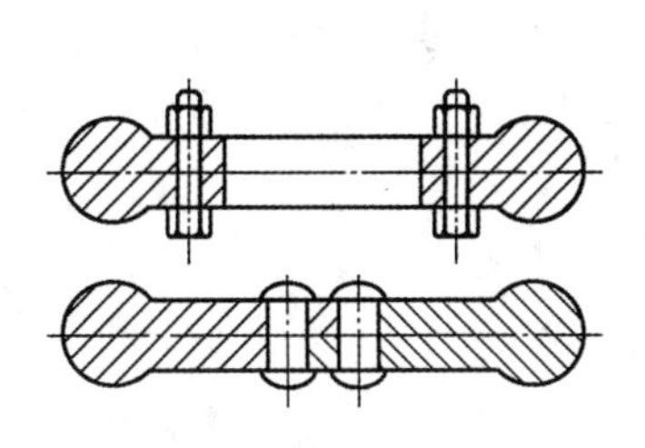

图 5-5　推力板的构造

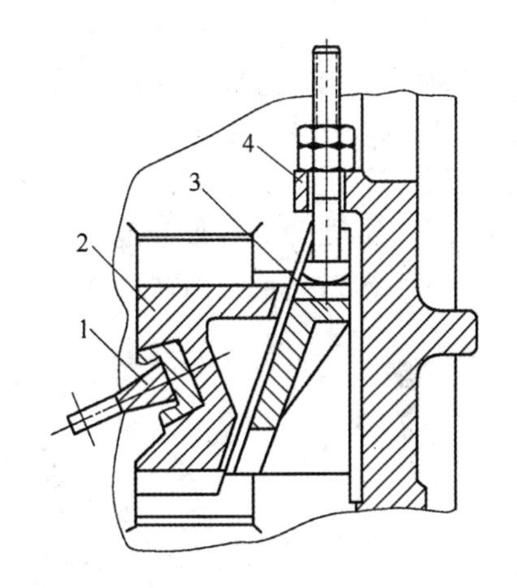

图 5-6　楔块调整装置

1—推力板；2—楔块；3—调整楔块；4—机架

D　保险装置

保险装置是在颚式碎矿机破碎腔进入非破碎物（如铁块等）时，为了使机器的主要部件不受破坏而采用的一种安全装置。最常用的是采用后推力板作为破碎机的保险装置。后推力板一般用普通铸铁制造，并在其中部开一条槽或开若干个小孔，以降低其断面强度；或用组合推力板，如图 5-5。当破碎腔落入非破碎物时，机器超过正常负荷，后推力板即被破坏，使碎矿机停止工作，从而使碎矿机的主要部件不受到损坏。

E　排矿口的调整装置

随着衬板的逐渐磨损，排矿口不断增大，因而使产品粒度变粗，为了得到合格的产品粒度，所以颚式破碎机都有排矿口的调整装置。其调整方法有以下两种：

(1) 楔块调整装置。如图 5-6 所示，它是用放在后推力板座与机架后壁间的两个楔块 2 和 3 来调整。使调整楔块3沿机架后壁上升和下降，即可将排矿口减小和增大。用此法调整排矿口

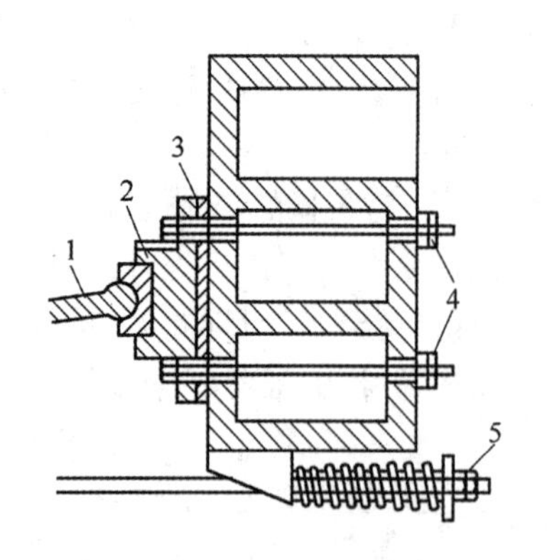

图 5-7　垫片调整装置

1—后推力板;2—支承座;3—调整垫片子;4—螺帽;5—拉杆上的螺帽

的大小,可以达到无级调整,方便省力,且可不必停车。但缺点是使机架的尺寸和质量增大,且不易调平,故使推力板和连杆受力不均,所以这种装置,只适用于中、小型碎矿机。

(2) 垫片调整装置。如图 5-7 所示,在后推力板 1 的支承座 2 后面放入一组厚度相同的垫片 3,改变垫片的数量,即可达到调整排矿口大小的目的。在调整排矿口时,要先将螺帽 4 及拉杆弹簧螺帽 5 松开,然后增加或减少垫片的数目,待排矿口调整好后,再将螺帽 4 上紧,并调整弹簧上的螺帽 5。用此法可以达到多级调整,调整时也比较方便,同时可以使机器结构紧凑和质量减小。但调整时必须停车。这种方法常用在大、中型碎矿机上。

5.2.3　复杂摆动颚式碎矿机

复杂摆动颚式碎矿机的构造,如图 5-8 所示。在我国它主要用于矿石的中碎。但在中、小型选矿厂中,也可作为第一段碎矿设备,其给矿口宽度可达 900 mm,排矿口宽度为 10～150 mm,生产率为 1～450 t/h。这种碎矿机的动颚悬挂轴也是偏心轴,因此连杆与动颚合并。从图 5-8 可以看出,动颚板 2 通过滚珠轴承 4 直接悬挂在偏心轴 3 上,偏心轴支承在机架 1 上的两个滚珠轴承中,排矿口的大小用楔块 9 和 10 来调节,其肘板 8 也只有一块,衬板 5 和 6 分别装在动颚和定颚上,表面都是弧形的。其他零件与简单摆动颚式碎矿机相似。当偏心轴转动时动颚上端运动轨迹为圆形,而下端则为椭圆形轨迹。故称为复杂摆动。它对矿石除有压碎作用外,还有磨剥作用。因此生产率较高,能量消耗也较少。但矿石过粉碎现象比较严重,衬板的磨损也较快。

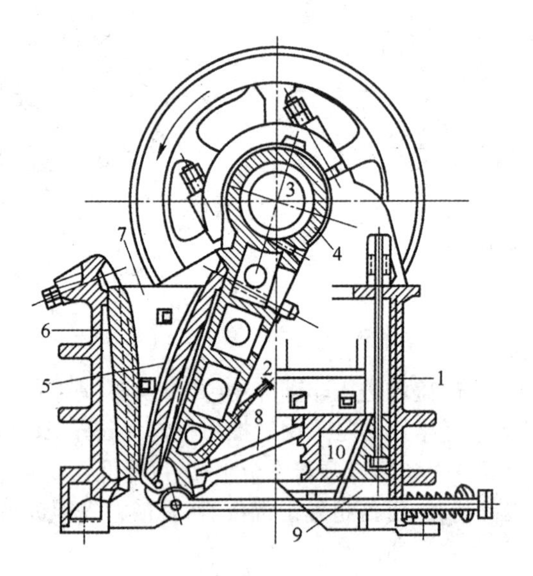

图 5-8　复杂摆动颚式碎矿机

1—机架;2—动颚板;3—偏心轴;4—滚珠轴承;5、6—衬板;7—侧壁衬板;8—肘板;9、10—楔块

在国外,这种碎矿机已有制成大型的,其规格达 1676 mm×2108 mm(66 in×83 in),排矿口宽为 355 mm(14 in),生产率可达 3000 t/h。

5.2.4 液压颚式碎矿机

液压颚式碎矿机的构造与一般简单摆动颚式碎矿机基本相同，所不同的是：以液压油缸的保险机构和调整机构，取代了一般颚式碎矿机原有的保险装置和调整装置。现将液压保险，液压调整与分段启动的原理分述如下。

A 液压分段启动

为了降低大型颚式碎矿机启动的功率消耗，在偏心轴的两端安装两个液压摩擦离合器。一个摩擦离合器装在皮带轮与偏心轴之间，另一个装在飞轮与偏心轴之间，离合器由于弹簧的作用，平时是闭合的，使飞轮，皮带轮与偏心轴紧紧咬合，启动碎矿机前，先用液压油泵向设置在偏心轴两端的两个油缸中充油，当油压增至 29 kg/cm^2 时，油缸活塞向偏心轴两端移动，压缩弹簧使离合器脱开。这时启动主电机，带动皮带轮转动，经 20 s 后，皮带轮达到正常运转，这时皮带轮端油缸中的油卸压并流回油箱，离合器闭合，偏心轴与皮带轮一起运转，再过 20 s 后，飞轮端油缸中的油卸压，离合器闭合，飞轮又与偏心轴一起运转，完成了碎矿机的三步启动。

B 液压保险装置

实现液压保险作用的油缸设置在连杆体中。在碎矿机启动前，先开动液压油泵向连杆体的油缸活塞下充油，使油压不超过 200 kg/cm^2。然后开动主电机，碎矿机正常工作。当破碎腔进入非破碎物时，使连杆下油缸的油压超过规定压力，迫使高压溢流阀打开，使下油缸的油流向上油缸卸压，因而使正在工作的连杆下部、推力板和动颚停止运动，而主电机、偏心轴及连杆上部照常运转，从而保护了机器不受损坏，停车取出非破碎物，再重新开车。

C 液压调整装置

如图 5-9 所示，在调整前，先松开连接滑块座与后机架间的螺帽及拉杆弹簧螺帽，再启动油泵，向油缸充油，使活塞推动滑块座向前移动，然后在滑块座与后机架间增减垫片，以调整排矿口的大小，调整后将油卸出，拧紧滑块座与后机架间的螺帽及重新调整拉杆弹簧的螺帽，至此排矿口的调整就已完成。

图 5-10 是我国近年设计的液压简摆型颚式碎矿机，规格为 1500 mm×2100 mm。是兼有液压保险装置，液压排矿口调整装置，并能分段启动的新型设备。该设备的液压系统如图 5-11 所示。

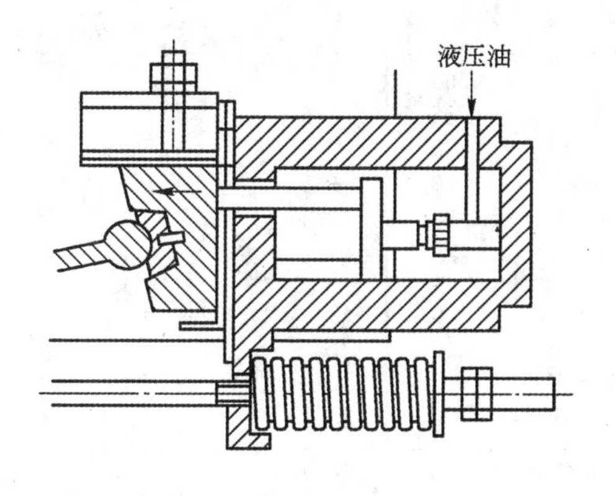

图 5-9 排矿口的液压调整机构图

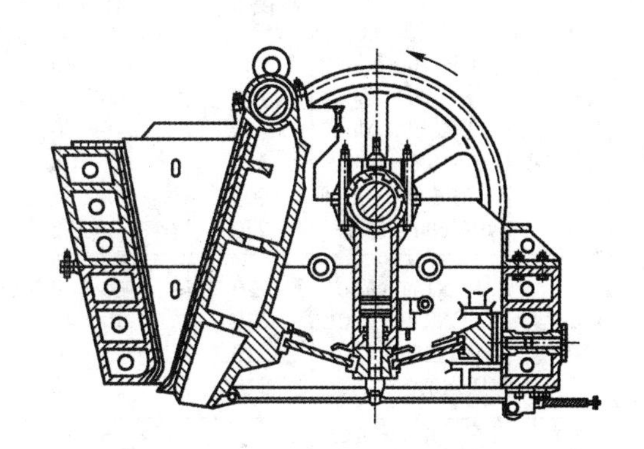
图 5-10 1500 mm×2100 mm 液压颚式碎矿机

颚式碎矿机的规格是用给矿口的宽度和长度来表示的，例如 1200 mm×1500 mm 简单摆动颚式碎矿机，即给矿口宽为 1200 mm，长为 1500 mm。

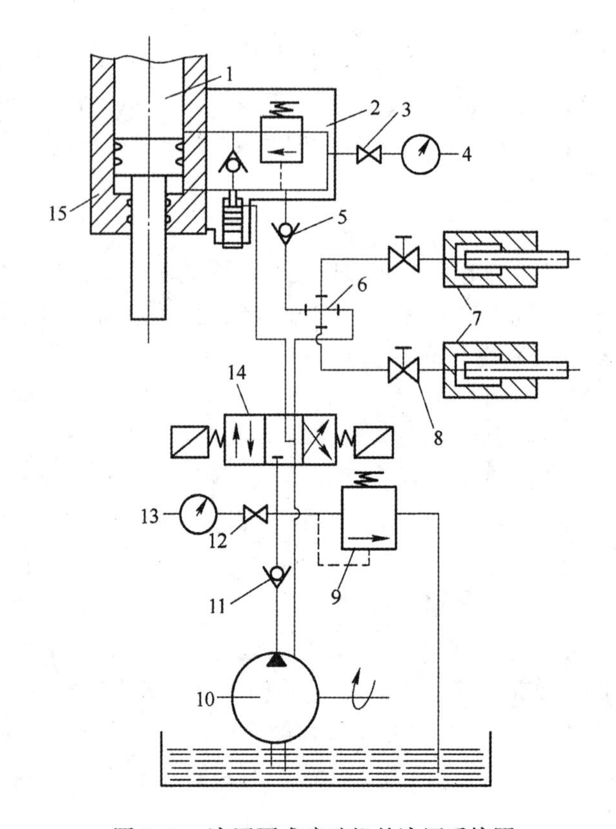

图 5-11　液压颚式碎矿机的液压系统图

1—连杆上缸；2—阀；3，12—压力表开关；4，13—压力表；5，11—单向阀；6—四通；7—用于调整排矿口的油缸；8—外螺截止阀；9—高压溢流阀；10—单级叶片泵；14—三位四通电磁换向阀；15—连杆下缸

我国目前所生产的颚式碎矿机，其技术规格见表 5-1。

表 5-1　颚式碎矿机定型产品技术规格

类　型	型号及规格	最大给矿粒度/mm	排矿口调节范围/mm	处理量 /t·h^{-1}	主轴转数 /r·min^{-1}	机器重量/t	传动电动机	
							型号	功率/kW
复　摆	PE150×250	125	10～40	1～3	300	1.1		5.5
	PE200×350	160	10～50	2～5	285	1.6		7.5
	PE250×400	210	20～80	5～50	300	2.5		17
	PE400×600	320	40～100	25～64	260	6.3		30
	PE600×900	500	75～200	56～192	250	10.06		75
	PE900×1200	750	130±25	180 m^3/h	225	44.13		110
复　摆细碎型	PEX150×750	120	10～40	8～35	300	3.5	Y180L-6	15
	PEX250×600	210	10～40	7～22		5.23	Y200L$_2$-6	22
	PEX250×750	210	15～50	13～35		6.01	Y225M-6	30
	PEX250×1200	210	20～50	40～85	300	13.22		60
简　摆	PJ900×1200	750	100～180	180～270	180	55.365		110
	PJ1200×1500	1000	150±40	310 m^3/h	160	110.38	YR500-12	160
	PJ1500×2100	1300	180±45	550 m^3/h	120	187.66	YR500-12	250

注：P—碎矿机；E—颚式；J—简单摆动；X—细碎型。

5.2.5　颚式碎矿机的工作原理和性能

颚式碎矿机虽有简单摆动与复杂摆动两种类型，但它们的工作原理基本上是相似的，只是动颚的运动轨迹有较大的差别。

简单摆动颚式碎矿机，因动颚是悬挂在支承轴上，所以当动颚作往复运动时，动颚上各点的运动轨迹都是圆弧形，而且水平行程上小下大，而以动颚的底部(排矿口处)为最大。由于落入破碎腔的矿石，其上部均为大矿块，因此往往达不到矿石破碎所必需的压缩量，故上部的大块矿石，需反复压碎多次，才能破碎。破碎负荷大都集中在破碎腔的下部，整个颚板没有均匀工作，从而降低了破碎机的生产能力。同时这种碎矿机的垂直行程小，磨剥作用小，排矿速度慢。但颚板的磨损较轻，产品过粉碎少。复杂摆动颚式碎矿机，由于其动颚又是曲柄连杆机构的连杆，在偏心轴的带动下，动颚上点的运动轨迹近似椭圆形，椭圆度是上小下大，其上部则近似圆形。这种碎矿机的水平行程正好与简摆颚式碎矿机相反，其上部大下部小，上部的水平行程约为下部的 1.5 倍，这样就可以满足破碎腔上部大块矿石破碎所需的压缩量。同时整个动颚的垂直行程都比水平行程大，尤其是排矿口处，其垂直行程约为水平行程的 3 倍，有利于促进排矿和提高生产能力。实践表明，在相同条件下，复摆颚式碎矿机的生产能力比简摆颚式碎矿机高 30% 左右。但颚板的磨损快，产品过粉碎严重。

综上所述，两种类型的颚式碎矿机，都是间歇地工作。简摆颚式碎矿机动颚的往复运动，是由偏心轴的旋转，通过连杆机构传递而带动的。因此，当偏心轴旋转一周，动颚只能前进后退各一次，所以只有一半时间做功。而复摆颚式碎矿机，由于动颚上端直接悬挂在偏心轴上，而下端又受肘板的约束，所以当偏心轴按逆时针方向旋转时，每一转中约有四分之三的时间在破碎矿石，即当动颚上端后退时，下端向前压矿，下端后退时，上端向前压矿，这也是复摆型颚式碎矿机生产能力较高的原因之一。

简摆颚式碎矿机在破碎矿石时，其破碎矿石的反作用力主要作用在动颚悬挂轴上，因而碎矿机主要零件受力较为合理，所以它一般都做成大、中型的。而复摆颚式破碎机的动颚悬挂轴也是偏心轴，虽具有结构紧凑，生产率高，质量小的优点，但在破碎矿石时，动颚受到的巨大挤压力，大部分作用在偏心轴及其轴承上，使其受力恶化，易于损坏；所以这种碎矿机虽越来越得到广泛应用，但一般都制成中、小型的。应当指出，随着耐冲击的大型滚动轴承的出现，这种碎矿机有向大型化方向发展的明显趋势，目前我国已生产出 900 mm×1200 mm 的复摆颚式碎矿机。

颚式碎矿机要求给矿均匀，所以都设有专门的给矿设备，颚式碎矿机的产品粒度特性曲线如图 5-12 所示，破碎产物的粒度特性曲线，决定于被破碎矿石的硬度。产品粒度特性曲线不仅反映出碎矿机的工作性能，而且为碎矿机排矿口的调整，提供了可靠的依据。

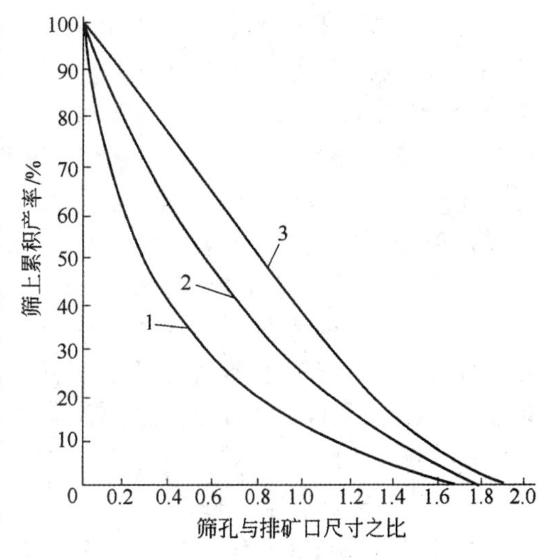

图 5-12　颚式碎矿机产品粒度特性曲线
1—易碎性矿石；2—中等可碎性矿石；3—难碎性矿石

该曲线是由大量生产数据的平均统计得来的。生产实践证明，用同一类型碎矿机破碎矿石，产品的粒度特性曲线形状取决于被破碎物料的性质，主要的是它的硬度。因此在没有实际资料的情况下，可以运用这三种典型粒度特性曲线。为了运用方便，横坐标不是直接用粒度的绝对值表示，而是用相对粒度表示。它们之间的关系如下：

$$相对粒度 = \frac{产品(绝对)粒度\ d}{排矿石宽度\ e} = \frac{筛孔尺寸}{排矿口宽度}$$

以下各种碎矿机产物的粒度特性曲线，均用相对粒度表示横坐标，其关系与此处相同。

5.2.6　颚式碎矿机的安装操作与维护检修

颚式碎矿机一般是安装在混凝土的基础上面。由于碎矿机的质量大，工作条件恶劣，而且机器在运转中又产生很大的惯性力，促使基础和机器发生振动。基础的振动又直接引起其他机器设备和建筑物结构的振动。因此，碎矿机的基础，一定要与厂房的基础隔开。同时，为了减少振动，在碎矿机基础与机架之间放置橡皮或木材做衬垫。

为了保证碎矿机连续正常的运转，充分发挥设备的生产能力，为此，必须重视对碎矿机的正确操作、经常维护和定期检修。

A　颚式碎矿机的操作

正确操作是保证碎矿机连续正常工作的重要因素之一。操作不当或者操作过程中疏忽大意，往往是造成设备和人身事故的主要原因。正确的操作就是严格按操作规程的规定执行。

启动前的准备工作：在颚式碎矿机启动以前，必须对设备进行全面的检查。检查破碎齿板的磨损情况，调好排矿口尺寸；检查破碎腔内有无矿石，若有大块矿石，必须取出；检查联接螺栓是否松动、皮带轮和飞轮的保护外罩是否完好、三角皮带和拉杆弹簧的松紧程度是否合适、储油箱(或干油储油器)油量的注满程度和润滑系统的完好情况、电气设备和信号系统是否正常，等等。

操作中的注意事项：(1)在启动碎矿机前，应该首先开动油泵电动机和冷却系统，经 3～4 min 后，待油压和油流指示器正常时，再开动碎矿机的电动机；启动以后，如果碎矿机发出不正常的声音，应停止运转，查明和消除弊病后，从新启动机器；碎矿机必须空载启动，启动后经一段时间，运转正常方可开动给矿设备。给入碎矿机的矿石应逐渐增加，直到满载运转。(2)操作中必须注意均匀给矿，矿石不许挤满破碎腔；而且给矿块的最大尺寸不应该大于给矿口宽度的 0.85 倍。同时，给矿时严防非破碎物进入碎矿机。操作过程中，还要经常注意大块矿石卡住碎矿机的给矿口，若已经卡住时，要使用铁钩去翻动矿石；若大块矿石需要从破碎腔中取出，应采用专门器具，严禁用手去做这些工作，以免发生事故。(3)在机器运转中，如果给矿太多或破碎腔堵塞，应暂停给矿，待破碎腔内的矿石碎完以后再开动给矿机。但此时不准碎矿机停止运转。在运转中，还应定时巡回检查，观察碎矿机各部件的工作状况和轴承温度，对于大型颚式碎矿机的滑动轴承温度通常不超过 60℃，以防止合金轴瓦的融化而产生烧瓦事故；当发现轴承温度很高时，切勿立即停止运转，应及时采取有效措施降低轴承温度(如加大给油量、强制通风或采用水冷却等)，待轴承温度下降后，方可停车，进行检查和排除故障。(4)为确保机器的正常运转，不允许不熟悉操作规程的人员单独操作碎矿机。(5)碎矿机停车时，必须按生产流程顺序进行停车。首先一定要停止给矿，待破碎腔内的矿石全部排出以后，再停碎矿机和皮带机。当碎矿机停稳后，方可停止油泵的电动机。(6)如果碎矿机因故突然停车，当事故处理完毕准备开车以前，必须清除破碎腔内积压的矿石，方准许开车运行。

B　颚式碎矿机的维护检修

颚式碎矿机在使用操作中，必须注意经常维护和检修。在碎矿车间中，颚式碎矿机的工作条件是非常恶劣的，设备的磨损问题是不可避免的。但是，机器零件的过快磨损，甚至断裂，往往都是由于操作不正确和维护不周到造成的。所以，正确的操作和精心的维护(定期检修)是延长机器的使用寿命和提高设备的运转率的重要途径。在日常维护工作中,操作人员要能正确地判断设备故障,准确地分析原因,从而迅速地采取消除方法。颚式碎矿机常见的设备故障、产生原因和消除方法见表5-2。

表5-2 颚式碎矿机工作中的故障及消除方法

设备故障	产生原因	消除方法
碎矿机工作中听到金属的撞击声,破碎齿板抖动	破碎腔侧板衬板和破碎齿板松弛,固定螺栓松动或断裂	停止碎矿机,检查衬板固定情况,用锤子敲击侧壁上的固定楔块,然后拧紧楔块和衬板上的固定螺栓,或者更换动颚破碎齿板上的固定螺栓
推力板支承(滑块)中产生撞击声	弹簧拉力不足或弹簧损坏,推力板支承滑块产生很大磨损或松弛,推力板头部严重磨损	停止碎矿机,调整弹簧的拉紧力或更换弹簧,更换支承滑块,更换推力板
连杆头产生撞击声	偏心轴轴衬磨损	重新刮研轴或更换新轴衬
破碎产品粒度增大	破碎齿板下部显著磨损	将破碎齿板调转180°,或调整排矿口,减小其宽度尺寸
剧烈的劈裂声后,动颚停止摆动,飞轮继续回转,连杆前后摇摆,拉杆弹簧松弛	由于落入非破碎物体,使推力板破坏或铆钉被剪断; 使连杆下部破坏的原因:工作中连杆下部安装推力板支承滑块的凹槽出现裂缝,安装没有进行适当计算的保险推力板	停止碎矿机,拧开螺帽,取下连杆弹簧,将动颚向前挂起,检查推力板支承滑块,更换推力板; 停止碎矿机,修理连杆
紧固螺栓松弛,特别是组合机架的螺栓松弛	振动	全面地扭紧全部联接螺栓,当机架拉紧螺栓松弛时,应停止碎矿机,把螺栓放在矿物油中预热到150℃后再安装上
飞轮回转,碎矿机停止工作,推力板从支承滑块中脱出	拉杆的弹簧损坏,拉杆损坏,拉杆螺帽脱扣	停止碎矿机,清除破碎腔内矿石,检查损坏原因,更换损坏的零件,安装推力板
飞轮显著地摆动,偏心轴回转渐慢	皮带轮和飞轮的键松弛或损坏	停止碎矿机,更换键,校正键槽
碎矿机下部出现撞击声	拉杆缓冲弹簧的弹性消失或损坏	更换弹簧

机器设备能否经常保持完好状况,除了正确操作以外,一靠维护,二靠检修,而且设备的维护是设备修理的基础。设备在使用中既要做好维护和检查,又要掌握其零件的磨损周期,才能及早发现设备零件缺陷,做到及时修理更换,从而使设备不至于达到不能修理而报废的地步。因此,设备的及时修理是保证正常生产的重要环节。

在一定条件下工作的设备零件,其磨损情况通常是有一定规律的,工作了一定时间以后,就需要进行修复或更换,这段时间间隔叫做零件的磨损周期(或称为零件的使用期限)。颚式碎矿机主要易磨损件的使用寿命和最低储备量的大致情况可参见表5-3。

表5-3 颚式碎矿机易磨损件的使用寿命和最低储备量

易磨损件名称	材料	使用寿命/月	最低储备量/件
可动颚的破碎齿板	锰钢	4	2
固定颚的破碎齿板	锰钢	4	2
后推力板	铸铁	—	4
前推力板	铸铁	24	1
推力板支承座(滑块)	碳钢	10	2套
偏心轴的轴承衬	合金	36	1套
动颚悬挂轴的轴承衬	青铜	12	1套
弹簧(拉杆)	60SiMn	—	2

根据易磨损周期的长短,还要对设备进行计划检修。计划检修可分为小修、中修和大修。(1)小修。是碎矿车间设备进行的主要修理方式,即设备日常的维护检修工作。小修时,主要是检查更换严重磨损的零件,例如,破碎齿板和推力板支承座等;修理轴颈,刮削轴承;调整和紧固螺栓;检查润滑系统,补充润滑油量,等等。(2)中修。是在小修的基础上进行的。根据小修中检查和发现的问题,制订修理计划,确定需要更换零件项目。中修时经常要进行机组的全部拆卸,详细地检查重要零件的使用状况,并解决小修中不可能解决的零件修理和更换问题。(3)大修。是对碎矿机进行比较彻底的修理。大修除包括中、小修的全部工作外,主要是拆卸机器的全部部件,进行仔细的全面检查,修复和更换全部磨损件,并对大修的机器设备进行全面的工作性能测定,以达到和原设备具有同样的性能。

5.2.7 颚式碎矿机的发展方向与概况

颚式碎矿机的发展方向,可概括为如下几个方面:(1)在新机型的研究、设计过程中,充分使用CAD系统,使设备的运动轨迹和结构得到优化;(2)利用对物料破碎力学特性的研究结果,设计出适合破碎物料性质的腔形曲线,并与其所在设备的运动规律相结合进行优化设计,使腔形为最优曲线,以提高碎矿效果和降低能耗;(3)由于复摆颚式碎矿机的轴承、颚板寿命问题的解决,其效率高、质量轻、价格便宜的优点将更加突出,将使简摆颚式碎矿机让出一定市场份额;(4)高深破碎腔和较小啮角的应用将更为普遍,采用动态啮角进行机构设计,改进机器性能;(5)推广焊接机架和新技术,降低设备成本;(6)改进碎矿机的动颚悬挂方式和肘板支承方式,可改善碎矿机性能;(7)新型耐磨材料应用于颚式碎矿机,降低颚板消耗;(8)开发新型、高效率动颚驱动方式,降低驱动能耗,提高能量利用效果;(9)强化机器构件强度,采用填满状态工作,改善碎矿效果;(10)自动化控制和调节系统的研制,提高装机水平,减轻繁重的体力劳动;(11)采用液压系统调节排料口,实现过载保护及液压分段启动装置;(12)碎矿机自润滑装置的应用。

近年来,由于露天矿开采比例日益增加,以及大型电铲,大型矿用汽车的采用,送往选矿厂破碎车间的矿块达1.5~2 m;同时由于原矿品位日益降低,要想保持选矿厂原有的精矿产量,就得增加原矿的开采量和碎矿量。因此颚式碎矿机正在向大型化方向发展。目前国外制造的最大型简摆颚式碎矿机为2100 mm×3000 mm,给矿块度为1800 mm,生产能力为1100 t/h;最大复摆颚式碎矿机为1676 mm×2108 mm(66 in×83 in),排矿口宽为355 mm(14 in),其生产能力为3000 t/h。

随着设备的大型化,为了操作简便和运转安全可靠,排矿口调整装置和保险装置,国内、外都趋向采用液压装置。我国生产的900 mm×1200 mm液压简摆颚式碎矿机,经莱芜及罗茨两铁矿生产实践,证明了液压保险和液压排矿口调整机构的优越性,深受欢迎。

为了提高颚式碎矿机的破碎效率,在改进现有设备方面,普遍采用曲线衬板、增加破碎腔的深度及小啮合角的结构,加快动颚的摆动速度,来提高生产能力和增大破碎比。

目前,各国都在研制新型的碎矿机,如德国克虏伯(Krupp)公司生产的高转速(500~1200 r/s)冲击颚式碎矿机。该设备的工作特性是借助带有弹簧的动颚板与定颚板之间的高速冲击和压碎作用使矿石破碎。该机器结构特点是:破碎腔具有不同倾角的倾斜空间,即给矿口的倾角小于排矿口的倾角。这样相应的增大了给矿口宽度,加大了破碎比,同时由于排矿口倾角大,已碎的矿石愈接近排矿口,其下落速度愈大,从而克服了一般颚式碎矿机排矿口易堵塞的缺点,故可破碎潮湿和黏性矿石;该碎矿机消除了排矿口的堵塞,可增加动颚的摆动速度;其摆动速度比一般颚式碎矿机高得多。由于运动速度增高,其冲击破碎作用也大为增强,从而提高了碎矿机的生产能力,并改善了破碎产品质量。该碎矿机适用于中硬、坚硬及黏性矿石的粗、中碎作业,产量较一般颚式破碎机高50%~100%。此碎矿机的规格最大的为1250 mm×1700 mm,给矿粒度可达1100 mm,

排矿粒度为 65 mm。中碎时，给矿粒度为 250 mm，排矿粒度可达 10 mm。

5.3 圆锥碎矿机

5.3.1 圆锥碎矿机的分类及工作原理

圆锥碎矿机始用于1898年，由于工作可靠，生产率高，故至今仍广泛应用于选矿及其他工业部门，用来破碎各种硬度的矿石，这类碎矿机，因破碎矿石部分是由两圆锥体组成，故称圆锥碎矿机。圆锥碎矿机按其用途的不同，可以分为两大类：

(1) 粗碎用圆锥碎矿机。目前应用得最广泛的是悬轴式圆锥碎矿机，这种碎矿机按其排矿方式不同，又可分为侧面排矿和中心排矿两种，前者虽在一些老选矿厂中尚可见到，但目前已不再制造了，而现在应用最为广泛的是中心排矿式圆锥碎矿机。

(2) 中、细碎用的圆锥碎矿机。按其破碎腔的形状不同，又分为标准型、中间型及短头型三种。

圆锥碎矿机虽因其用途和结构上的不同，有粗碎和中、细碎之分，但其工作原理基本上是相同的。现以粗碎用的圆锥碎矿机为例说明其工作原理。如图 5-13 所示，动锥 2 在定锥 1 内，其中空间为破碎腔。物料从上部给入，由于偏心轴套 4 的作用，使动锥作旋摆运动，周期地靠近与离开定锥，当动锥靠近定锥一边时，产生破碎矿石的作用。离开的一边，已破碎的矿石从破碎腔排出。圆锥碎矿机的工作原理与颚式碎矿机相似，可以看成是连续工作的颚式破碎机，这类破碎机对矿石的作用力，除有压碎作用外，还有弯曲及磨剥作用，且系连续工作，故生产能力也高得多。

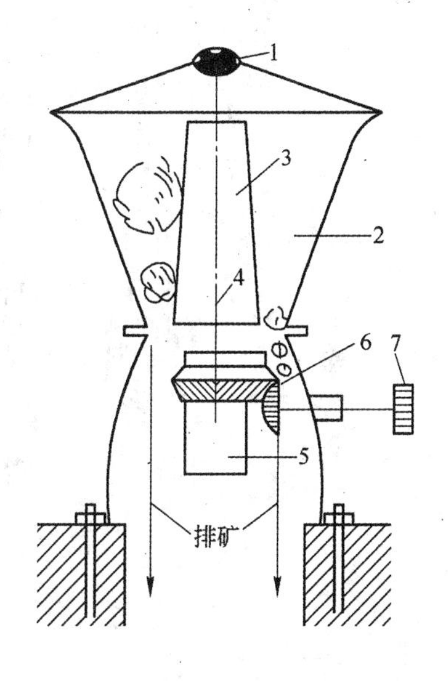

图 5-13 旋回碎矿机工作示意图
1—悬挂点；2—定锥；3—动锥；4—竖轴；
5—偏心轴套；6—齿轮；7—皮带轮

5.3.2 粗碎圆锥碎矿机

A 中心排矿旋回碎矿机

粗碎圆锥碎矿机，又称旋回碎矿机，由于其生产能力高，工作可靠，广泛用于选矿厂及其他工业部门的粗碎作业。

旋回碎矿机的规格用给矿口及排矿口宽度表示。如 PX900/150 旋回碎矿机的给矿口宽度为 900 mm，排矿口宽度为 150 mm。

旋回碎矿机，由机架、工作机构、传动机构、排矿口调整机构、保险装置和润滑系统等部分组成。

图 5-14 是我国自制的 PX900/150 型中心排矿的旋回碎矿机。

a 机架

机架由下部机架 14、中部机架(定锥)10 和横梁 9 组成，用铸钢制造，并用螺栓彼此紧固，为了保证使三者的中心线对准和联接得更加牢固，在它们的接合处开有锥形凹槽，并装上定位销钉。其两接合面间的间隙为 15 mm。下部机架是安装在钢筋混凝土的基础上，为防止碎矿机排下的矿石打坏基础，在排矿孔口覆了一层钢板。

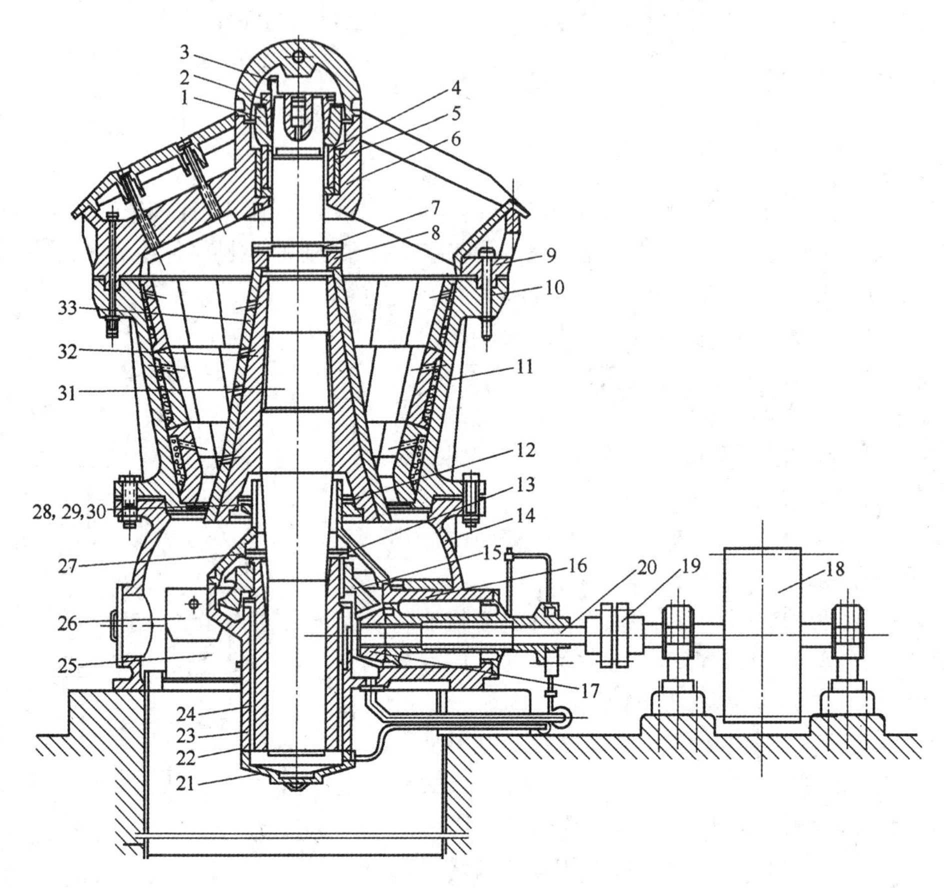

图 5-14　中心排矿 PX900/150 旋回碎矿机

1—锥形压套；2—开缝螺帽；3—楔形键；4，23—衬套；5—锥形衬套；6—支撑环；7—锁紧板；8—螺帽；9—横梁；10—定锥；11，33—衬板；12—挡油环；13—止推圆环；14—下机架；15—大伞齿轮；16—传动轴套筒；17—小伞齿轮；18—三角皮带轮；19—弹性联轴节；20—传动轴；21—机架下盖；22—偏心轴套；24—中心套筒；25—筋板；26—保护板；27—压盖；28，29，30—密封套环；31—主轴；32—动锥体；

下部机架的侧壁上有检查机器用的工作孔，平常用盖子盖上。中心套筒 24 是由四根筋板 25 及传动轴套筒 16 连在下部机架上，为了使肋及传动轴套筒不致被排下的矿石打坏，在其上覆有保护板 26。对于大型碎矿机的机架子可以制成两半的，用销子定位，并用螺钉固紧。

b　工作机构

旋回碎矿机的工作机构由动锥和定锥组成，矿石在动锥及定锥构成的破碎腔内被破碎。定锥即中部机架，其内镶有三排用锰钢制成的衬板 11，每排衬板中有一块为长方形，其余为扇形，安装时，最后装长方形的，并用楔铁固定。下面的一排衬板支承在中部机架下凸出的部分上，上面一排则插在中部机架上端的凸边中。衬板安装完毕后，在中部机架和衬板间注入锌或水泥。

动锥体 32 压合在主轴 31 上，其表面套有锰钢衬板 33，为了使衬板与锥体接合紧密，在两者间注入锌，并在衬板上用螺帽 8 压紧，在螺帽上又装有锁紧板 7，以防螺帽退扣。

主轴是破碎机的主要零件，它虽不直接破碎矿石，但破碎力是由它传递给动锥的，同时它要承受由破碎矿石而产生的弯曲压力，所以用 35～50 号构造钢制造，对于大型碎矿机可用合金钢制造。

主轴31是用开缝锥形螺帽2、锥形压套1、衬套4和支撑环6悬挂在横梁上，并用楔形键3防止开缝螺帽退扣，衬套的锥形端支承在支撑环上，而侧面则支承在锥形衬套5上，如图5-14所示。这种悬挂方式，目前应用最为广泛。

由于衬套的下端与锥形衬套的内表面都是圆锥面，故能保证衬套沿支撑环成滚动接触，满足主轴旋摆运动的要求。应该指出，支撑环与衬套上的负荷是很大的，为了使悬挂装置正常工作，支撑环与衬套必须是相当坚硬的，同时还要保持这两个零件的正常工作硬度差。故支撑环用青铜制造，衬套则用结构钢制造，并进行表层处理。

c　传动机构

破碎机的转动，是由电机经三角皮带轮18、弹性联轴节19、传动轴20、小伞齿轮17、大伞齿轮15使偏心轴套22转动，从而带动主轴和动锥一起作旋摆运动。主轴上端悬挂在横梁上，下端插在偏心轴套的偏心孔中，其中心线就以悬挂点为顶点划一圆锥面。

偏心轴套的内表面铸满、外表面只铸3/4的巴氏合金，放在衬套23的中心套筒24中，并在衬套中旋转。为了使巴氏合金铸牢，在偏心轴套的内表面开有密布的燕尾槽，偏心轴套与大伞齿轮连在一起，在中心套筒与大伞齿轮间放有三片止推圆环13。下面圆环是钢质的，用销子固定在中心套筒上；上面的圆环也是钢质的，用螺钉固定在大伞齿轮下面；中间的圆环是青铜的，以小于偏心轴套的转速而转动。上下两个圆环，是为了大伞齿轮和中心套筒不受磨损而设置的。

d　排矿口的调整装置

由于碎矿机的动锥和定锥上的衬板是直接和矿石接触的，磨损较快。当动锥衬板磨损后，排矿口就会增大，排矿粒度随之变粗。为了使粒度能满足下一步的要求，排矿口应及时调整。旋回破碎机排矿口的调整，是通过旋转主轴悬挂装置上的锥形螺帽，使主轴上升或下降来调整的。主轴上升，排矿口减小，主轴下降，排矿口增大。这种调整装置简单可靠，但主轴及动锥质量大，因而调整所用时间长，劳动强度大，需停车。

e　保险装置

旋回碎矿机的保险装置，是利用连接传动轴和三角皮带轮的联轴节上的保险销。当超过负荷或破碎腔落入大块非破碎物如(电铲齿)时，保险销即沿削弱断面被扭断，达到保险的目的。这种装置虽然简单，但保险的可靠性差。

f　润滑系统

碎矿机所需的润滑油是用专门的油泵压入的，油经输油管从机架下盖21上的油孔进入偏心轴套的下部空隙处，由此分为两路，一路沿主轴与偏心轴套间的间隙上升，至挡油环被阻挡而溢至伞齿轮处；另一路则沿偏心轴套与衬套间的间隙上升，经止推圆环13也进入伞齿轮处，使伞齿轮润滑后，经排油管排出。破碎机悬挂装置的润滑是采用干油润滑，定期用手压油枪压入干油。

为了防止粉尘进入运动部件，在动锥下部有由三个套环28、29和30组成的密封装置。

B　液压旋回碎矿机

由于一般的旋回碎矿机的保险可靠性差和排矿口调整困难，劳动强度大。所以当前国内外都尽量采用液压技术来实现保险和排矿口的调整。因为液压装置具有调整容易、操作方便、安全可靠和易于实现自动控制等优点。液压旋回碎矿机的构造如图5-15所示。

从图5-15可以看出，它的构造与一般旋回碎矿机基本相同，只是增加了两个液压油缸，此液压油缸既是保险装置又是排矿口调整装置，液压油缸安装在机器的横梁上，缸中的活塞用螺帽与能上下移动的导套连在一起，主轴和动锥支承在导套上。这种碎矿机与一般旋回碎矿机相比，还有如下改进：

(1) 把分为几节的动锥衬板改为整体衬板，克服了衬板容易松动的缺点。为了延长衬板的

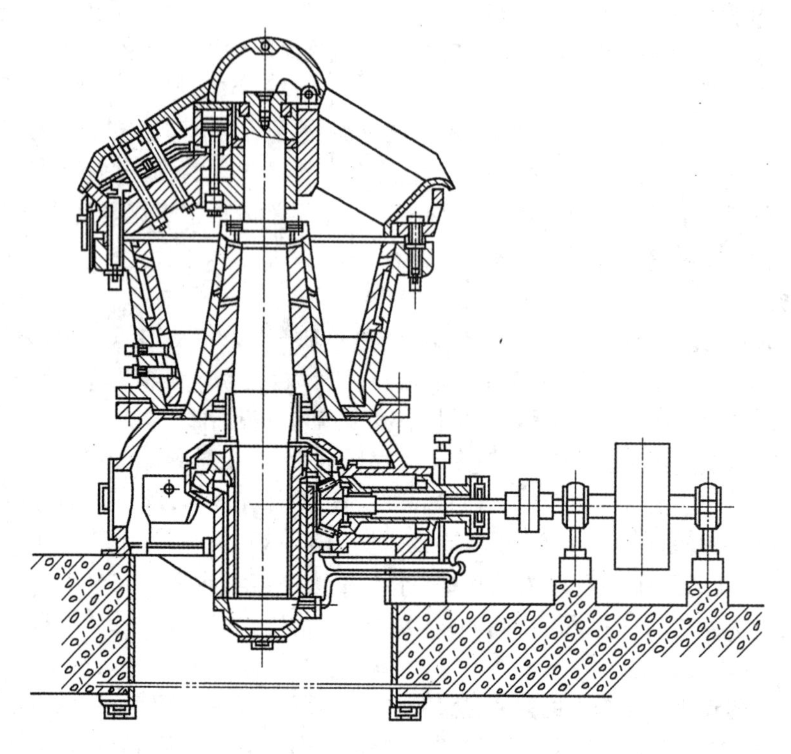

图 5-15　700/130 型液压旋回碎矿机

寿命,将衬板下部加大了壁厚。这样同时使动锥的锥角增大,减小了水平分力,改善了主轴受力情况,并使产品的粒度更为均匀。

(2) 将主轴与动锥的配合,由热压配合改为锥面配合,这样就使动锥成为可卸部件,当主轴破坏时,锥体仍可换到新主轴上使用。

(3) 采用了液压保险及液压调整排矿口装置,从而保证了破碎机的安全,减轻了调整排矿口的劳动强度,并缩短了调整时间。为碎矿机实现自动控制及充分发挥设备潜力提供了有利条件。

(4) 由于排矿口的调整改为液压,所以主轴的悬挂也改用为两个支撑的半圆环,这样结构简单,装卸方便。

碎矿机液压油缸的油与蓄能器相连,蓄能器中装有氮气,其压力为 115 kg/cm^2。相当于碎矿机的正常工作压力。

当碎矿机的破碎腔落入非破碎物时,油缸内压力增高,当超过正常值时,就迫使油流至蓄能器中,动锥下降,排矿口增大,排出非破碎物。这时油缸中的压力降低,油又在蓄能器的压力作用下返回油缸升起动锥,使排矿口恢复到原来位置,碎矿机仍继续工作。

旋回碎矿机的液压系统,如图 5-16 所示。如果非破碎物尺寸太大,不能自动排出,当主轴和动锥下降到一定位置时,通过安装在主轴上部的自整角发动机及电器控制系统自动切断主电机电流,停车后,打开截止阀 8 将油卸出,取出非破碎物,再重新开车。当排矿口磨损后,需要调整时,可开动油泵向油缸补油,直到排矿口尺寸达到要求为止,随后关闭油泵。调整排矿口尺寸时,可通过调整自整角接收仪表上的指针反映出排矿口大小,故调整极为方便。

液压系统中的高压溢流阀,可以在压力超过规定值时,自动打开将油放回油箱中。图中高压溢流阀 3 是保护油泵油路的,而高压溢流阀 7 则是用来保护单向阀 4 以上的油路系统的。

旋回碎矿机的技术规格和性能列于表 5-4 中。

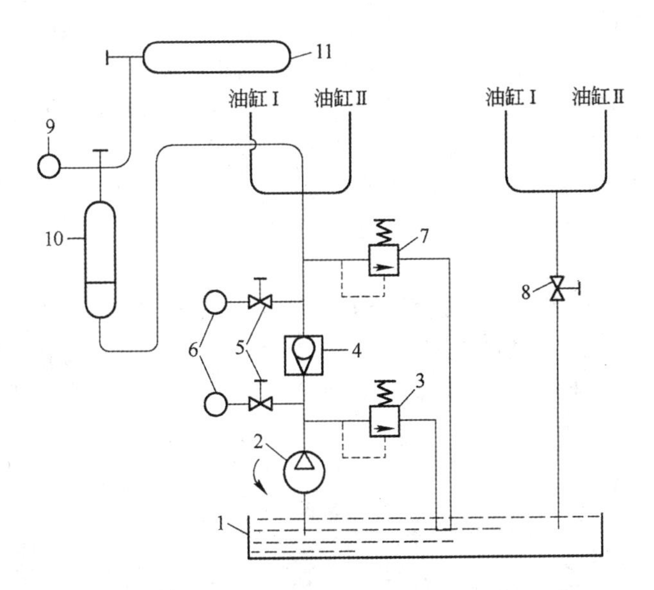

图 5-16 旋回碎矿机液压系统示意图

1—油箱;2—液压油泵;3,7—高压溢流阀;4—单向阀;5,8—截止阀;6—压力表;
9—压力表;10—蓄能器;11—氮气缸

表 5-4 旋回碎矿机的技术规格和性能

类 型	型号及规格	进料口宽度/mm	最大给矿粒度/mm	处理量/$t\cdot h^{-1}$	排矿口调节范围/mm	动锥转速/$r\cdot min^{-1}$	电动机功率/kW	动锥底部直径/mm	动锥最大提升高度/mm	碎矿机质量/t
普通型	PX-500/75	500	400	170	75		130		140	43.5
	PX-900/150	900	750	500	150		180		140	143.6
液压重型	PXZ-500/60	500	420	140~170	60~75	160	130	1200	160	44.1
	PXZ-700/100	700	580	310~400	100~130	140	155、145	1400	180	91.9
	PXZ-900/90	900	750	380~510	90		210		200	141
	PXZ-900/130	900	750	625~770	130~160	125	210	1650	200	141
	PXZ-900/170	900	750	815~910	170~190	125	210	1650	200	141
	PXZ-1200/160	1200	1000	1250~1480	160~190	110	310	2000	220	228.2
	PXZ-1200/210	1200	1000	1640~1800	210~230	110	310	2000	220	228.2
	PXZ-1400/170	1400	1200	1750~2060	170~200	105	430、400	2200	240	314.5
	PXZ-1400/220	1400	1200	2160~2370	220~240	105	430、400	2200	240	305
	PXZ-1600/180	1600	1350	2400~2800	180~210	100	620、700	2500	260	481
	PXZ-1600/230	1600	1350	2800~2950	230~250	100	620、700	2500	260	481
液压轻型	PXQ-700/100	700	580	200~240	100~120	160	130	1200	160	45
	PXQ-900/130	900	750	350~400	130~150	140	145、155	1400	180	87
	PXQ-1200/150	1200	1000	600~680	150~170	125	210	1650	200	145

注:P—碎矿机;X—旋回;Z—重型;Q—轻型。

5.3.3 中、细碎圆锥碎矿机

A 中、细碎圆锥碎矿机的结构特点及分类

中、细碎圆锥碎矿机,又称圆磨,其工作原理与粗碎圆锥碎矿机基本相同,但在构造上却有较大的差别,其不同之处有如下几点:(1)粗碎圆锥碎矿机的圆锥是急倾斜的,其倾角较大,动锥是正置的,而定锥则是倒置的,以适应给矿块度大的需要。中、细碎圆锥碎矿机的圆锥是缓倾斜的,其倾角较小,它的两个锥体都是正置的。(2)粗碎圆锥碎矿机的动锥是通过主轴悬挂在横梁上,而中、细碎圆锥碎矿机的动锥是支承在球面轴承上。(3)粗碎圆锥碎矿机排矿口的调节是调节动锥,而弹簧型中、细碎圆锥碎矿机排矿口的调节是调节定锥(多缸液压型的也是调节定锥,但单缸液压型是调节动锥)。

中、细碎圆锥碎矿机按照排矿口调整装置和保险方式的不同可分为弹簧型及液压型的两种。液压型的又有单缸及多缸之分。多缸的由于油路比较复杂,而且工作也没有单缸的可靠,所以现在已不再生产。

中、细碎圆锥碎矿机按其破碎腔形状不同可分为标准型、中间型及短头型三种。它们的构造和工作原理完全相同,只是破碎腔的形状不同,即平行带的长度不同。如图 5-17 所示。以标准型的平行带最短,短头型的平行带最长,而中间型的平行带长度介于二者之间。

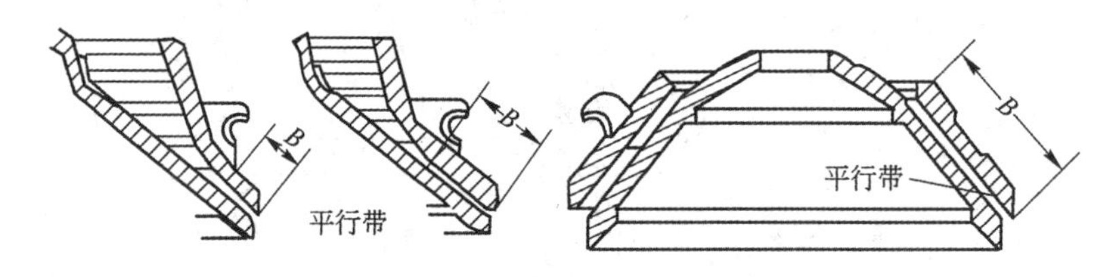

图 5-17　细碎圆锥碎矿机破碎腔剖视图

B　弹簧圆锥碎矿机

弹簧圆锥碎矿机的构造,如图 5-18 所示。破碎机机架 1 的上部装有支撑环 2,支撑环与机架用长螺栓 3 和弹簧 4 连接起来,螺栓的栓头在支撑环的法兰盘上,螺栓的下端穿过弧形垫圈 5 上的孔,然后用螺帽 6 扣紧。固定锥 7 的外表面用螺纹与支撑环内表面旋接在一起。固定锥的内表面镶有锰钢制造的衬板 8。衬板与固定锥之间浇铸一层锌 10,以保证锥体与衬板结合紧密。在固定锥的上面盖有环形罩 12,用圆杆 33 与固定锥连在一起,并用楔铁紧压,给矿漏斗 13 固定在环形罩上。

碎矿机的下机架有中心套筒 14,它用四根粗大的肋与机架连成为一个整体,在套筒内放有可更换的青铜衬套 15,即为偏心轴套的轴承。偏心轴套 16 上固定有大伞齿轮 17。在偏心轴套的锥形孔中装有青铜衬套 35,碎矿机的主轴 20 的下端插在此衬套中。在大伞齿轮上装有配重 36,用来平衡偏心轴套旋转时所产生的惯性力。偏心轴套支承在止推圆盘轴承 18 上,它由几片相互滑动的圆盘组成,放在底盘 19 上的轴承座中,底盘是用螺栓固定在中心套筒上。

可动锥体 21 固定在主轴 20 上,表面上镶有环状衬板 37,它用螺帽压紧在锥体上,动锥与衬板之间铸有锌 28。碎矿锥上的衬板(固定锥及可动锥)是易磨损的部件,一般用高锰钢制造,可使用 3～10 个月。衬板的下部比上部磨损约快 3 倍,所以常制成两个环,以便分别更换。衬板的表面需经机械加工,使安装后形成的椭圆度不大于 2～3 mm,以免运转时发生两锥相碰以致折断主轴的事故。

衬板的断面形状对碎矿效果有很大影响。中碎圆锥碎矿机的衬板,由过去的梯形衬板如图 5-19a 改为如图 5-19b 的圆滑形衬板,由于有较大的倾角,可以增大给矿粒度,并能提高生产能力 15%～20%。如果采用如图 5-19c 所示的有两个阶梯段的形状,并减小衬板上部的厚度,可提高碎矿效果和节省材料。过去制造的细碎圆锥碎矿机的衬板,有较长的平行带,容易阻塞,如图 5-20a,影响了生产率和工作效率,磨损后产品粒度和能耗都显著增大,因此应缩短平行带的长度,如图 5-20b 所示的新型衬板,这样不但可以降低衬板成本,还可改善主轴受力情况,并能在整个碎矿期间保持其锥面平行性,使碎矿效率提高、阻塞减少、生产率增加。

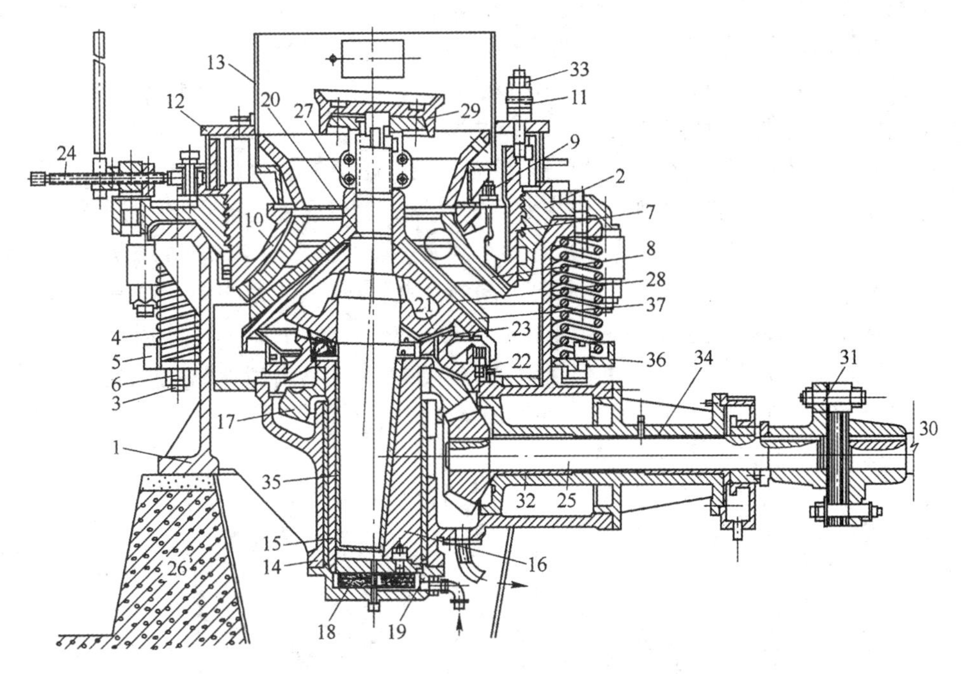

图 5-18 弹簧圆锥碎矿机

1—机架;2—支撑环;3—螺栓;4—弹簧;5—弧形垫圈;6—螺帽;7—固定锥;8—衬板;9—螺栓;
10,28—锌;11—垫片;12—环形罩;13—给矿漏斗;14—中心套筒;15—青铜衬套;16—偏心轴套;
17—大伞齿轮;18—止推圆盘轴承;19—底盘;20—主轴;21—动锥;22—球面轴承;
23—青铜轴瓦;24—锁紧装置;25—传动轴;26—基础;27—螺帽;29—分配盘;
30—电动机(略);31—联轴节;32—传动轴承;33—圆杆;34—传动轴套筒;
35—青铜衬套;36—配重;37—衬板

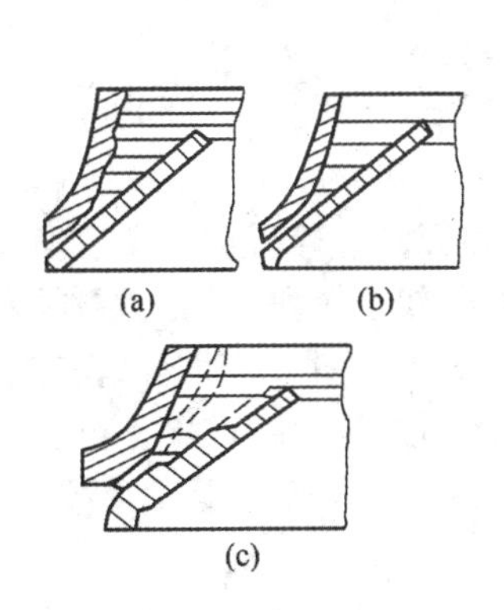

图 5-19 中碎圆锥破碎机衬板的形状

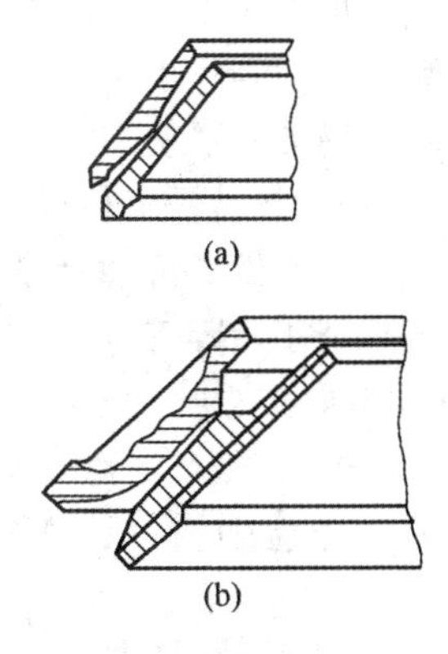

图 5-20 细碎圆锥破碎机衬板的形状

动锥的底部表面是经过精密加工的球面,支承在青铜轴瓦 23 的球面轴承 22 上,当偏心轴套转动时,动锥下部的球面就在此轴瓦上滑动,球面轴承承受着主轴和动锥的重量,还承受由破碎而产生的垂直分力。

为了使给矿均匀,在主轴的顶部安装有分配盘 29。

破碎机排矿口的调整,是通过定锥体的外表面及支撑环的内表面的梯形螺纹来完成的。支撑环是不能转动的,而固定锥是可以转动的,旋转固定锥使它上升或下降,则排矿口增大或减小,以此来达到调整排矿口的目的。在旧式弹簧圆锥破碎机上，为了旋转调整环，在支撑环上安有两个滑轮，利用吊车或绞车进行调整，调整好后，再用锁紧板将调整环锁好，以防止退扣。这种调整方法，既费时间又很麻烦，因此在新制造的弹簧圆锥破碎机上都采用了液压调整装置，这样不仅减轻了工人的劳动强度，而且方便、准确、节省时间。

为了防止灰尘进入球面轴承和传动机构，破碎机设有防尘装置，如图 5-21 所示。在球面轴承的外缘有一环形水沟 1，水在压力作用下，沿水管进入隔室 2，然后通过隔板 3 上的许多小孔进入环形水沟，并保持一定的高度，多余的水则从环形水沟溢至环形排水槽 4 的排水管流出。在动锥下部边缘上有碗形挡尘圈 5(亦称领缘)，碗形挡尘圈的自由端插在环形水沟中，用它将灰尘挡入水中并随水排出，在排水沟的外侧还装有一层橡皮防尘圈 6，它与动锥下部碗形挡尘圈的外侧相接触，由于防尘圈是橡胶的，所以动锥无论如何摆动，此防尘圈始终与碗形挡尘圈接触，这样可将大部分粉尘隔除，起到了第一道防尘作用，减轻了水封防尘的负担，从而更保证了设备的安全运转。

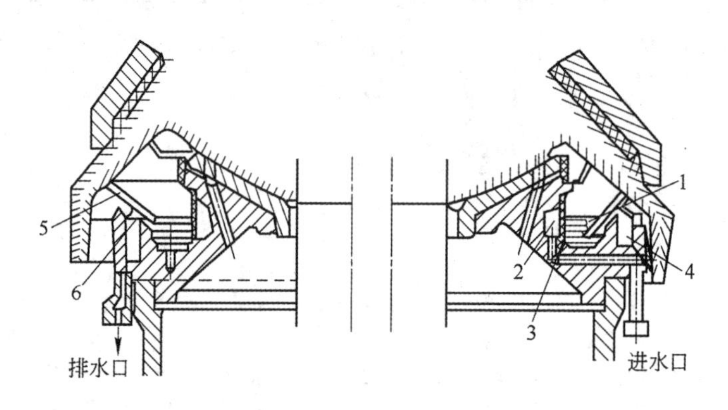

图 5-21　弹簧圆锥碎矿机的水封防尘装置

1—环形水沟；2—隔室；3—隔板；4—排水槽；5—挡尘圈(领缘)；6—防尘圈

碎矿机的传动，是由电动机带动三角皮带轮或联轴节 31，使水平传动轴 25 转动，水平传动轴的另一端装有小伞齿轮，由小伞齿轮带动大伞齿轮，大伞齿轮又是与偏心轴套连在一起的，故偏心轴套也随之转动，从而使主轴和动锥作旋摆运动以破碎矿石，水平传动轴和轴承 32 都是装在套筒 34 中，套筒用螺钉固定在机架上。

对于中、细碎圆锥碎矿机，保险装置具有很重要的地位，弹簧圆锥碎矿机以周边弹簧作为保险装置，一方面保证正常碎矿所需的初压力，同时，当非破碎物(如金属块或钎头等)落入破碎腔时，碎矿机的固定锥和支撑环受压向上抬起，弹簧被压缩，因而增大了排矿口间隙，使非破碎物排出，然后，被抬起的固定锥和支撑环又借弹簧的力量恢复到原来位置，继续破碎矿石。此保险装置并不完善，有时会造成碎矿机严重过负荷，甚至造成突然停车或使主轴及其他重要部件损坏，因此有待改进。

碎矿机的润滑，是采用循环液体油集中润滑，油通过油泵从机架下中心套筒 14 侧壁上的油孔进入偏心轴套的止推圆盘中。由于圆盘上有放射状油沟，故圆盘得以润滑，然后由此处分为三路上升。一路沿青铜衬套与偏心轴套间的间隙上升；一路从偏心轴套与主轴间的间隙上升；一路沿主轴的中心圆孔上升，流至动锥底部球面与球面青铜轴瓦间的间隙中。并润滑这些摩擦面。然后这三路油汇合在一起，流经大小伞齿轮并润滑之。最后顺流而下至排油管排出，流回原油箱中。润滑油不仅起到润滑作用，而且带走了各摩擦面产生的热量，所以在油流回油箱前要经过冷却装置，使油冷却后再回至油箱中。水平传动轴与轴承的润滑是单独的油路系统。调整环和支撑环上的梯形调整螺纹，是从支撑环侧壁上的注油孔向螺纹注入黄干油来润滑的。图 5-22 是弹簧圆锥碎矿机外部油路系统图。

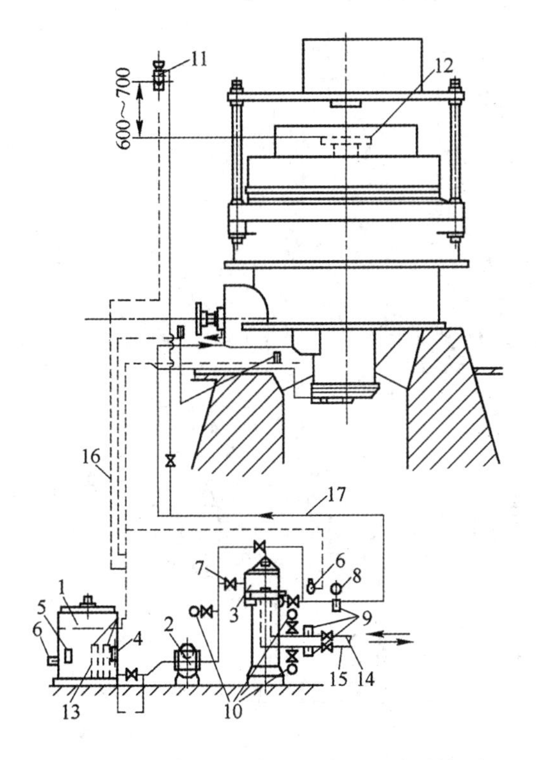

图 5-22 弹簧圆锥碎矿机外部油路系统图

1—油箱;2—油泵;3—过滤冷却器;4—油面限制器;5—温度继电器;6—安全阀;7—逆止阀;
8—油压继电器;9—电阻温度计;10—压力表;11—油流指示器;12—分配盘;13—加热器;
14—进水管;15—回水管;16—回油管;17—进油管

C 液压圆锥碎矿机

液压圆锥碎矿机有单缸及多缸两种,目前我国已定型的为单缸的。单缸液压圆锥碎矿机,由于保险装置及排矿口调整装置作了重大的改变,因此在机械的构造上就和弹簧型及多缸液压型有较大的不同,但在碎矿的工作原理上却完全相同。

我国目前制造了几种型号的单缸液压圆锥碎矿机的系列产品,尽管在实践中还有些问题,如油缸密封不严引起漏油等,但随着机械制造业的不断进步,这些问题是可以解决的。同时它与弹簧型比较,其质量和体积较小,结构简单,排矿口调节方便,过铁保险可靠,液压系统动作灵敏,便于实现自动控制等。因此具有很大的发展前途。

单缸液压圆锥碎矿机的构造如图 5-23 所示。缸液压圆锥碎矿机的机架,由于保险装置的改变,所以上下机架不需用弹簧连接,而用螺栓将上下机架固定,上机架 2 上固定有给矿漏斗 3。在上机架的内侧镶有衬板 4,所以上机架也就是固定锥体,下机架 1 安装在混凝土的基础上,内有中心套筒 5。中心套筒是用螺栓固定在下机架上,是一个可卸部件,而不是和下机架制成一个整体。偏心轴套上的大伞齿轮 7,是固定在偏心轴套的下部并放在下机架的底盘 8 上,因此在底盘与大伞齿轮之间放有止推圆盘 9。

碎矿机的动锥体 10,固定在主轴 11 上,表面镶有衬板 12,其主轴下端穿过偏心轴套支承在液压油缸 13 内活塞 14 上的止推圆盘组 15 上。此止推圆盘组由三片圆盘组成;上一片圆盘,其一面为平面,另一面为球面,并将平面与主轴下端固定在一起;下一片圆盘的两面均为平面;中间

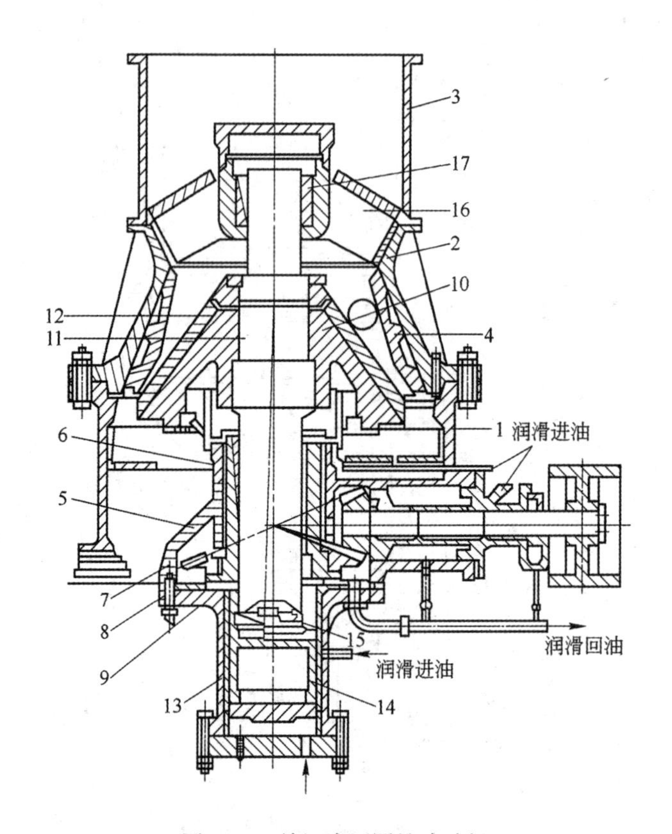

图 5-23　单缸液压圆锥碎矿机

1—下部机架;2—上部机架;3—给矿漏斗;4—衬板;5—中心套筒;6—偏心轴套;7—大伞齿轮;8—底盘;9—止推圆盘;10—动锥体;11—主轴;12—衬板;13—油缸;14—活塞;15—止推圆盘组;16—横梁;17—衬套

一片圆盘,一面为平面,另一面为球窝面,它与固定在主轴上的圆盘球面接触。为了防止主轴倾倒和使偏心轴套在主轴旋摆时受力均匀,故将主轴上端插在上机架横梁 16 上的衬套内孔 17 中,此内孔为上大下小的圆锥形,由于主轴的下端支承在球窝止推圆盘上,上部插在内孔为上大下小的衬套中,从而能满足主轴旋摆运动的要求。

单缸液压圆锥碎矿机的液压系统示意图如图 5-24 所示。单级叶片泵是用来从油箱中向液压系统和液压缸中输油的,单向阀 3 用于防止高压油回流。单向截流阀 9 用于向主机液压缸输油时,控制油速不致太快。当非破碎物进入破碎腔而需将大量油排出时,单向截流阀又可迅速将油大量排出。系统中有两个高压溢流阀,高压溢流阀 4 是为了控制油泵工作时的压力而设置的,如果系统中压力过高,则油沿此阀流回油箱;高压溢流阀 12 则是为了机器进入特大非破碎物时,动锥被迫下降太多,引起系统中压力过高,必须迅速排油降压,为保护主机而设置的。在活塞式蓄能器中充入压力为 50 kg/cm^2 的氮气。

当向系统输油时,先打开放气阀 10 和截止阀 6,推动手动换向阀 5 至给油位置,启动液压油泵,当放气阀流出清晰的油时,说明系统中的气体已排干净,即关闭放气阀,油即进入主机液压缸,压力增加并抬起破碎机动锥,这时排矿口逐渐减小,当动锥与定锥顶死后,压力将迅速上升。这时停止给油,并将手动换向阀转至中间位置,液压油就在动锥的重力作用下返回油箱,动锥下降,排矿口增大,由于液压油缸与油箱的横截面积相等,故可从油箱中的油位看出排矿口的大小,调好排矿口、关闭截止阀 6,液压油就被封闭在油路中。蓄能器下的截止阀是供检修时放油而设置的。

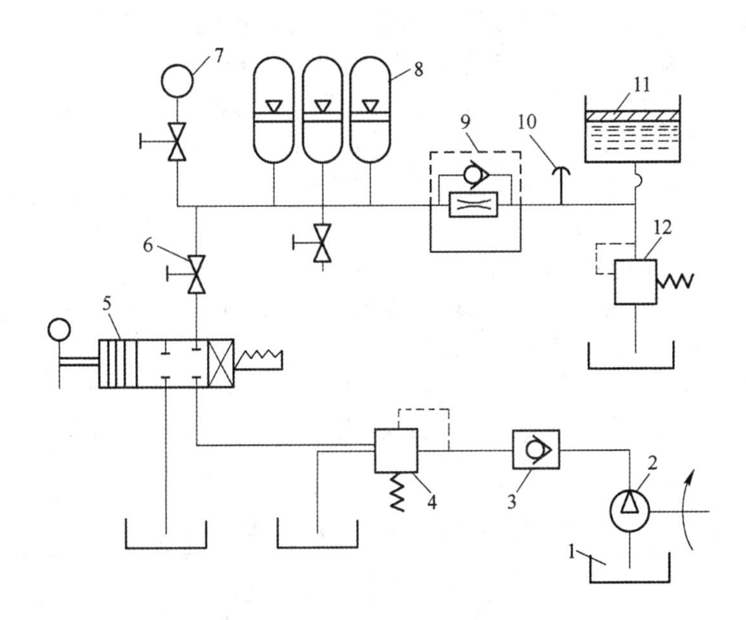

图 5-24 单缸液压圆锥碎矿机液压系统示意图

1—油箱；2—单级叶片泵；3—单向阀；4—高压溢流阀；5—手动换向阀；6—外螺纹截止阀；7—压力表；8—活塞式蓄能器；9—单向截流阀；10—放气阀；11—主机液压缸；12—高压溢流阀

设备的保险原理如图5-25所示。液压系统的正常工作压力为30kg/cm^2，当非破碎物进入

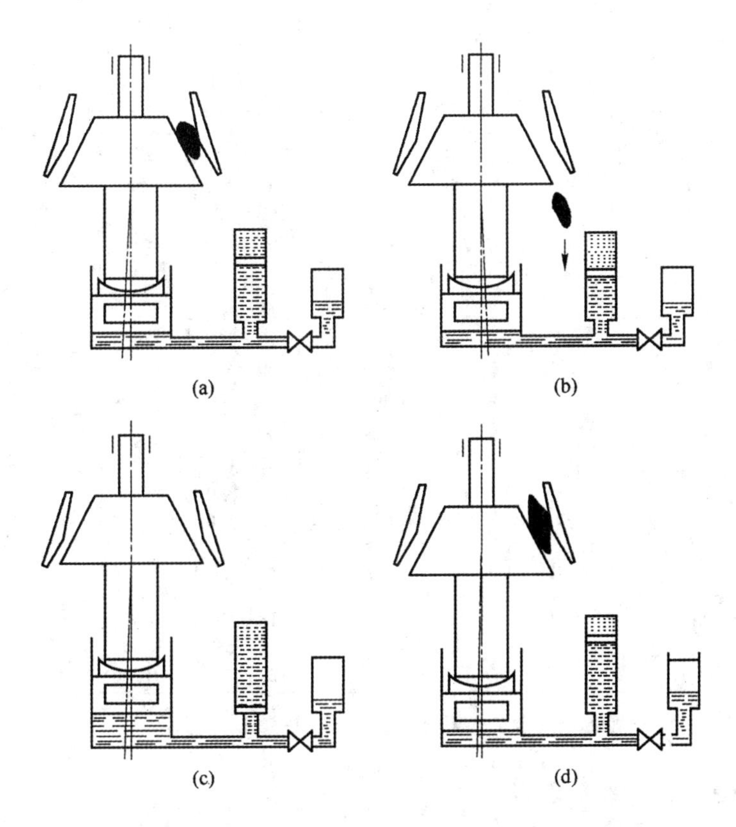

图 5-25 单缸液压圆锥碎矿机液压保险原理示意图

(a) 排矿口增大；(b) 非破碎物排出；(c) 排矿口恢复原来位置；(d) 非破碎物太大不能排出

破碎腔或因给矿太多而引起排矿口阻塞时，动锥所受的压力增加，迫使动锥下降，这时系统中的油压超过蓄能器中氮气的压力，氮气被压缩，油即进入蓄能器中，排矿口也随之增大，如图 5-25a 所示。当非破碎物或大量矿石排出后，如图 5-25b 所示，这时蓄能器的压力高于系统中的压力，所以进入蓄能器中的油又被压回系统中，使动锥恢复至原来的位置，如图 5-25c 所示。如果非破碎物太大，不能排出，这时系统中的压力继续增加，当超过高压溢流阀的开关压力时，则高压溢流阀被迫自动打开，迅速排出系统中的油，如图 5-25d 所示。从而保证了碎矿机及液压系统的安全。这时应停车取出非破碎物，再重新向系统中输油，并重新开车。

当碎矿机的动锥衬板磨损，排矿口增大而需要调整排矿口或使其恢复至原排矿口大小时，只需向液压缸中补充输入一定量的液压油即可。

中、细碎圆锥碎矿机的规格，以可动锥底部直径的大小来表示。例如 1750 标准型圆锥碎矿机，其可动锥的底部直径为 1750 mm。各种规格的弹簧圆锥碎矿机和单缸液压圆锥碎矿机的技术规格列于表 5-5 中。

表 5-5　中、细碎圆锥碎矿系列产品的技术规格

类型		型号及规格	进料口宽度/mm	最大给矿粒度/mm	排矿口调节范围/mm	处理量/$t \cdot h^{-1}$	电动机功率/kW	动锥最大提升高度/mm	最重件质量/t	质量(包括电动机)/t
单缸液压	标准	PYY 900/135	135	115	15～40	40～100	55	60	2.2	9.34
		PYY 1200/190	190	160	20～45	90～200	95	100	5.08	19.33
		PYY 1650/230	230	240	25～50	210～425	155	140	9.25	37.82
		PYY 2200/290	290	300	30～60	450～900	280	200	21.85	74.5
	中型	PYY 900/75	75	65	6～20	17～55	55	60	2.2	8.31
		PYY 1200/150	150	130	9～25	45～120	95	100	5.08	19
		PYY 1650/230	230	195	13～30	120～280	155	140	9.25	35.7
		PYY 2200/290	290	230	15～35	250～580	280	200	21.85	78.94
	短头	PYY 900/60	60	50	4～12	15～50	55	60	2.2	8.32
		PYY 1200/80	80	70	5～13	40～100	95	100	5.08	17.6
		PYY 1650/100	100	85	7～14	100～200	155	140	9.25	35.6
		PYY 2200/130	130	110	8～15	200～380	280	200	21.85	73.4
弹簧	标准	PYB-600	75	65	12～25	40	30		1.06	5.6
		PYB-900	135	115	15～50	50～90	55		2.9	10.8
		PYB-1200	170	145	20～50	110～168	110		5	25
		PYB-1750	250	215	25～60	280～430	155		10.83	50.3
		PYB-2200	350	300	30～60	590～1000	280,260		18.512	84
	中型	PYZ-900	70	60	5～20	20～65	55		2.9	10.82
		PYZ-1200	115	100	8～25	42～135	110		5	25
		PYZ-1750	215	185	10～30	115～320	155		10.83	50.5
		PYZ-2200	275	230	10～30	200～580	280,260		18.512	85
	短头	PYD-600	40	36	3～13	12～23	30		1.06	5.6
		PYD-900	56	40	3～13	15～50	55		2.9	10.93
		PYD-1200	60	50	3～15	18～105	110		5	25.7
		PYD-1750	100	85	5～15	78～230	155		10.83	50.5
		PYD-2200	130	100	5～15	120～340	280,260		18.512	8.5

注：P—碎矿机；第一个 Y—圆锥；第二个 Y—液压；B—标准；Z—中型；D—短头。

5.3.4 圆锥碎矿机的性能和用途

旋回碎矿机在选矿及其他工业部门，主要用于粗碎各种硬度的矿石。标准型、中间型及短头型圆锥碎矿机，则是用来中碎和细碎各种硬度的矿石。从我国目前碎矿车间使用的设备情况看，中碎使用标准型，两段碎矿的第二段使用中间型，这些几乎已经定型，但粗碎设备，根据不同情况，有使用旋回的，也有使用颚式的。为正确使用和选择粗碎设备，应对这两种碎矿机作一些比较和分析。

旋回碎矿机与颚式碎矿机比较，具有如下优点：(1)因旋回碎矿机工作是连续的，故工作比较平稳，振动较轻，对基础及建筑物影响较小。因此其基础的质量也较轻，通常为机器质量的 2～3 倍，而颚式碎矿机的基础质量为机器质量的 5～10 倍。(2)旋回碎矿机对矿石具有压碎和折断作用，因矿石的抗压强度极限要比抗弯强度极限大 10～15 倍，故每破碎 1 t 矿石的能量消耗要比给矿口相同的颚式碎矿机小 0.5～1.2 倍。(3)旋回碎矿机的破碎腔深度大，工作连续，故其生产能力较高，比相同给矿口宽度的颚式碎矿机生产能力高一倍以上。(4)旋回碎矿机可以从任何方向挤满给矿，大型的还可直接用翻斗车给矿，不需矿仓及给矿设备；而颚式碎矿机则要求给矿均匀，故需设置矿仓及给矿设备。(5)旋回碎矿机启动容易，而大型颚式碎矿机启动时，需要用辅助工具先转动沉重的飞轮，或用分段启动的方法启动。(6)有较大的破碎比，产品的粒度比较均匀，片状产品少。

但旋回碎矿机与颚式碎矿机比较，也有以下缺点：(1)旋回碎矿机的构造复杂，制造较困难，价格较高，比给矿口相同的颚式碎矿机昂贵得多。(2)机器的质量大，机身高，比给矿口相同的颚式碎矿机重 1.7～2 倍，高 2～2.5 倍，因此需较高的厂房，故厂房的建筑费用也高。(3)安装和维护较复杂，检修也较麻烦。(4)对处理含泥较多及黏性较大的矿石，排矿口容易阻塞。

中、细碎圆锥碎矿机具有比旋回碎矿机快 2.5 倍的转速和大 4 倍的摆动角。这样高转速，大冲程的碎矿过程，有利于破碎腔内矿石的破碎，同时在破碎腔的下部还有一定长度的平行带，矿石在通过平行带区时，至少能被破碎一次。所以它的生产能力高，产品粒度较均匀，适于中硬及硬矿石的碎矿。它的主要缺点是构造复杂，制造和检修都比较困难。此外，对破碎含泥和含水较高的矿石，排矿口容易堵塞，故破碎黏度较大的矿石，要先进行洗矿，或不选用这种碎矿设备。

旋回碎矿机和标准型圆锥碎矿机的产品粒度特性曲线，分别如图 5-26 及图 5-27 所示，短头型圆锥碎矿机在开路和闭路碎矿时的产品粒度特性曲线，分别如图 5-28 及图 5-29 所示。所有碎矿机的产品粒度特性曲线的意义和用途都相同，在前面已作过介绍，在此不重述。

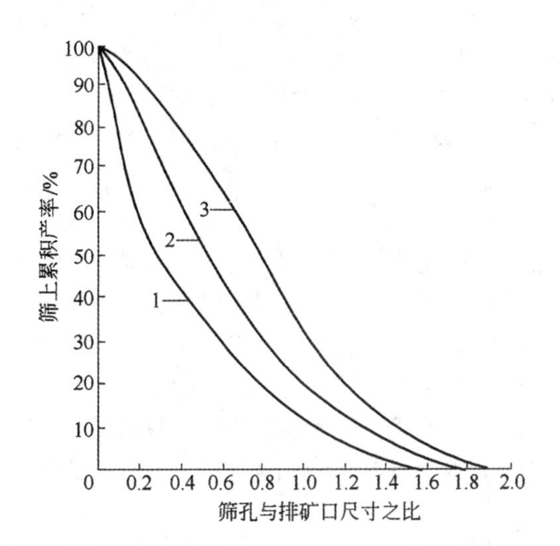

图 5-26　旋回碎矿机的产品粒度特性曲线
1—易碎性矿石；2—中等可碎性矿石；3—难碎性矿石

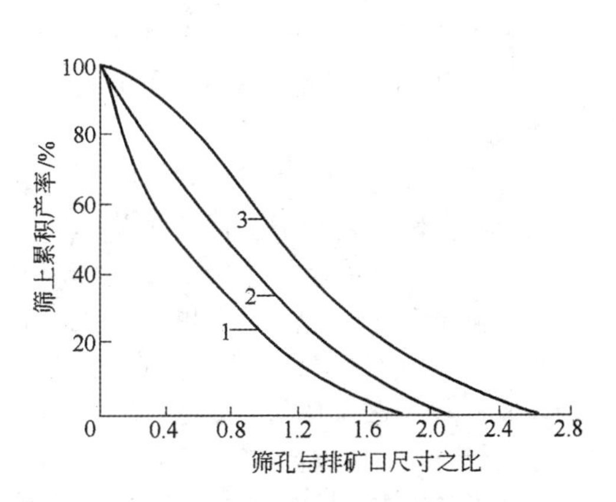

图 5-27　标准圆锥碎矿机的产品粒度特性曲线
1—易碎性矿石；2—中等可碎性矿石；3—难碎性矿石

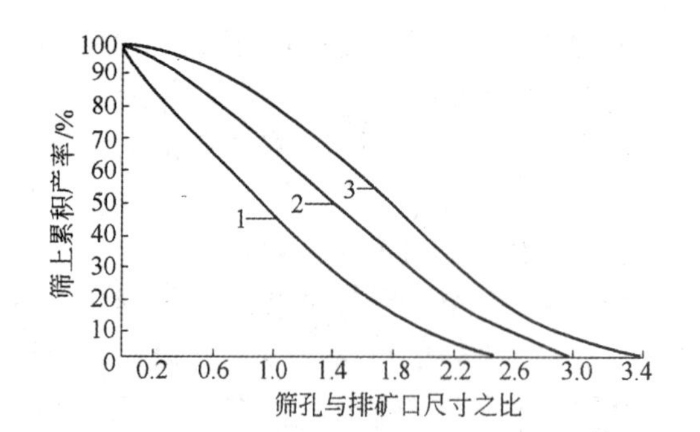

图 5-28　短头圆锥碎矿机开路碎矿时的产品粒度特性曲线

1—易碎性矿石；2—中等可碎性矿石；3—难碎性矿石

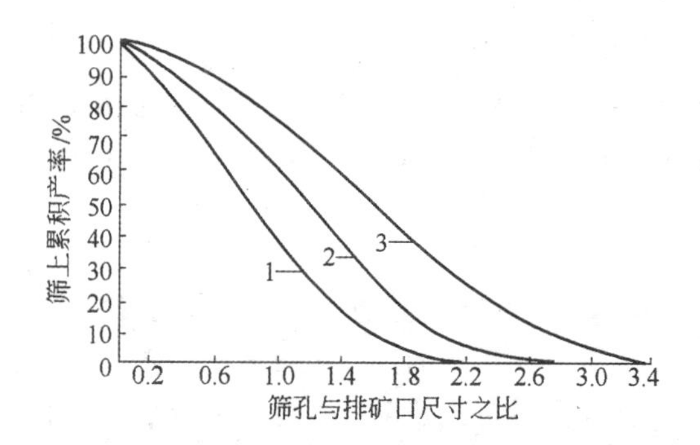

图 5-29　短头圆锥碎矿机闭路碎矿时的产品粒度特性曲线

1—易碎性矿石；2—中等可碎性矿石；3—难碎性矿石

5.3.5　圆锥碎矿机的安装操作与维护检修

A　*旋回碎矿机*

旋回碎矿机的基础与厂房基础应隔离开，基础的质量应为机器质量的1.5～2.5倍。装配时，首先将下部机架安装在基础上，然后依次中部和上部机架。在安装工作中，要注意校准机架套筒的中心线与机架上部法兰水平面的垂直度，下部、中部和上部机架的水平，以及它们的中心线是否同心。接着安装偏心轴套和圆锥齿轮，并调整间隙。随后将可动圆锥放入，再装好悬挂装置及横梁。安装完毕，进行5～6 h的空载试运行。在试运行中仔细检查各个联结件的联结情况，并随时测量油温是否超过60℃。空载试运行正常，再进行负荷试运行。

在启动之前，须检查润滑系统、破碎腔以及传动件等情况。检查完毕，开动油泵5～10 min，是破碎机的各运动部件都受到润滑，然后再开动主电动机。让碎矿机空转1～2 min后，再开始给矿。碎矿机工作时，须经常按操作规程检查润滑系统，并注意在密封装置下面不要过多地堆积矿石。停车前，先停止给矿，带破碎腔内的矿石完全排除以后，才能停主电动机，最后关闭油泵。停车后，检查各部件，并进行日常的修理工作。

润滑油要保持流动性良好，但温度不宜过高。气温低时，需用油箱中的电热器加热；当气温高时，用冷却过滤器冷却。工作时的油压为1.5 kg/cm^2，进油管中油速为1.0～1.2 m/s，回油管的油速为0.2～0.3 m/s。润滑油必须定期更换。该碎矿机的润滑系统和设备与颚式碎矿机的相同。润滑油分两路进入碎矿机：一路油是从机器下部进入偏心轴套中，润滑偏心轴套和圆锥齿轮后流出；另一路油是润滑传动轴承和皮带轮轴承，然后回到油箱。悬挂装置用干润滑油，定期用手压油泵打入。

旋回碎矿机的小修、中修和大修情况：(1)小修。检查碎矿机的悬挂零件，并清除尘土；检查偏心轴套的接触面及其间隙，清洗润滑油沟，并清除沉积在零件上的油渣；测量传动轴和轴套之间的间隙；检查青铜圆盘的磨损程度；检查润滑系统和更换油箱中的润滑油。(2)中修。除了完成小修的全部任务外，主要是修理或更换衬板、机架及传动轴承。一般约为半年一次。(3)大修。一般为5年进行一次。除了完成中修的全部内容外，主要是修理下列各项：悬挂装置的零件，大齿轮与偏心轴套，传动轴与小齿轮，密封零件，支承垫圈以及更换全部磨损零件等。同时，还必须对大修以后的碎矿机进行校正和测量工作。

旋回碎矿机主要易磨损件的使用寿命和最低储备量可参见表5-6；旋回碎矿机工作中产生的故障及其排除方法可参见表5-7。

表 5-6 旋回碎矿机易磨损件的使用寿命和最低储备量

易磨损件名称	材 料	使用寿命/月	最低储备量/套
可动圆锥的上部衬板	锰 钢	6	2
可动圆锥的下部衬板	锰 钢	4	2
固定圆锥的上部衬板	锰 钢	6	2
固定圆锥的下部衬板	锰 钢	6	2
偏心轴套	巴氏合金	36	1 件
齿轮	优质钢	36	1 件
传动轴	优质钢	36	1 件
排矿槽的护板	锰 钢	6	2
横梁护板	锰 钢	12	1 件
悬挂装置的零件	锰 钢	48	1
主轴	优质钢	—	1 件

表 5-7 旋回碎矿机工作中的故障及消除方法

设 备 故 障	产 生 原 因	消 除 方 法
油泵装置产生强烈的敲击声	油泵与电动机安装得不同心； 半联轴节的销槽相对其槽孔轴线产生很大的偏心距； 联轴节的胶木销磨损	使其轴线安装同心； 把销槽堆焊出偏心，然后重刨； 更换销轴
油泵发热(温度为 40℃)	稠油过多	更换比较稀的油
油泵工作，但油压不足	吸入管堵塞； 油泵的齿轮磨损； 压力表不精确	清洗油管； 更换油泵； 更换压力表
油泵工作正常，压力表指示正常压力，但油流不出	回油管堵塞； 回油管的坡度小； 稠油过多； 冷油过多	清洗回油管； 加大坡度； 更换比较稀的油； 加热油
油的指示器中没有油或油流中断	油管堵塞； 油的温度低； 油泵工作不正常	检查和修理油路系统； 加热油； 修理或更换油泵
冷却过滤前后的压力表的压力差大于 0.4 kg/cm^2	过滤器中的滤网堵塞	清洗过滤器
在循环油中发现很硬的掺和物	滤网撕破； 工作时油未经过过滤器	修理或更换滤网； 切断旁路，使油通过过滤器
流回的油减少，油箱中的油也显著减少	油在碎矿机下部漏掉； 由于排油沟堵塞； 油从密封圈中漏出	停止碎矿机工作，检查和消除漏油的原因； 调整给油量，清洗或加深排油沟
冷却器前后的温度差过小	水阀开得过小，冷却水不足	开大水阀，正常给水
冷却器前后的水与油的压力差过大	散热器堵塞； 油的温度低于允许值	清洗散热器； 在油箱中将油加热到正常温度
从冷却器出来的油温超过 45℃	没有冷却水或水不足； 冷却水温度高； 冷却系统堵塞	给入冷却水或开大水阀，正常给水； 检查水的压力，使其超过最小允许值； 清洗冷却器
回油温度超过 60℃	偏心轴套中摩擦面产生有害的摩擦	停止运转，拆开检查偏心轴套，消除温度增高的原因
传动轴润滑油的回油温度超过 60℃	轴承不正常，阻塞，散热面不足或青铜套的油沟断面不足等	停止碎矿机，拆开并检查摩擦表面

续表 5-7

设备故障	产生原因	消除方法
随着排油温度的升高，油路中油压也增加	油管或碎矿机零件上的油沟堵塞	停止碎矿机，找出并消除温度升高的原因
油箱中发现水或水中发现油	冷却水的压力超过油的压力； 冷却器中的水管局部破裂，使水渗入油中	使冷却水的压力比油压低 0.5 kg/cm²； 检查冷却器的水管联结部分是否漏水
油被灰尘弄脏	防尘装置未起作用	清洗防尘及密封装置，清洗油管并重新换油
强烈劈裂声后，可动圆锥停止转动，皮带轮继续转动	主轴折断	拆开碎矿机，找出折断损坏的原因，安装新的主轴
碎矿时产生强烈的敲击声	可动圆锥衬板松弛	校正锁紧螺帽的拧紧程度； 当铸锌剥落时，需重新浇注
皮带轮转动，而可动圆锥不动	联结皮带轮与传动轴的保险销被剪断（由于掉入非破碎物）； 键与齿轮被损坏	清除破碎腔内的矿石，拣出非破碎物，安装新的保险销； 拆开碎矿机，更换损坏的零件

B　中、细碎圆锥碎矿机

安装时首先将机架安装在基础上，并校正水平度，接着安装传动轴。将偏心轴套从机架上部装入机架套筒中，并校准圆锥齿轮的间隙。然后安装球面轴承支座以及润滑系统和水封系统，并将装配好的主轴和可动圆锥插入，接着安装支承环、调整环和弹簧，最后安装给料装置。碎矿机安装好后，进行 7～8 h 的空载试运行。若无问题，再进行 12～16 h 的有载试运行，此时，排油管排出的油温不应超过 50～60℃。

碎矿机启动以前，首先检查破碎腔内有无矿石或其他物体卡住；检查排矿口的宽度是否合适；检查弹簧保险装置是否正常；检查油箱中的油量、油温（冬季不低于 20℃）情况；向水封防尘装置给水，再检查其排水情况等。

碎矿机启动以前，首先检查破碎腔内有无矿石或其他物体卡住；检查排矿口的宽度是否合适；检查弹簧保险装置是否正常；检查油箱中的油量、油温（冬季不低于 20℃）情况；并向水封防尘装置给水，再检查其排水情况等等。

通过上述检查，并确信检查的正确后，可按规定程序开动碎矿机。在碎矿机操作中应注意：(1)开动油泵检查油压，油压一般为 0.8～1.2 kg/cm²，注意油压切勿过高，以免发生事故。另外，冷却器中的水压应比油压低 0.5 kg/cm²，以免水渗入油中。(2)油泵正常运转 3～5 min 后，再启动碎矿机。碎矿机空转 1～2 min，一切正常后，然后开动给矿机进行碎矿工作。(3)给入碎矿机的矿石，应该从分料盘上均匀地给入破碎腔，而且给矿粒度应控制在规定的范围内。另外，还必须注意排矿问题，当发现排矿口堵塞以后，应立即停机，迅速进行处理。(4)对于细碎圆锥碎矿机的产品粒度必须严格控制，要求操作人员定期检查排矿口的磨损情况，并及时调整排矿口尺寸，再用铅块进行测量，以保证碎矿产品粒度的要求。(5)为使碎矿机安全正常生产，必须注意保险弹簧在机器运转中的情况。如果弹簧具有正常的紧度，但支承环经常跳起，此时不能随便采取拧紧弹簧的办法，而必须找出支承环跳起的原因，除了进入非破碎物以外，可能是由于给矿不均匀或者过多、排矿口尺寸过小、排矿口堵塞等原因造成的。(6)为了保持排矿口宽度，应根据衬板磨损情况，每二三天顺时针回转调整环使其稍稍下降，可以缩小由于磨损而增大了的排矿口间隙。当顺时针旋转 2～2.5 圈后，排矿口尺寸仍不能满足要求时，就得更换衬板。(7)停止碎矿机时，要先停给矿机，待破碎腔内的矿石全部排出后，再停碎矿机的电动机，最后停油泵。

中、细碎圆锥碎矿机修理工作的内容：(1)小修。检查球面轴承的接触面，检查圆锥衬套与偏心轴套之间的间隙和接触面，检查圆锥齿轮传动的径向和轴向间隙；校正传动轴套的装配情况；测量轴套与轴之间的间隙；调整保护板；更换润滑油等。(2)中修。在完成小修全部内容的基础上，重点检查和修理包括：可动锥的衬板和调整环、偏心轴套、球面轴承和密封装置等。中修的间隔时间决定于这些零部件的磨损状况。(3)大修。除了完成中修的全部项目外，主要是对圆锥碎矿机进行彻底修理。检修的项目有：更换可动圆锥机架、偏心轴套、圆锥齿轮和动锥主轴等。修复后的碎矿机，必须进行校正和调整。大修的时间间隔取决于这些部件的磨损程度。

中、细碎圆锥碎矿机易磨损零件的使用寿命和最低储备量可参见表5-8；中、细碎圆锥碎矿机在工作中产生的故障及消除方法可参见表5-9。

表5-8　中、细碎圆锥碎矿机易磨损件的使用寿命和最低储备量

易磨损件名称	材　料	使用寿命/月	最低储备量/件
可动圆锥的衬板	锰　钢	6	2
固定圆锥的衬板	锰　钢	6	2
偏心轴衬套	青　铜	18～24	1套
圆锥齿轮	优质钢	24～36	1
偏心轴套	碳　钢	48	1
传动轴	优质钢	24～36	1
球面轴承	青　铜	48	1
主轴	优质钢	—	1

表5-9　中、细碎圆锥碎矿机工作中的故障及消除方法

设备故障	产生原因	消除方法
传动轴回转不均匀，产生强烈的敲击声或敲击声后皮带轮转动，而可动锥不动	圆锥齿轮的齿由于安装的缺陷和运转中的轴向间隙过大而磨损或损坏； 皮带轮或齿轮的键损坏； 主轴由于掉入非破碎物而折断	停止碎矿机，更换齿轮，校正齿合间隙； 换键； 更换主轴，并加强挑铁工作
碎矿机产生强烈的振动，可动圆锥迅速运转	主轴由于下列原因而被锥形衬套包紧； 主轴与衬套之间没有润滑油或油中有灰尘；由于可动圆锥下沉或球面轴承损坏；锥形轴套的间隙不足	停止碎矿机，找出并消除原因
碎矿机工作时产生振动	弹簧压力不足； 碎矿机给入细的和黏性物料，给矿不均匀或给矿过多； 弹簧刚性不足	拧紧弹簧上的压紧螺帽或更换弹簧； 调整碎矿机给矿； 换成刚性较大的强力弹簧
碎矿机向上抬起的同时产生强烈的敲击声，然后又正常工作	破碎腔中掉入非破碎物，时常引起主轴折断	加强挑铁工作
碎矿或空转时产生可以听见的劈裂声	可动圆锥或固定圆锥衬板松弛； 螺钉或耳环损坏； 可动圆锥或固定圆锥衬板不圆而产生冲击	停止碎矿机，检查螺钉拧紧情况和铸锌层是否脱落，重新铸锌； 停止碎矿机，拆下调整环，更换螺钉或耳环； 安装时检查衬板的椭圆度，必要时进行机械加工
螺钉从机架法兰孔和弹簧中跳出	机架拉紧螺钉损坏	停机，更换螺钉
碎矿产品中含有大块矿石	可动锥衬板磨损	下降固定圆锥，减小排矿口间隙
水封装置中没有流入水	水封装置的给水管不正确	停机，找出并消除给水中断的原因

5.3.6 圆锥碎矿机的发展概况

旋回碎矿机的发展和改进,基本与颚式碎矿机相似,也是向大型化方向发展,并在降低碎矿机高度和重量上做了有限的改进。为了大型设备的安全运转,操作简便,国内外都在大力发展有液压保险和液压调整排矿口的旋回碎矿机。例如:美国A.C公司生产的优胜者型旋回碎矿机,给矿粒度达1520 mm,生产能力达6600 t/h,其液压系统有支持破碎锥体、调节排矿间隙大小和实现过载保护三个作用;美国雷克斯诺德(Rexnord)公司生产的重型液压旋回碎矿机,生产能力达6960 t/h;瑞典莫加德沙马尔公司生产的BS1600型顶部单缸液压式旋回碎矿机,其给矿口尺寸1600 mm×3700 mm,生产能力达2500 m^3/h。

由于旋回碎矿机处理能力大,其允许的给矿块度往往与生产能力不相适应。即允许的给矿块度小,而生产能力大。因此产生了颚式旋回碎矿机(亦称颚旋式碎矿机)。其主体结构基本上是旋回碎矿机,但给矿口的一侧向外扩大,另一侧封闭。这样给矿块度要比同规格的一般旋回碎矿机增大近一倍。同时在破碎腔上部形成一个粗碎腔,矿石经过粗碎后,进入机器下部再进行一次中碎,因此一台颚旋式碎矿机,可以进行两段碎矿。所以它具有破碎比大,生产能力高的优点。颚旋式碎矿机已用于石灰石等中硬矿石的粗碎,经过实践证明,它生产正常,效果良好,是破碎中硬矿石的一种较有前途的设备。

中、细碎圆锥碎矿机,也在向大型化方向发展,最近美国诺得伯格(现Rexnord)公司生产了两台ϕ3050 mm的西蒙斯(Symons)圆锥碎矿机,台时处理能力为ϕ2134 mm西蒙斯圆锥碎矿机的2.25倍。它是目前世界上最大规格的中、细碎圆锥碎矿机。液压圆锥碎矿机是中、细碎圆锥碎矿机的发展方向,各国都在推广应用,目前国外已制造出ϕ3048 mm的大型液压圆锥碎矿机。

近年来,国外又研制一些新型圆锥破碎机,下面做一简单介绍:

A　旋盘式圆锥碎矿机

为了增大细碎圆锥碎矿机的碎矿比,试图在磨矿作业前能较为经济地获得-6 mm的细粒产品,美国诺得伯格(现Rexnord)公司研制的一种压力式碎矿机,称为旋盘式(Gyradisc)圆锥碎矿机。其实质是一种改进了破碎腔形式的圆锥碎矿机。它在外形上看和普通西蒙斯型圆锥碎矿机很相似,但它在破碎腔的上部形成一个圆锥漏斗式初碎区,工作时充满了待破碎的物料,形成了类似“压头”的作用,从而改善了碎矿效果。

旋盘式圆锥碎矿机吸收了西蒙斯型圆锥碎矿机和冲击作用原理的碎矿机结构特点,利用多层颗粒的内部研磨和冲击压力作用来破碎矿石和物料。该机的主要特点是:(1)增大了非控制粒度区破碎腔体积;(2)在平行区改变了破碎腔结构形式,平行带很短,但角度很平缓,并做成环状“重块式”的特殊结构。矿料在破碎腔中形成很厚的环状“密实的聚积层”,物料在破碎腔内不会自行下滑,而是靠动锥运动对物料的推进而排出。它一直处在填满矿料状态下进行工作。该机设有给料旋转分配盘,使给矿均匀分配。

该碎矿机产品粒度小而且均匀,从而减少了磨矿设备的负荷,属于超细碎设备。美国雷克斯诺德公司已生产了36、48、54、66、84 in五种规格的旋盘式圆锥碎矿机,并在美国、南非和英国大量应用。特别是大型84 in旋盘式圆锥碎矿机,用它来代替棒磨机是完全可行的,因为大量的生产实践已表明84 in旋盘式圆锥碎矿机产品中小于6 mm粒级含量高达67%。至于用它代替现场广泛使用的短头型圆锥碎矿机更具有重要的现实意义。

B　惯性离心式圆锥碎矿机

前苏联在20世纪50年代末期就开始进行大碎矿比惯性离心振动型圆锥碎矿机的试验研究

表 7-1　国产螺旋分级机的技术规格和性能

类　型	型号及规格	螺旋转速 /r·min⁻¹	水槽坡度/(°)	生产能力/t·d⁻¹		电动机功率/kW		外形尺寸:长×宽×高/mm	机器质量/t
				按返砂	按溢流	旋转螺旋用	提升螺旋用		
高堰式单螺旋	FG－3ϕ300	8～30		44～73	13	1.1		3840×490×1140	
	FG－5ϕ500	8.0～12.5	14～18.5	135～210	32	1.1		5480×680×1480	1.600
	FG－7ϕ750	6～10	14～18.5	340～570	65	3		6720×1267×1584	2.829
	FG－10ϕ1000	5～8	14～18	675～1080	110	5.5		7590×1240×2380	3.990
	FG－12ϕ1200	5～7	12	1170～1870	155	5.5	2.2	8180×1570×3100(右)	8.537
								8230×1592×3100(左)	8.565
	FG－15ϕ1500	2.5～6	14～18.5	1830～2740	235	7.5	2.2	10410×1920×4070	11.167
	FG－20ϕ2000	3.6～5.5	14～18.5	3290～5940	400	11	3	10788×2524×4486	20.464
	FG－24ϕ2400	3.64	14～18.5	6800	580	13	3	11562×2910×4966	25.647
高堰式双螺旋	2FG－12ϕ1200	6.0	14～18.5	2340～3740	310	5.5×2	1.5×2	8290×2780×3080	15.841
	2FG－15ϕ1500	2.5～6	14～18.5	2280～5480	470	7.5×2	2.2×2	10410×3392×4070	22.110
	2FG－20ϕ2000	3.6～5.5	14～18.5	7780～11880	800	23;30	3×2	10955×4595×4490	35.341
	2FG－24ϕ2400	3.67	18～18.5	,13600	1160	30	3	12710×5430×5690	45.874
	2FG－30ϕ3000	3.2		23300	1785	40	4	16020×6640×6350	73.027
沉没式单螺旋	FC－10ϕ1000	58		675～1080	85			9590×1290×2670	6.000
	FC－12ϕ1200	57	15	1170～1870	120	7.5	2.2	10371×1534×3912	11.022
	FC－15ϕ1500	2.56	14～18.5	1830～2740	185	7.5	2.2	12670×1810×4888	15.340
	FC－20ϕ2000	3.65	14～18.5	3210～5940	320	13; 10	3	15398×2524×5343	29.056
	FC－24ϕ2400	3.64	14～18.5	6800	490	17	4	16700×2926×7190	38.410
沉没式双螺旋	2FC－12ϕ1200	6.0		2340～3740	240	5.5×2	1.5×2	10190×3154×3745	17.600
	2FC－15ϕ1500	2.5～6	14～18.5	2280～5480	370	7.5	2.2	12670×3368×4888	27.450
	2FC－20ϕ2000	3.6～5.5	14～18.5	7780～11880	640	22; 30	3	15700×4595×5635	50.000
	2FC－24ϕ2400	3.67	14～18.5	13700	910	30	3	14701×5430×6885	67.860
	2FC－30ϕ3000	3.2	18～18.5	23300	1410	40	4	17091×6640×8680	84.870

套在辊心上用螺栓和螺帽将它们扣紧。

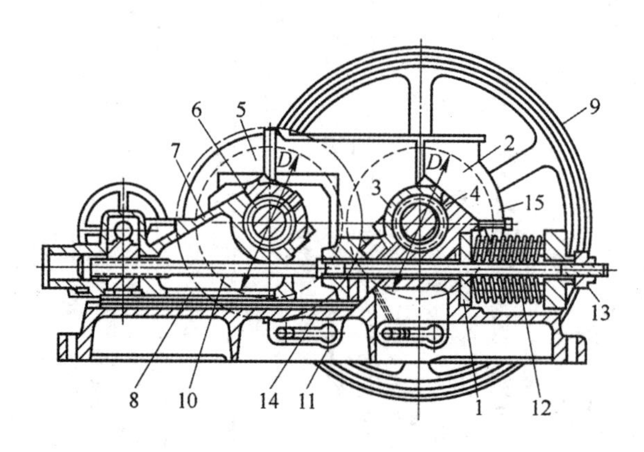

图 5-31　光滑辊面对辊碎矿机

1—机架;2、5—辊子;3、6—轴;4—固定轴承;7—可动轴承;8—导槽;9—皮带轮;10—拉杆;11—垫片;12—弹簧;13、14—螺帽;15—机罩

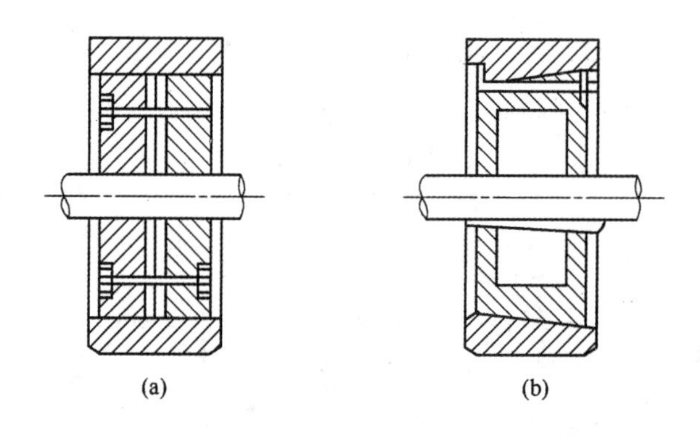

图 5-32　辊面与辊心的固定方法

辊子的辊心用生铁铸成。辊面是易磨损部件,所以用锰钢或碳钢制成。辊面最好用几个圆环组成,以便在磨损后调换位置。对辊碎矿机的给矿,应连续而均匀的沿辊面全长给入。这样可以减轻辊面磨损的不均匀,定期地(每班一次)将辊子沿轴向移动一定距离,可使辊面使用期延长好几倍。辊面上由于磨损不均匀而产生的沟纹,可以将凸出部分用特制的车刀车平或用磨床磨平,也可用电焊或气焊将其削去。如果辊面是由几个圆环组成,则用更换位置的方法将磨损较严重之处的圆环换至磨损较轻的地方,这样也可达到使用期延长和使产品粒度均匀的目的。

对辊碎矿机采用弹簧作保险装置,当碎矿机落入非破碎物时,弹簧被压缩,迫使可动辊向后移动,排矿口增大,非破碎物即可通过,保证机器不致损坏。非破碎物排出后,弹簧恢复原状,排矿口恢复至原来的大小,碎矿机仍继续正常工作。

在碎矿机工作过程中,弹簧总是处于振动状态,故易于疲劳和折断,必须经常检查,定期更换。

碎矿机排矿口的调节,是先将夹紧螺帽 13 松开,然后在螺帽 14 旁增加或减少垫片的数目,以调整两碎矿辊之间的间隙大小,即达到调整排矿口的目的。

对辊碎矿机的规格,是用辊子的直径和长度来表示。我国生产的对辊碎矿机技术规格列于表 5-10 中。

表 5-10 光面对辊碎矿机技术规格

型号及规格	最大给矿粒度/mm	排矿粒度/mm	处理量/t·h^{-1}	辊子转速/r·min^{-1}	电机功率/kW	最重件质量/t	机器质量(不含电机)/t
2PG－300 ϕ300×300	20	0～6.5		60	2.2	0.12	0.543
2PG－400 ϕ400×250	20～32	2～8	5～10	200	11	0.1675	1.3
2PG－600 ϕ600×400	36～78	2～9	4～15	120	2～11		2.55
2PG－750 ϕ750×500	40	2	3.4	50	30	6.052	9.162

注:P—碎矿机;G—辊式。

5.5 反击式碎矿机

反击式碎矿机是一种新型高效率的碎矿设备,其特点是体积小,构造简单,破碎比大(可达40),能耗少,生产能力大,产品粒度均匀,并有选择性的碎矿作用,是很有发展前途的设备。但它最大的缺点是板锤和反击板特别易于磨损,尤其是破碎坚硬的矿石,磨损则更为严重,需要经常更换。目前由于一些耐磨材料的出现,在一些金属矿选矿厂中已得到应用。

反击式碎矿机,因转子的数目不同,分为单转子和双转子两种。单转子反击式碎矿机的构造如图 5-33 所示。

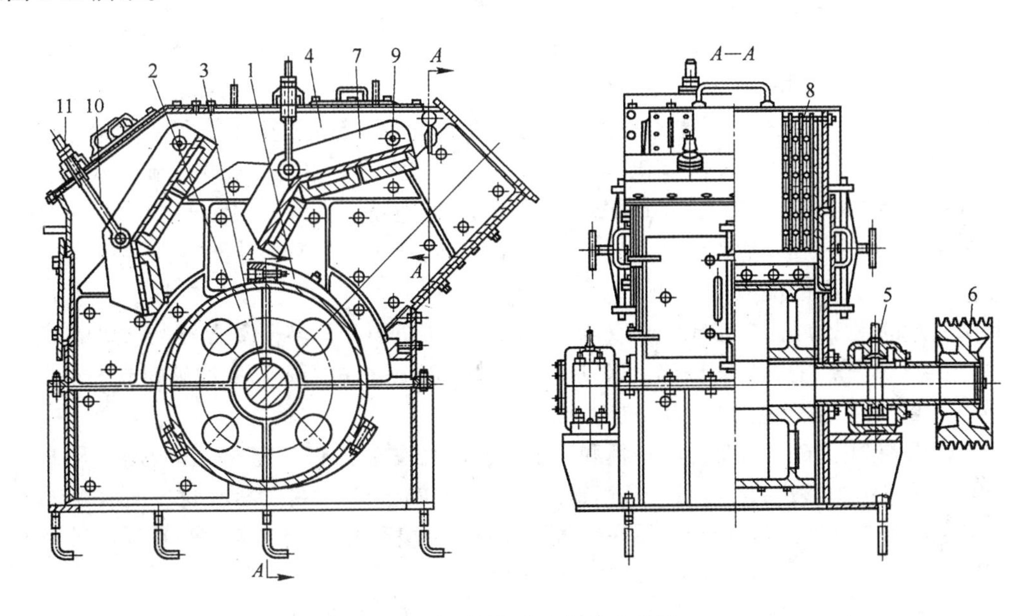

图 5-33 单转子反击式碎矿机

1—板锤;2—转子;3—主轴;4—机体;5—轴承;6—皮带轮;7—反击板;8—链幕;9—悬挂轴;10—拉杆;11—螺帽

反击式碎矿机的转子 2 固定在主轴 3 上,转子的圆柱面上装有三个(或更多)坚硬的板锤 1。轴的两端安置在机体 4 上的两个滚柱轴承 5 中,由电动机直接(或经皮带轮 6)传动。在转子上方机壳内壁吊有前后两个反击板 7。反击板与进料口之间挂有许多链条组成的链幕 8。这样就罩住了整个破碎腔,以免物料被反击板碰撞溅出给矿口,反击板的一端是吊在机壳上的悬挂轴 9 上,另一端则通过拉杆 10、螺帽 11 悬吊在机壳上方,通过拉杆和螺帽可调整反击板的角度和它与板锤的间距。机壳、反击板和板锤都是最易磨损的部分,所以在机壳、反击板和板锤上都装有一层用高锰钢制成的耐磨衬板。

反击式碎矿机的破碎过程是:物料由给矿口通过链幕进入到反时针旋转的转子上,受到板锤的强烈冲击以很大的速度按切线方向飞向第一块反击板,与它冲撞破碎后,再返回转子方向,受到板锤的第二次冲击,一部分物料仍以高速飞向第一块反击板,另一部分物料(多为小块的)则飞向第二块反击板受到破碎,在此过程中,有的物料在碎矿机中往返多次受到破碎,最后达到粒度要求的物料从碎矿机下方排出。

双转子反击式碎矿机,根据转子的转动方向不同,有两转子同向转动和两转子异向转动两种。

两转子异向转动的反击式碎矿机,由于两转子运动方向相反,故相当于两个平行配置的单转子反击式碎矿机并联组成。两个转子分别与反击板构成独立的破碎腔,分腔碎矿。这种碎矿机生产能力高,能破碎较大的矿石,且两转子配在同一水平上,故可降低机器高度。可作为大型矿山的粗、中碎设备。

两转子同向转动的反击式碎矿机,由于两转子运动方向相同,故相当于两个平行配置的单转子反击式碎矿机串联使用。两个转子构成两个破碎腔,第一个转子相当于粗碎,第二个转子相当于细碎,即一台破碎机可同时作为粗碎及中、细碎设备使用。这种碎矿机的破碎比大,生产能力高,但功耗较大。

随着近代机器制造业和科学技术的发展,以及适于高速重荷的滚珠轴承和耐磨材料的出现,为反击式碎矿机进一步发展提供了物质基础。而反击式破碎机的选择性碎矿和破碎比大等优点,使其发展速度和使用范围,在较短时间内迅速超过了其他碎矿机械。目前各主要工业国都已发展和生产了各种类型的反击式碎矿机。如美国阿利斯·查尔默斯公司生产的 ϕ1950 mm×1828 mm 双转子反击式碎矿机,粗碎时,给矿粒度为 1000 mm,排矿粒度为 125 mm,生产能力达 2000 t/h,细碎时,可将给矿粒度为 100～80 mm 矿块破碎至 3～0 mm 的产品,生产能力为 350～400 t/h。据报道,德国的 AP7 型 ϕ1700 mm×3000 mm 组合式反击式碎矿机,可将块度为 1524 mm 的矿块,一次破碎成 −25 mm 占 90%的产品,生产能力为 800～1250 t/h。目前,日本、英国、法国、俄罗斯等国家也都在大力生产和使用反击式碎矿机。

我国制造的 ϕ1250 mm×1250 mm 双转子反击式碎矿机属于双转子复合式反击式碎矿机一类,目前已用于水泥厂的石灰石破碎,可将块度为 700～800 mm 的石灰石一次破碎成小于 20 mm 占 90%左右的产品,生产能力为 120～150 t/h。

应当指出,反击式碎矿机虽然有板锤和反击板磨损大的缺点,但是随着耐磨材料质量的不断提高以及碎矿机结构形式的改善将会逐渐得到克服。目前已有一些国家,在这方面取得了很大进展。如德国哈策马格公司,由于使用高铬铸铁等高强度耐磨材料,已基本解决了反击式碎矿机的磨损问题,制造了 17 种不同规格的反击式碎矿机。

反击式碎矿机的规格用转子的直径及长度表示,其技术规格列于表 5-11。

表 5-11　反击式碎矿机的技术规格

类型	型号及规格	最大给矿粒度/mm	排矿粒度/mm	处理量/$t \cdot h^{-1}$	转子转速/$r \cdot min^{-1}$	电机功率/kW	最重件质量/t	机器质量/t
单转子	PF-54　ϕ500×400	100	20～0	4～10	960	7.5	0.792	1.35
	PF-107　ϕ1000×700	250	30～0	15～30	980	37	1.526	5.54
	PF-1210　ϕ1250×1000	250	50～0	40～80	475	95	3.794	15.25
	PF-1416　ϕ1400×1600				545	155	7.709	35.473
	PF-1614　ϕ1600×1400				228,326,456	155	16.638	35.631
双转子	2PF-1212　ϕ1250×1250	850	20	80～150	565,765	130,155	8.429	58.00
	2PF-1416　ϕ1400×1600				545	2×155	10.683	54.098
	2PF-1820　ϕ1800×2000				438	2×280	5.867	82.998

注:P—碎矿机;F—反击式。

5.6　碎矿机生产能力的计算

碎矿机的生产能力(处理量或生产率)是指在一定的给矿粒度和所要求的排矿粒度的条件下,一台碎矿机在单位时间能够处理的矿石质量,它是衡量碎矿机工作情况的数量指标。它与矿石的性质(如硬度、粒度组成、密度等),碎矿机的种类、型号、规格,以及碎矿时的操作条件(如给矿速度及给矿的均匀程度)等许多因素有关。所以,目前还没有比较符合实际的理论计算公式,通常参照已投入生产的同类型设备来确定其生产能力,或用经验公式概算,再根据具体情况予以校正,现将经验公式的计算方法介绍如下。

开路碎矿时,旋回、颚式、标准、中型及短头等碎矿机的生产能力按下式计算

$$Q = K_1 K_2 K_3 K_4 Q_s \tag{5-1}$$

式中　Q——碎矿机计算的生产能力,t/h;

Q_s——标准条件下(指中硬矿石,松散密度为1.6 t/m³)开路碎矿时的生产能力,t/h,可按公式5-2计算;

K_1——矿石可碎性系数,按表4-1选用;

K_2——矿石密度修正系数,按下式计算

$$K_2 = \delta_0/1.6 \approx P_0/2.7$$

δ_0——矿石的松散密度,t/m³;

P_0——矿石的密度,t/m³;

K_3——粒度或破碎比修正系数,按表5-12及表5-13选用;

K_4——水分修正系数,按表5-14选用。

表5-12　粗碎设备的粒度修正系数 K_3 值

给矿最大粒度 D_{max} 和给矿口宽度 B 之比 $a=\frac{D_{max}}{B}$	0.85	0.7	0.6	0.5	0.4	0.3
K_3	1.00	(1.04)	1.07	1.11	1.16	1.23

表5-13　标准、中型、短头型圆锥碎矿机的粒度修正系数 K_3 值

标准或中型圆锥碎矿机		短头型圆锥碎矿机	
e/B	K_3	e/B	K_3
0.6	0.9～0.98	0.4	0.9～0.94
0.55	0.92～1.00	0.25	1.00～1.05
0.4	0.96～1.06	0.15	1.06～1.12
0.35	1.00～1.10	0.075	1.14～1.20

注:1. e—在开路碎矿时上段碎矿机排矿口宽;B—本段中碎或细碎碎矿机排矿口宽;

2. 在闭路碎矿时,e/B 指闭路碎矿机的排矿口与给矿口宽度之比;

3. 设有预先筛分时 K_3 取小值,不设有预先筛分时 K_3 取大值。

表5-14　水分修正系数

矿石中水分含量/%	4	5	6	7	8	9	10	11
K_4	1.0	1.0	0.95	0.9	0.85	0.8	0.75	0.65

注:矿石中除含水外还含成球的矿粉时,才能引用系数 K_4。

碎矿机在标准条件下开路碎矿时的生产能力，按下式计算

$$Q_s = q_0 e \tag{5-2}$$

式中 q_0——旋回、颚式、标准、中型及短头等碎矿机单位排矿口宽度的生产能力，t/(mm·h)，查表 5-15～表 5-19；

e——碎矿机排矿口宽度，mm。

表 5-15 颚式碎矿机 q_0 值

碎矿机规格	250×400	400×600	600×900	900×1200	1200×1500	1500×2100
q_0/t·(mm·h)$^{-1}$	0.4	0.65	0.95～1	1.25～1.3	1.9	2.7

表 5-16 旋回碎矿机 q_0 值

碎矿机规格	500/75	700/130	900/160	1200/180	1500/180	1500/300
q_0/t·(mm·h)$^{-1}$	2.5	3.0	4.5	6.0	10.5	13.5

表 5-17 开路碎矿时标准、中型圆锥碎矿机 q_0 值

碎矿机规格	ϕ600	ϕ900	ϕ1200	ϕ1650	ϕ1750	ϕ2200
q_0/t·(mm·h)$^{-1}$	1.0	2.5	4.0～4.5	—	8.0～9.0	14.0～15.0

表 5-18 开路碎矿时短头圆锥碎矿机 q_0 值

碎矿机规格	ϕ900	ϕ1200	ϕ1650	ϕ1750	ϕ2200
q_0/t·(mm·h)$^{-1}$	4.0	6.5		14.0	24.0

表 5-19 开路碎矿时单缸液压圆锥碎矿机 q_0 值

碎矿机规格		ϕ900	ϕ1200	ϕ1750	ϕ2200
q_0/t·(mm·h)$^{-1}$	标准型	2.52	4.6	8.15	16.0
	中型	2.76	5.4	9.6	20.0
	短头型	4.25	6.7	14.0	25.0

如果是闭路碎矿，需按碎矿机在闭路碎矿所通过的矿量来计算生产能力，其计算公式如下

$$Q_c = K_c Q_s K_1 K_2 K_3 K_4 \tag{5-3}$$

式中 Q_c——闭路碎矿时碎矿机的生产能力，t/h；

K_c——闭路碎矿时平均给矿粒度变细的系数，中型或短头圆锥碎矿机在闭路碎矿时，一般取 1.15～1.4（硬矿石取小值，软矿石取大值）；

Q_s, K_1, K_2, K_3, K_4——同式 5-1。

单缸液压圆锥碎矿机的生产能力的计算，用下列公式

$$Q = q_0 e \delta_0 / 1.6 \tag{5-4}$$

式中符号意义同前。q_0 值按表 5-19 选取。

光面对辊碎矿机生产能力的计算，采用下列公式

$$Q = 60\pi u D n L e \delta_0 \tag{5-5}$$

式中 Q——对辊碎矿机的生产能力，t/h；

u——充满系数，$u = 0.2～0.4$，破碎硬矿石和粗粒矿石取小值，反之取大值；

D——碎矿机辊筒直径，m；

n——碎矿机辊筒转数，r/min；

L——碎矿机辊筒长度,m;
e——碎矿机排矿口的宽度,m;
δ_0——破碎矿石的松散密度,t/m³。

反击式碎矿机生产能力的计算,采用下列公式

$$Q = 60KC(h + a)bDn\delta_0 \tag{5-6}$$

式中 Q——反击式碎矿机的生产能力,t/h;
K——理论的与实际的生产能力修正系数,一般取 $K = 0.1$;
C——转子上板锤的数目;
h——板锤高度,m;
a——板锤与反击板间的距离,m;
b——板锤宽度,m;
D——转子的直径,m;
n——转子的转数,r/min;
δ_0——矿石的松散密度,t/m³。

5.7 影响碎矿机工作指标的因素

影响碎矿机工作指标的因素很多,但可归纳为三个方面:即矿石的物理机械性质、碎矿机的工作参数和操作条件,现分述如下。

5.7.1 矿石的物理机械性质

A 矿石的硬度

矿石的硬度是以矿石的抗压强度或普氏硬度系数表示的,在选矿工艺过程中,以此为依据将矿石分为五个等级,如表 4-1 所示,显然,矿石愈硬,抗压强度愈大,生产率就低。反之,则生产率高。

B 物料的湿度

湿度本身对破碎影响不大,但当物料中含泥及粉矿量多时,细粒物料将因湿度增加而结团或粘在粗粒上,从而增加了黏性,降低了排矿速度,使生产能力下降,严重时,会造成排矿口堵塞,影响了生产的正常进行。

C 矿石的密度

碎矿机的生产能力与矿石密度成正比,同一台碎矿机,在破碎密度大的矿石时,生产能力高。反之其生产能力就低。

D 矿石的解理

矿石解理的发达程度也直接影响碎矿机的生产能力,由于矿石在破碎时,易沿着解理面破裂,故破碎解理面发达的矿石,破碎机的生产能力比破碎结构致密的矿石高得多。

E 破碎物料的粒度组成

破碎物料中粗粒(大于排矿口尺寸)含量较高以及给矿最大块与给矿口宽的比值大时,需要完成的破碎比大,所以生产能力低。反之,则生产能力高。

5.7.2 碎矿机的工作参数

A 碎矿机的啮角

颚式与圆锥碎矿机,以其两个碎矿工作面之间最接近时的夹角称为啮角,对辊碎矿机则以矿

块与辊子的接触点引出的切线的夹角称为啮角。各种碎矿机的啮角如图 5-34 所示。

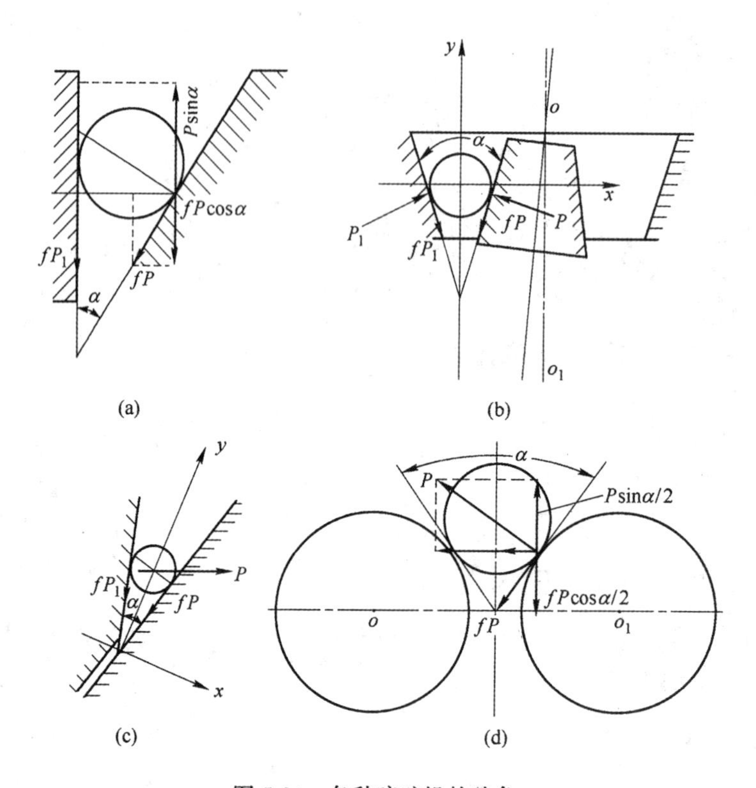

图 5-34　各种碎矿机的啮角

(a) 颚式碎矿机;(b) 旋回碎矿机;(c) 中、细碎圆锥碎矿机;(d) 对辊碎矿机

碎矿机的啮角,是决定碎矿机能否顺利破碎矿石的重要条件,啮角愈小,排矿口愈大,破碎比也就愈小,矿石容易通过,生产能力也就大。反之,生产能力也就小。如果啮过大,破碎矿石时,将使矿石向上跳动而不能被破碎,甚至会发生安全事故。如果啮角太小,则破碎比太小,难以满足工艺过程的要求。故碎矿机的啮角应适当,碎矿机的最大(极限)啮角由被破碎物料与碎矿机工作面间的摩擦系数决定,可以用力的分析方法求得。各种碎矿机啮角大小,可在一定范围内调节,在生产中,只要调节排矿口大小,也就改变了啮角大小,但啮角的调节范围,是在碎矿机设计和制造时就已确定。如图 5-34a 所示,当矿石被动颚以 P 的压力压在固定颚板上,则固定颚板的反作用力为 P_1,P 和 P_1 除对矿石有破碎作用外,还在矿石与两颚板接触点上引起摩擦力 fP 和 fP_1。P 力可分解为水平分力(破碎矿石的力)和垂直分力(使矿石向上跳起的力),此垂直分力为 $P\sin\alpha$。fP 力也可分为水平分力(破碎矿石的力)和垂直分力(使矿石向下的力),此垂直分力为 $fP\cos\alpha$。P_1 的大小则为 $P\cos\alpha$ 和 $fP\sin\alpha$ 两分力之和(因 P_1 为此两分力的反作用力),故 P_1 所产生的摩擦力为:$f(P\cos\alpha+fP\sin\alpha)$,即使矿石向下的力。要使矿石在破碎腔中不致向上跳起,必须满足

$$P\sin\alpha - fP\cos\alpha - f(P\cos\alpha + fP\sin\alpha) \leqslant 0$$

经整理得

$$\sin\alpha(1-f^2) \leqslant 2f\cos\alpha$$

或

$$\tan\alpha \leqslant \frac{2f}{1-f^2}$$

因摩擦系数

$$f = \tan\varphi$$

式中,φ 为摩擦角,所以

$$\tan\alpha \leqslant \frac{2\tan\varphi}{1-\tan^2\varphi} = \tan 2\varphi$$

故 $$\alpha \leqslant 2\varphi \tag{5-7}$$

由上可知，颚式碎矿机的啮角，应小于矿石对颚板面的摩擦角的两倍，否则矿块就会在破碎腔中跳动而不能被破碎。

对辊碎矿机的啮角大小，也可用力的分析方法求出，如图4-34d所示。当一个辊子以 P 的压力作用在矿块上，则另一辊子在相应的地方，也以 P 的反作用压力作用在矿块上，此压力 P 除对矿块有破碎作用外，还在矿块与辊子的接触点引起摩擦力 fP。P 和 fP 力都可分解为水平分力和垂直分力，P 力分解的垂直分力为 $P\sin\alpha/2$，其作用是使矿石向上跳动，fP 力分解的垂直分力 $fP\cos\alpha/2$，其作用是使矿石向下，要使矿石在两个辊子之间被破碎而不致向上跳动，则必须是

$$2P\sin\alpha/2 \leqslant 2fP\cos\alpha/2$$

即 $$\sin\alpha/2 \leqslant f\cos\alpha/2$$

或 $$\tan\alpha/2 \leqslant f = \tan\varphi$$

所以 $$\alpha \leqslant 2\varphi$$

由上可知，对辊碎矿机的啮角，也应小于矿块对辊面的摩擦角的两倍，否则矿块也会在两个辊子之间向上跳动而不能被破碎。

其他各种碎矿机的啮角，其大小都在上述两种碎矿机啮角之间，故各种碎矿机的极限啮角都应小于二倍摩擦角。

矿石对钢板的摩擦角一般为17°，所以啮角不应大于34°，在实际上啮角远小于此极限值，各种碎矿机的啮角大小如表5-20所示。

表5-20 各种碎矿机的工作啮角

碎矿机名称	颚 式	旋 回	圆 锥	对 辊
工作啮角/(°)	15～25	21～23	18左右	<33

虽然碎矿机的工作啮角，都是远小于极限啮角的，但在生产过程中，由于给矿粒度相差很大，往往会出现两个矿块钳住第三个矿块，这个啮角就往往可能大于极限啮角，这第三个矿块就有跳出的可能，故在操作中是不准垂直观察破碎腔中矿石被破碎的情况的。

B 碎矿机的转数

颚式碎矿机的偏心轴和圆锥碎矿机的偏心轴套的转数，决定了动颚和动锥的摆动次数，对生产率有较大影响。各种碎矿机的转数都有一定范围，过高或过低都会降低生产率。现以颚式碎矿机为例说明之。它的碎矿过程是由工作行程和空回行程所组成，在空回行程时间内，应充分保证已破碎的矿石能最大限度地从排矿口排出。如动颚的摆动次数过高，则已破碎的矿石来不及在空回行程时间内排出，或未能充分排出，从而再次受到破碎。这不但引起过粉碎和能耗增加，同时也降低了生产率。如动颚的摆动次数过少，则空回行程时间长，该排出的矿石排出后，尚有多余时间，这样碎矿机的生产率也会降低。因此碎矿机在允许范围内增加转数，可以提高生产率，减少转数，生产率将降低。碎矿机的转数，虽可从理论上推出，但与实际相差很大，现介绍几个经验公式如下：

颚式和旋回碎矿机的适当转数 n 与动颚和动锥的行程 l 的平方根成反比，即

$$n \propto \frac{1}{\sqrt{l}} \tag{5-8}$$

中、细碎圆锥碎矿机的适当转数 n，则与破碎腔平行带长度 B 或动锥底部直径 D 的平方根

成反比，即

$$n \propto \frac{1}{\sqrt{B}} \quad 或 \quad n \propto \frac{1}{\sqrt{D}} \tag{5-9}$$

C　平行带的长度

对于中、细碎圆锥碎矿机来说，为了保证碎矿产品达到一定细度和均匀度，故在破碎腔下部设有平行带碎矿区，使矿石在排出前，在平行带中至少受到一次挤压，平行带长度 B 与碎矿机的规格（底部最大直径 D）和类型有关

中碎圆锥碎矿机　　$B = 0.085D$　　(5-10)

细碎圆锥碎矿机　　$B = 0.16D$　　(5-11)

D　碎矿机的给矿口和排矿口

碎矿机给矿口的宽度决定于给矿的最大块度，这是选择碎矿机规格的重要依据，也是碎矿机操作工人和采矿工人应该知道的数据，以免在生产过程中由于块度太大的矿石落入碎矿机的破碎腔中不能破碎，而影响生产的正常进行。

碎矿机的最大给矿块度，是以碎矿机能否啮住矿石为条件确定的。一般碎矿机的最大给矿块度是碎矿机给矿口宽的 80%～85%。

碎矿机排矿口的大小与碎矿机的啮角及破碎比有关。在允许范围内，适当增大排矿口，则啮角及破碎比减小，生产率提高。反之，则生产率降低。各种碎矿机都是如此。

5.7.3　操作条件

为了充分发挥碎矿机的生产能力，应正确掌握碎矿机的操作条件，力求给矿均匀，并使碎矿机在大破碎比、高负荷系数的情况下工作。所谓负荷系数就是碎矿机实际生产能力与计算所能达到的生产能力之比的百分数，负荷系数值的大小，是碎矿机生产潜力是否充分发挥的重要标志。

本章小结

选矿工业上应用的碎矿设备，根据其构造的不同，可分为颚式碎矿机、圆锥碎矿机、对辊破碎机和反击式破碎机等几种类型。

选矿厂中使用的颚式破碎机多作为粗碎及中碎设备，主要有简单摆动颚式碎矿机、复杂摆动颚式碎矿机和液压式颚式碎矿机三种。前两者的工作原理基本上相似，只是动颚的运动轨迹有较大的差别；液压式颚式碎矿机是在简单摆动颚式碎矿机的基础上制造的，只是以液压油缸的保险和调整机构来取代原有的保险和调整装置。为保证颚式碎矿机连续正常地运转，充分发挥其生产能力，必须重视对颚式碎矿机的正确操作、经常维护和定期检修。

圆锥碎矿机按其用途不同可分为粗碎用和中、细碎用圆锥碎矿机两大类。粗碎用圆锥碎矿机有中心排矿旋回碎矿机和液压旋回碎矿机，两者的构造基本相同，只是后者采用液压技术来实现保险和排矿口的调整。中、细碎用圆锥碎矿机有弹簧圆锥碎矿机和液压圆锥碎矿机，两者的构造基本相同，只是在保险和调整装置上不同；若按中、细碎用圆锥碎矿机的破碎腔形状不同，又可分为标准型（中碎用）、中间型（中、细碎用）及短头型（细碎用）三种。对各种圆锥碎矿机的操作、维护和检修必须重视并熟练掌握。

辊式碎矿机按辊面的情况分光面和非光面两种，按辊子轴承的构造分固定轴式、单可动轴式及双可动轴式三种，其中单可动轴式应用较广。由于辊式碎矿机的生产能力小，占地面积大，故在金属选矿厂中应用很少，而在试验室仍广泛使用；反击式碎矿机是一种新型高效的碎矿设备，

它具有体积小、构造简单、破碎比大、能耗少、生产能力大、产品粒度均匀的特点，但板锤和反击板极易磨损，随着高效耐磨材料的出现，在一些金属选矿厂中使用，效果较好。反击式碎矿机按其转子的数目可分为单转子和双转子两种，而双转子碎矿机又可分为两转子同向转动和两转子异向转动两种。

碎矿机的生产能力可参照已投入生产的同类型设备来确定，或用经验公式概算。开路碎矿时，旋回、颚式、标准、中型及短头等碎矿机的生产能力可按公式 $Q = K_1K_2K_3K_4Q_s$ 进行计算；在闭路时，按公式 $Q_c = K_cQ_sK_1K_2K_3K_4$ 计算；光面对辊碎矿机生产能力按公式 $Q = 60\pi uDnLe\delta_0$ 计算；反击式碎矿机生产能力按公式 $Q = 60KC(h + a)bDn\delta_0$ 计算。影响碎矿机工作指标的因素有矿石的物理性质、碎矿机的工作参数和操作条件。其中，矿石的物理性质包括矿石的硬度、密度、解理和物料的湿度、粒度组成；碎矿机的工作参数包括碎矿机的啮角、碎矿机的转速、平行带的长度、碎矿机的给矿口和排矿口；操作条件是力求给矿均匀，使碎矿机在大破碎比、高负荷系数的情况下工作。

复习思考题

5-1 颚式碎矿机有哪几种类型？并说明它们的主要区别。

5-2 简述简摆型颚式碎矿机的构造，并说明各主要零部件的作用。

5-3 用简单构件图表示复摆型颚式碎矿机的构造特点。

5-4 液压颚式碎矿机与一般简摆型颚式碎矿机有何不同，试说明之。

5-5 分析简摆型与复摆型颚式碎矿机的工作原理及使用性能。

5-6 简述圆锥碎矿机的分类及其工作原理。

5-7 对照构造图说明旋回碎矿机的构造及各主要零部件的作用。

5-8 液压旋回碎矿机与一般旋回碎矿机的构造有何不同，有哪些方面的改进？

5-9 试述液压旋回碎矿机的液压保险与调节排矿口的原理。

5-10 中、细碎圆锥碎矿机与旋回碎矿机构造有何不同，如何区别标准型、中间型以及短头型圆锥碎矿机？

5-11 对照构造图说明弹簧型圆锥碎矿机的构造及主要零部件的作用。

5-12 单缸液压圆锥碎矿机与弹簧型圆锥碎矿机在构造上有何不同？

5-13 试说明单缸液压圆锥碎矿机调节排矿口与保险的工作原理。

5-14 旋回碎矿机与颚式碎矿机比较，有何优缺点，如何正确选用粗碎设备？

5-15 参照构造图说明光面对辊碎矿机的构造。

5-16 简述对辊碎矿机的工作原理及使用性能？

5-17 简述单转子反击式碎矿机的构造和碎矿过程。

5-18 说明反击式碎矿机的工作原理及优缺点。

5-19 各种碎矿机的规格如何表示，并用表格列出它们的适用范围。

5-20 说明颚式、旋回及中、细碎圆锥碎矿机生产能力的计算公式及各个系数意义。

5-21 影响碎矿机工作指标的因素有哪几方面，并分析是如何影响的？

5-22 什么叫啮角，啮角的大小如何确定？

5-23 如何确定碎矿机的合适工作转速？

6　磨矿设备与磨矿理论

6.1　概述

磨矿作业广泛应用于冶金、建材、煤炭、化工、陶瓷、医药等工业部门。球磨机、棒磨机和管磨机是这些部门中最重要的设备之一。这类磨碎机的主要机件都是一个缓慢旋转的筒体，里面装有大量的磨碎介质，由于其转速较慢，也可称为慢速磨碎机。这类磨碎机的质量大，造价高，功耗多，操作费用昂贵，对于企业的投资、产品的质量以及操作运转的经济合理性，有很大的影响。

在选矿厂中，除少数有用矿物已单体解离的砂矿和部分高品位富矿不需要磨碎外，几乎所有的金属矿石都是细粒嵌布的，需要经过磨碎使矿石中各种有用矿物获得较理想的单体解离度，才能顺利地进行选别。选矿指标(指精矿品位和金属回收率)在很大程度上取决于磨碎作业的操作。例如磨碎产品细度不够，各有用矿物之间未能达到充分单体分离，选矿指标固然不会好。但是，如果磨碎的粒度过细，产生过粉碎的微粒太多，也会使选矿指标下降。磨碎产品的合适粒度，取决于选矿方法，有用矿物的嵌布粒度以及用户对产品的要求等条件，往往需要通过试验方法确定。

磨矿作业的动力消耗和金属消耗很大。在选矿厂，电耗大约为 6～30 kW·h/t，约占整个选矿厂电能消耗的 30%～75%，有些厂高达 85%；在水泥厂的电耗更高，可达 50～60 kW·h/t，占水泥厂总耗电量的 50%以上。磨矿机衬板和磨矿介质(钢球、钢棒)的消耗达 0.4～3.0 kg/t。磨矿作业的运转费用(包括能耗和钢耗)，占整个选矿厂生产费用的 40%～60%，磨矿的设备费用占 60%左右。因此，从生产的重要性和经济效益来看，研究改进磨矿方法和工艺、研制新设备和新型耐磨材料对降低选矿成本和提高选别指标有重大现实意义。

矿石的磨碎通常是在磨矿机中进行的。磨矿机的种类很多，但在金属矿山一般采用球磨机和棒磨机。磨矿机可根据磨矿介质、筒体形状和排矿方式进行分类，一般分类如表 6-1 所示。

表 6-1　磨矿机分类

类　型	磨矿介质	筒体形状	筒体长度与筒体直径的关系	排矿方式
球磨机	金属球 (钢球或铁球)	短筒形	$L \leqslant D$	溢流排矿 格子排矿
		长筒形	$L=(1.5\sim3)D$	溢流排矿 格子排矿
		管　形	$L=(3\sim6)D$	溢流排矿 格子排矿
		锥　形	$L=(0.25\sim1)D$	溢流排矿
棒磨机	金属棒	筒　形	$L=(1.5\sim3)D$	溢流排矿 周边排矿
无介质磨矿机	不装磨矿介质或加不多于 8%的钢球	短筒形	$L=(0.3\sim0.14)D$	格子排矿 风力排矿

磨矿机的规格以筒体内径 D 和筒体长度 L 表示。

6.2 球磨机

球磨机按照排矿方式不同而分为格子型球磨机和溢流型球磨机，是目前选矿厂采用最普遍的磨矿机。锥形球磨机因其生产率低、衬板类型多和检修困难而被淘汰，只在个别旧选矿厂仍有沿用。

6.2.1 溢流型球磨机

溢流型球磨机的构造如图 6-1 所示。主要由筒体、端盖、主轴承、中空轴颈、传动齿轮和给矿器等部分组成。

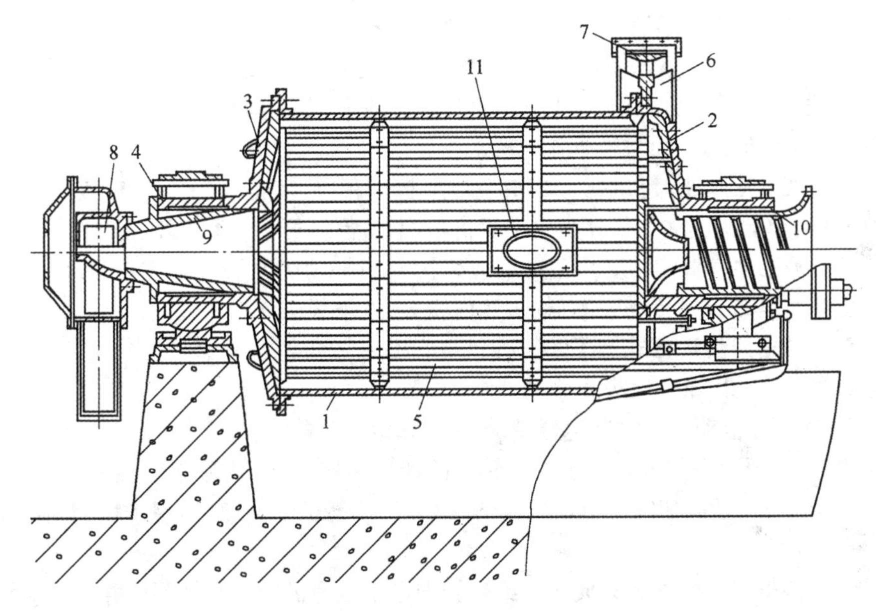

图 6-1 溢流式圆筒形球磨机

1—圆筒；2，3—端盖；4—主轴承；5—衬板；6—小齿轮；7—大齿圈；
8—给矿器；9—锥形衬套；10—轴承衬套；11—检修孔

筒体 1 用厚约 15～36 mm 的钢板焊接而成，在筒体的两端焊有铸钢制的法兰盘，用螺栓将端盖 2 和 3 与法兰盘连接在一起，二者须精密加工和配合，因为承载磨矿机质量的中空轴颈焊在端盖上。在筒体上开有 1～2 个人孔，供检修和更换衬板用。筒体和端盖内部敷设有衬板 5。

端盖上的中空轴颈支承在主轴承 4 上。主轴承最常用的是滑动轴承，其直径很大，但长度很短。轴瓦用巴氏合金浇铸，与一般滑动轴承不同之处在于仅仅下半部有轴瓦。整个轴承除轴瓦用巴氏合金浇铸外，其余用铸铁制成。由于球磨机的跨度和载荷很大，将发生一定程度的挠曲，而且制造和装配的误差也难以保证准确的同心度，因此主轴承制成自动调心滑动轴承，为防止轴瓦转位过大而从轴承座中滑出，在轴承座与轴瓦的球面中央放一圆柱销钉。

主轴承是球磨机的一个关键部件，必须充分重视其润滑，一般采用稀油集中循环润滑，油流经泵分四路压入主轴承和传动轴承中，然后排到轴承底部的排油管道，再流回油箱。对中、小型球磨机，则有采用油环自动润滑、油杯滴油润滑或者采用固体润滑剂等方式。有的选矿厂设置有断油自动报警装置，以保证润滑的可靠性。

球磨机通过两端的中空轴支承在主轴承上，两个中空轴颈中，有一个可以在主轴承上轴向伸缩，另一个是固定的。由于球磨机的齿轮传动会产生向力，在设计时使一个中空轴颈带有两个凸肩，凸肩之间的距离恰好等于轴瓦的长度，从而防止发生轴向运动。另一个中空轴颈不带凸肩，其长度大于轴瓦长度约 5～25 mm，当筒体受热而伸长或由于载荷使筒体挠曲时，可以在一定范围内自由伸缩。一般选择靠近传动齿圈的轴颈为固定的中空轴颈。中空轴颈内装有锥形衬套 9 和轴承衬套 10，中空轴颈与内套之间配合要求严密，并加以必要的密封。为了使球磨机内矿浆面有一定的倾斜度，排料端中空轴颈的内直径稍大于给料端中空轴颈的内径。中空轴颈的内表面可以是平滑的表面或带有螺旋叶片，给矿端中空轴颈内的顺向螺旋叶片用以运输物料；排料端中空轴颈内的反向螺旋叶片可使粗粒物料返回和防止小球跑出。

传动大齿圈 7 固定于排矿端的筒体上，与小齿轮 6 啮合，电动机通过小齿轮和大齿圈将筒体带动。球磨机的传动方式根据磨机规格不同有如下几种：

(1) 同步电动机传动。大型球磨机采用低速同步电动机直接带动球磨机的小齿轮，小齿轮再带动大齿圈使球磨机转动。优点是传动效率高、占地面积小、维修方便和改善电网的功率因数，但同步电动机售价较高，而且需直流电源。

(2) 异步电机齿轮减速器传动。大、中型球磨机采用异步电机传动，齿轮减速器带动小齿轮、大齿圈而驱动球磨机。优点是异步电动机价格便宜，但多用了一套大型减速器。

(3) 异步电机三角皮带传动。小型球磨机采用异步电动机通过三角皮带带动小齿轮，大齿圈而驱动球磨机。其缺点是传动效率低，占地面积大，维修复杂。

国外生产的球磨机传动方式有下述三种：

(1) 电动机通过小齿轮和大齿圈传动。

(2) 中心传动，即电动机通过减速器带动中空轴颈的延长部分。

(3) 电动机的转子直接装在筒体或中空轴颈的延长部分上，定子固定于地基上，构成所谓“无齿轮传动”。此时，采用超低速同步电动机，其转速等于球磨机的转速，适用于传动功率 7500 kW 以上。

球磨机的给料是由给矿器 8 完成的。给矿器固定于球磨机的中空轴颈上并随中空轴颈一起转动。常用的给矿器有鼓形、蜗形和联合给矿器三种。

鼓式给矿器如图 6-2 所示，只用于给料位置高于球磨机轴线的场合。它一般用于开路磨矿，将破碎产品送入球磨机进行磨碎。它由筒体 1、盖子 2 和带有扇形孔的隔板 3 组成，三者用螺钉固定联接。筒体由铸铁制成，或用钢板焊接，在内部有螺旋形隔板。盖子 2 是截锥形短筒，左方为进料孔。当物料由此给入后，经过隔板的扇形孔进入筒体，由筒体内部的螺旋形举板将物料举起，自右方送入球磨机的中空轴颈内。这种给料器的给料粒度可达 70 mm。

蜗式给矿器是一个螺旋形的勺子如图 6-3 所示，在随同球磨机一起转动时，从下面的矿槽中将矿石舀入勺内，由于勺子 1 的螺旋形状，转动时使物料沿勺子内壁逐渐向勺底滑动。勺底处的侧壁上有一个圆孔，恰与球磨机的中空轴颈的孔对齐，矿石经侧壁孔和中空轴颈进入球磨机内。给矿器的外壳由钢板焊成，内部镶有衬板。在勺子末端装有可更换的勺头 2，勺头由高锰钢或合金铸铁制成。蜗式给矿器有单勺、双勺等形式，用于两段磨矿的第二段。它能将返砂从低于球磨机轴线的位置舀起来并提升送入球磨机。

联合给矿器是鼓式给矿器和蜗式给矿器联合起来的给矿器，如图 6-4 所示，筒体 1 和盖子 4 与鼓式给矿器相似，而勺子 2 和勺头 3 又与蜗式给矿器相似。粗粒给料可通过盖子 4 的孔直接由螺旋形隔板提升后进入中空轴颈，在返砂槽中的返砂由勺子舀起后经筒体内的螺旋形隔板送入中空轴颈。联合给矿器适用于闭路磨矿流程。

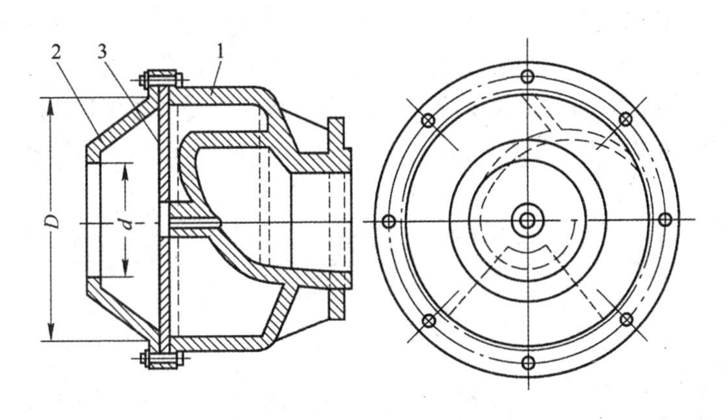

图 6-2 鼓式给矿器

1—给矿的筒体;2—盖子;3—带扇形孔的隔板

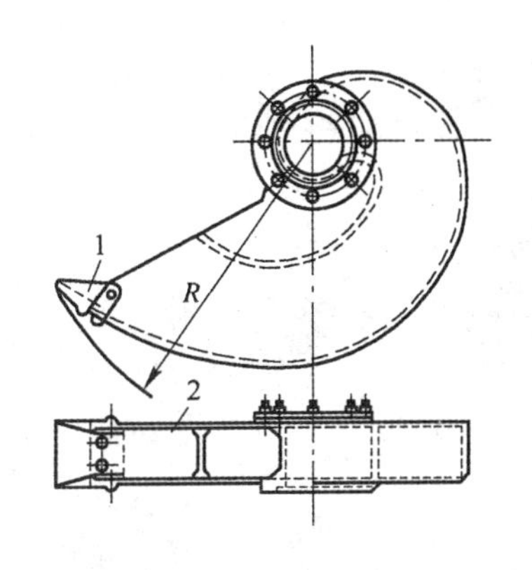

图 6-3 螺旋给矿器

1—筒体;2—勺嘴

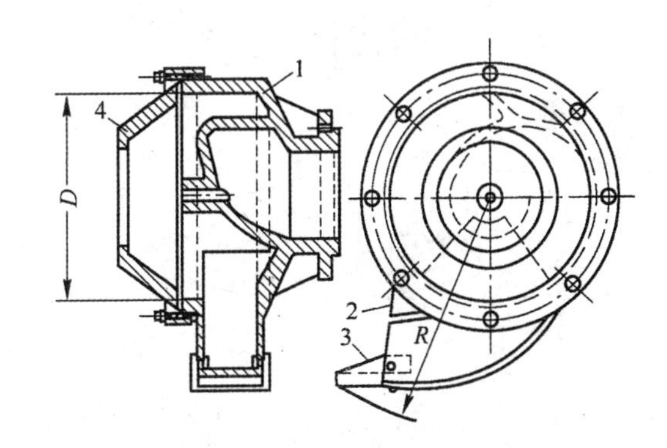

图 6-4 联合给矿器

1—筒体;2—勺子;3—勺头;4—盖子

球磨机的筒体、端盖、中空轴颈等处都敷有衬板。筒体衬板除保护筒体外,还对磨矿介质的运动规律和磨矿效率有影响,当衬板较平滑时,对磨矿介质的提升作用较弱,冲击作用较小,而研磨作用较强。衬板还要求耐磨损。由于介质和矿浆的冲击、研磨和冲刷腐蚀造成了衬板的磨损,除了衬板的材质和形状外,磨损还与给矿粒度、矿石可磨性、钢球大小、筒体直径、球磨机的转速以及矿浆的腐蚀性等因素有关。

衬板的材质有高锰钢、高铬(白口)铸铁、橡胶等。中锰球墨铸铁(含 Mn7%~9%,Si3.4%~4%,C3.2%~3.6%)的寿命不低于高锰钢,但成本低得多。衬板厚度一般为 50~130 mm,与筒壳之间有 10~14 mm 的间隙,用胶合板、石棉垫、塑料板或橡胶铺在其中,用来缓冲钢球对筒体的冲击。衬板用螺栓固定在筒体上,螺帽下面有橡胶环和金属垫圈,以防止矿浆漏出。

衬板的形状多种多样,如图 6-5 所示。按其表面形状可分为平滑和不平滑两类。不平滑衬板可使磨矿介质提升到较高的高度再落下,并且对钢球和矿石有较强的搅动,因而适用于粗磨。平滑衬板由于钢球与衬板之间的相对滑动较大,因而产生较多的研磨作用而适用于细磨。

图 6-5 中,a、b、c 和 g 是直接用螺栓固定在筒体上的单块衬板;d、e 是用钢楔条螺栓固定在筒体上的衬板,后两者的优点是易于安装;长条形衬板 f 不用螺栓,而是靠端盖衬板的挤压固定的。

端盖衬板是用与筒体衬板相同的材料制成,通常制成扇形,以便安装在端盖内表面上。

图 6-5 中,h、i 是橡胶衬板,橡胶衬板的形状一般由橡胶压条和平衬板两部分组成。球磨机

常用的橡胶压条有方形(粗磨型 i)、标准型和K型(细磨型 h)。方形压条对磨矿介质的推举力较强,平衬板部分较厚,以产生冲击作用,适用于粗磨。当磨矿粒度很细时,应采用K型压条,由于其前端是圆弧形,比较光滑,对磨矿介质的推举力减弱,磨矿介质的抛落和冲击作用较小,但在磨矿介质随筒体向上运动的瞬间,磨矿介质压力增加,适用于细磨,产生较多的新生的表面积。

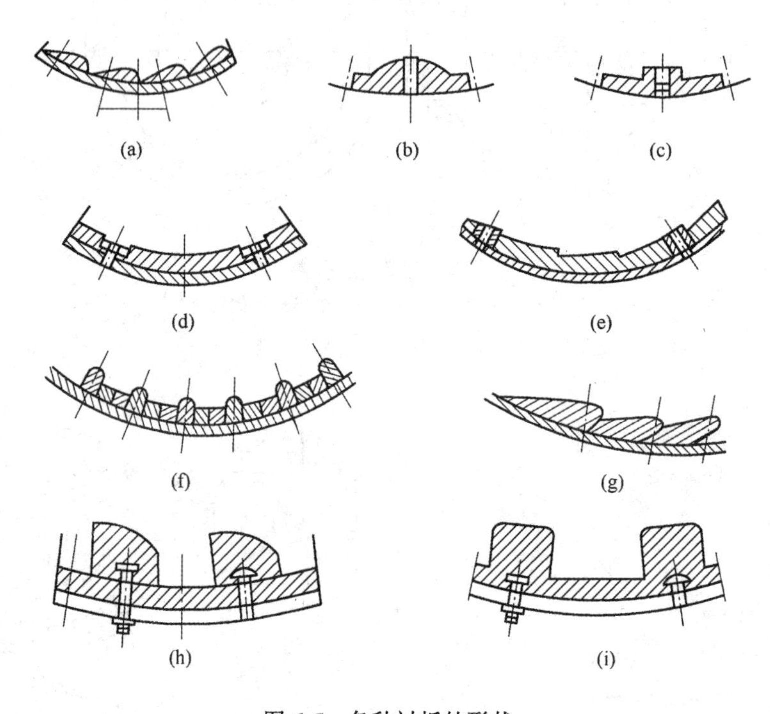

图 6-5 各种衬板的形状

当电动机通过小齿轮和大齿轮将筒体带动时,物料经给料器通过中空轴颈从左端给入筒体。筒体内装有一定质量的钢球作为磨矿介质。物料受到钢球的作用而磨碎,然后经排矿端的中空轴颈排出机外。由于磨碎产品经中空轴颈溢流排出,故这种球磨机称为溢流型球磨机,是一种广泛应用的球磨机。

6.2.2 格子型球磨机

格子型球磨机的构造如图 6-6 所示。除排矿端安装有排矿格子板外,其他都和溢流型球磨机相似。格子型球磨机的排矿端盖及格子板构造如图 6-7 所示。

在排矿端的带有中空轴颈的端盖内,装有轴承内套和排矿格子。排矿格子由中心衬板、格子衬板和簸箕形衬板等组成。在端盖的内壁上铸有八根放射状的筋条,将端盖分成八个扇形室,在每个扇形室内安装簸箕形衬板,并用螺钉固定在端盖上,然后将格子板安装在由簸箕衬板所形成的每个扇形室上。格子衬板有两种结构形式:一种是由两块合成一组,由楔铁压紧,楔铁则用螺钉穿过筋条固紧在端盖上,中心部分用中心衬板止口托住,以免它们倾斜和脱落;另一种是把两块合成一块,直接用螺钉固定。中心衬板是星形的,它由两块组成,用螺钉固定在筋条上。

格子衬板上的孔是倾斜排列的,孔的宽度向排矿端逐渐扩大,可以防止矿浆倒流和粗粒堵塞。矿浆在排矿端下部通过格子衬板上的孔隙流入扇形室,然后随筒体转到上部并沿孔道排出。中空轴颈内镶有耐磨内套,且一端制成喇叭形叶片,以便于引导矿浆顺叶片流出磨机。由于这种磨矿机矿浆是通过格子板排矿装置排出,因此称为格子型球磨机。

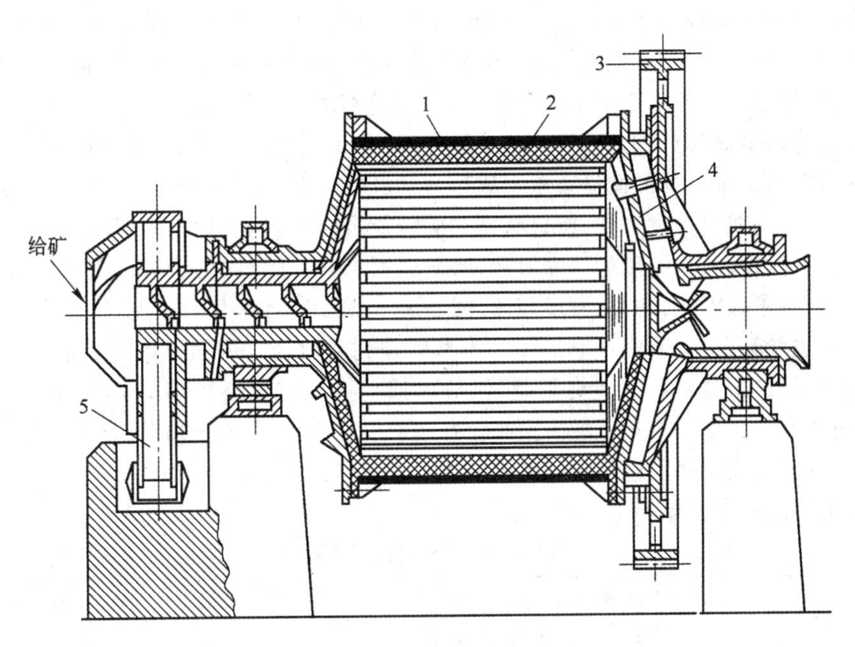

图 6-6 格子型球磨机

1—筒体;2—筒体衬板;3—大齿环;4—排矿格子;5—给矿器

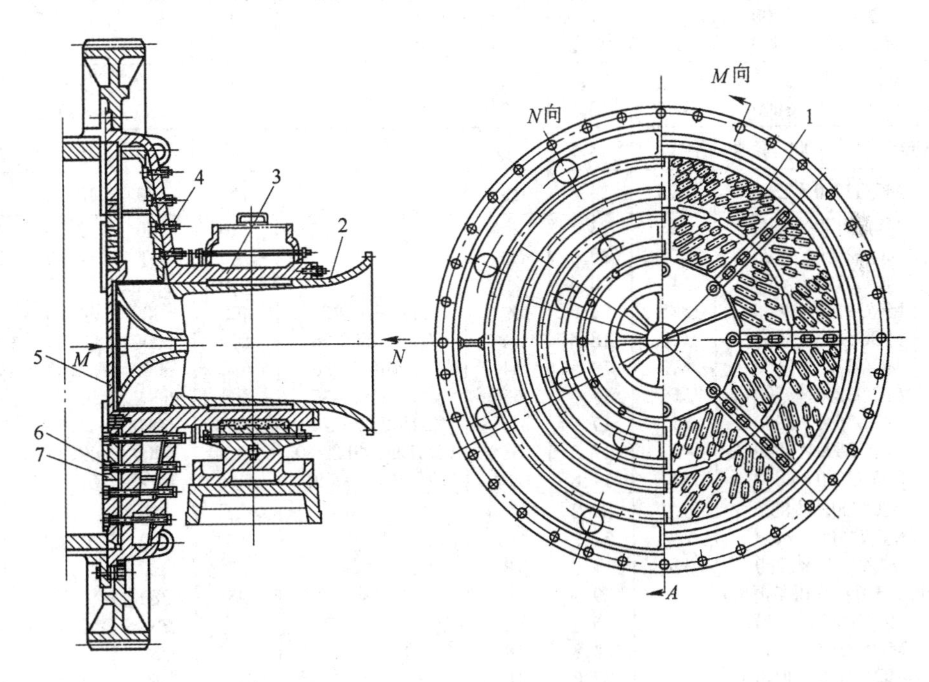

图 6-7 球磨机排矿端盖和格子板

1—格子衬板;2—轴承内套;3—中空轴颈;4—簸箕形衬板;5—中心衬板;6—筋条;7—楔铁

6.2.3 格子型球磨机与溢流型球磨机的性能和用途比较

溢流型球磨机的磨碎产物是经排矿中空轴颈自由溢出。为此,筒体内矿浆的水平必须高于排矿轴颈最低母线的水平,故有时又称为高矿浆液面磨矿机。排料不如格子型球磨顺畅,有时造成已达到磨矿细度的矿粒不能及时排出而继续遭到钢球的冲击、研磨作用，导致磨矿机生产率不高和产品出现“过粉碎”现象。但溢流型球磨机的构造简单，操作维护方便，而且产品较细，常用于细磨矿，即磨矿细度小于0.2 mm的情况或者两段连续磨矿的第二段。

格子型球磨机的磨碎产物是由排矿格子板排出，具有强迫排矿作用，排矿速度快，排矿端的矿浆面水平低于排矿轴颈的最低母线水平故称为低水平排矿。磨机内从给料端到排料端矿浆面有高差，矿浆通过磨机的速度加快，使已磨细的矿粒能及时排出。因此，密度较大的矿物不致在球磨机内集中，“过粉碎”比溢流型球磨机轻，磨矿速度加快。同时，由于格子型球磨机内储存的矿浆较少，且有格子板阻拦，因此，可多装球，便于装小球。当钢球落下时，受矿浆阻力使打击效果减弱的作用也较轻，这些原因使它的生产率和效率比溢流型球磨机高（大约高10%～25%），产品粒度粗，不易产生过粉碎。但格子型球磨机构造复杂，质量较大，功率消耗大，由于生产率高，故按单位电耗的比生产率仍比溢流型高。在选矿厂广泛采用格子型球磨机进行粗磨矿（产品粒度大于0.2 mm），或者两段连续磨矿的第一段。

国产球磨机的技术性能列于表6-2。

表6-2　磨矿机的技术性能

类型	规格型号	有效容积/m^3	筒体转速/$r \cdot min^{-1}$	最大装球（棒）量/t	传动电动机			最大部件质量/t	质量/t
					型　号	功率/kW	电压/V		
湿式格子型球磨机	MQG900×900	0.45	39.2	0.96		17	380	1	4.62
	MQG900×1800	0.9	39.2	1.92		22	380	2.04	5.7
	MQG1200×1200	1.1	31.33	2.40		30	380	2.277	11.9
	MQG1200×2400	2.2	31.33	4.80		55	380	4.238	14.10
	MQG1500×1500	2.2	29.2	5		60	380	3.626	15.00
	MQG1500×3000	4.4	18.5	10		95	380	6.918	18.00
	MQG1500×3000（低速）	4.4	18.5	10		95	380	6.918	18.00
	MQG2100×2200	6.5	23.8	15		155	380	10.23	43.15
	MQG2100×3000	9	23.8	20		210	380	13.77	45.47
	MQG2700×2100	10.4	20.6	23		240	3000	14.90	61.00
	MQG2700×2700	14	20.6	29		310	3000	18.70	64.00
	MQG2700×3600	18.5	20.6	39	TDMK400-32	400	6000	24.70	69.00
	MQG3200×3000	21.8	18.5	46	TDMK500-36	500	6000	27.0	108.00
	MQG3200×3600	26.2	18.5	54	TDMK630-36	630	6000	32.00	139.50
	MQG3200×4500	31	18.6	65	TDMK800-36	800	6000	52.44	136.0
	MQG3600×3900	36	17.5	75	TM1000-36/240	1000	6000	42.7	145.0
	MQG3600×4500	41	17.3	87	TM1250-40/3250	1250	6000	49.3	152.0
	MQG3600×6000	57	17.8	120	TDMK1600-40	1600	6000	63.5	189.0
湿式溢流型球磨机	MQY900×1800	0.9	39.2	1.66		22	380	2.04	5.8
	MQY1200×2400	2.2	31.23	4.8		55	380	4.238	12.24
	MQY1500×2000	3.4		8		95	380		16.28
	MQY1500×3000（带泥勺）	5	29.2	9		95	380	6.918	17.18
	MQY1500×3000	5	26	8		95	380	6.6	16.25
	MQY2100×2900	6	23.8	18		210	380		43.0
	MQY2100×3000	9	23.8	18		210	380	13.77	43.78
	MQY2100×4500	13.5	23.8	18		210	380	20.96	55.53
	MQY2700×2100	10.4	21.8	24		280	6000	18.59	63.85
	MQY2700×3600	18.5	20.6	35	TDMK400-32	400	6000	24.70	69.0
	MQY2700×4000	20.6	20.6		TDMK400-32	400	6000	28.90	71.1
	MQY3200×4500	32.8	18.5	61	TDMK630-36	630	6000	39.50	115.0
	MQY3200×5400	39.3	18.5	77	TDMK800-36	800	6000	47.30	119.0
	MQY3600×4500	41	17.5	76	TM1000-36/2600	1000	6000	49.30	153.0
	MQY3600×6000	55	17.3	102	TM1250-40/3250	1250	6000	67.50	154.0

续表 6-2

类型	规格型号	有效容积/m^3	筒体转速/$r \cdot min^{-1}$	最大装球(棒)量/t	传动电动机			最大部件质量/t	质量/t
					型　号	功率/kW	电压/V		
溢流型棒磨机	φ900×1800	0.9	35.4	2.5		22	380	2.04	5.37
	φ900×2400	1.2	35.4	3.55		30	380	2.55	5.88
	φ1500×3000	5	26	8		95	380	6.92	18
	φ1500×3000(中间排矿)	4.4	26	13		95	380	7.36	17.29
	φ2100×3000	9	20.9	25		210	380	13.77	42.18
	φ2100×3000(中间排矿)	9	20.9	25		210	380	17.5	57
	φ2700×3600	18.5	18	46	TDMK400-32	400	6000	24.7	68
	φ2700×4000	20.6	18	46	TDMK400-32	400	6000	28.9	73.3
	φ3200×4500	32.8	16	82	TDMK630-36	630	6000	39.5	108
	φ3600×4500	43	14.7	110	TDMK1250-40	1250	6000	46.84	159.9
	φ3600×5400	50	15.1	124	TDMK1000-36/2600	1000	6000	60.7	150
干式球磨机	φ900×900	0.9	39.2	0.96		17	380	1.0	4.6
	φ900×1800	0.9	39.2	1.92		22	380	2.04	5.7
	φ1200×1200	1.1	31.33	2.4		30	380	2.27	10.5
	φ1200×2400	2.2	31.33	4.8		55	380	4.24	13.2
	φ1500×1500	2.2	29.2	4		60	380	3.6	13.48
	φ1500×3000	4.4	29.2	8		95	380	6.9	18
	φ1500×3000(双仓)		29.2			95	380	7.4	17.44
	φ2700×1450(周边排矿)	7.4	21.33	3		55	380	14.24	22.56
	φ2200×4400(风扫磨)		22.63	18.5		245	380	28.3	45.92
湿式自磨机	φ4000×1400	16	17			245	380	43.43	63.94
	φ5500×1800	41	15		TDMK800-36	800	6000	110.88	159.5
	φ7500×2500	102	12		TM2500-16/2150	2500	6000	258	456.82
	φ7500×2800	115	12		TM2500-16/2150	2500	6000	265	463.82
干式自磨机	φ4000×1400	16	18			240	6000	51.66	81.49

注:M—磨矿机;Q—球磨机;G—格子型;Y—溢流型。

6.3 棒磨机

棒磨机的构造与溢流型球磨机大致相同,但有三点区别:(1)棒磨机常用直径为 50～100 mm 的钢棒作磨矿介质,而球磨机用钢球作磨矿介质。钢棒长度比筒体短 25～50 mm,常采用含碳 0.8%～1%的高碳钢制造;棒的装入量大约为棒磨机有效容积的 35%～45%,用肉眼观察时,棒的水平面在筒体中心线以下约 100～200 mm。(2)棒磨机筒体长度与直径之比一般为 1.5～2.0,而且端盖上的衬板内表面应是垂直平面。其目的是为了防止和减少钢棒在筒体内产生混乱运动,弯曲和折断,保证钢棒有规律性地运动。球磨机的筒体长度与直径的比值较小,多数情况下比值仅略大于 1。(3)棒磨机不用格子板排矿,而采用溢流型、开口型排矿;排矿端中空轴颈直径比同规格球磨机一般要大。棒磨机筒体转速应低于同规格球磨机的工作转速,使其内的介质处于泻落式状态工作。

棒磨机的衬板多采用波形、阶梯形或楔形。按照排矿方式不同,棒磨机可分为中心排矿式(溢流型)和周边排矿式(开口型)。前者应用广泛,后者已停止制造。图 6-8 为溢流型棒磨机的结构图。由图可见,排矿端中空轴颈的直径比同规格的溢流型球磨机大得多,这是为了降低矿浆水平和加速矿浆通过棒磨机速度。大型棒磨机的排矿口可达 1200 mm。

棒磨机是依靠棒的压力和磨剥力磨碎矿石的。当棒打击矿石时,首先是打碎粗粒,然后才磨碎较小的矿粒;棒与棒之间是线接触,而球和球之间是点接触,因此,当棒沿筒壁转动上升时,其

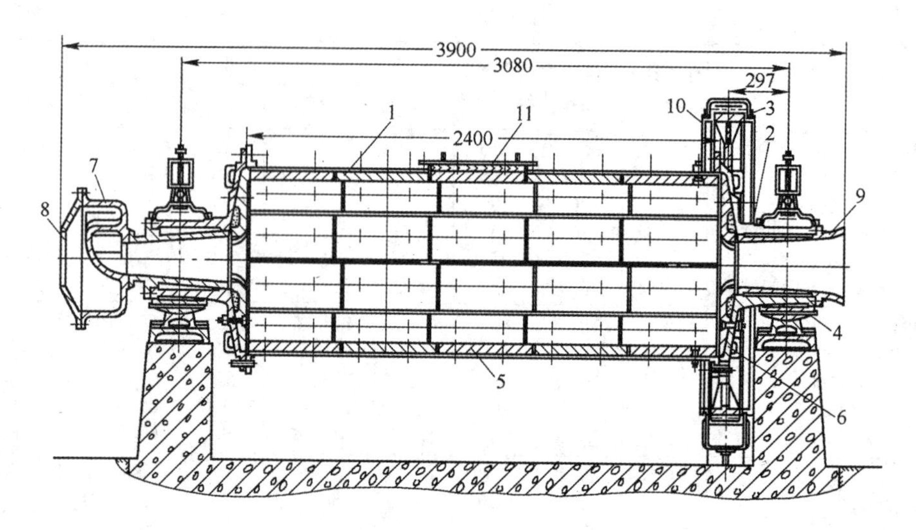

图 6-8　溢流型棒磨机结构图

1—筒体；2—端盖；3—传动齿轮；4—主轴承；5—筒体衬板；6—端盖衬板；
7—给矿器；8—给矿口；9—排矿口；10—法兰盘；11—检修孔

间夹着粗粒，类似棒条筛作用，让细粒从棒缝间通过，这也有利于夹碎粗粒和使粗粒集中在磨矿介质打击的地方。因此，棒磨机有选择性磨矿作用，产品粒度较均匀，过粉碎较少。

棒磨机的用途大致有三种：(1)钨锡矿和其他稀有金属矿的重选或磁选厂，为了防止“过粉碎”引起的危害，常采用棒磨。(2)当采用两段连续磨矿时，如果第一段是从 20～6 mm 磨至 3～1 mm，采用棒磨机作第一段磨矿设备时，生产能力较大，效率也较高。(3)在某些情况下可以代替短头圆锥破碎机作细碎。

国产棒磨机的技术性能列于表 6-2。

6.4　自磨机和砾磨机

磨矿机中不加磨矿介质，而靠矿石本身的冲击和磨剥作用达到磨碎矿石的目的，这种磨矿称为无介质磨矿（或称自磨）；无介质磨矿已有 80 多年的应用历史。我国自 1970 年首台自磨机投产成功以来，至今已装配大小自磨机 100 多台，取得了丰富的实践经验。目前，自磨技术不仅应用在黑色金属矿，而且已普及到有色、稀有金属矿选厂以及水泥、化工、磨料和耐火材料等部门。

自磨机有干式（气落式）和湿式（瀑落式）两种。多年来的生产实践证明，湿式自磨有明显的优势。目前，只有极少数干旱缺水地区仍有采用干式自磨的。

砾磨机系以砾石作为磨矿介质，砾石一般取自磨矿前某一适当粒级的破碎产物，也可用前段自磨机排出的“顽石”或采用卵石，故可以节省钢耗，产品粒度较粗而过粉碎现象少。

6.4.1　干式自磨机

干式自磨机如图 6-9 所示。主要由给矿漏斗、筒体、排矿漏斗及传动装置、润滑装置等组成。

干式自磨机与球磨机比较其结构特点如下：

(1) 筒体的径长比大，筒体短，通常筒体直径为其长度的三倍左右。自磨机是依靠矿石本身的相互冲击达到粉碎矿石的目的。由于矿石密度较金属介质轻，其冲击、磨剥的力量也较小，因此必须把自磨机直径设计得大一些，目前国内采用的自磨机的直径最大达 $\phi 7.5$ m，国外自磨机

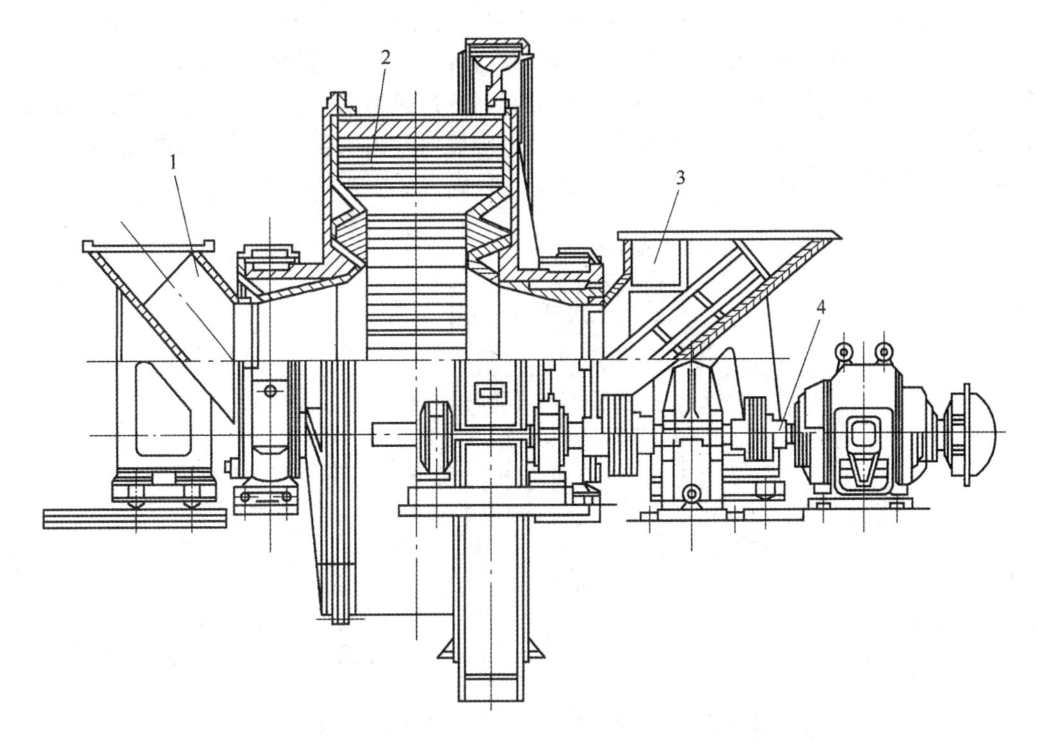

图 6-9 ϕ4000×1400 干式自磨机结构示意图

1—给矿漏斗;2—筒体;3—排矿漏斗;4—传动装置

的最大直径达 16 m,且实践证明,自磨机以 8 m 直径为分界点,直径越大投资越省。

筒体短是为了防止筒体内矿石产生偏析现象。所谓偏析,就是大块矿石集中在一端,小块矿石集中在另一端。偏析现象对自磨影响极大,明显的降低磨矿效果,筒体短可促使大小块矿石互相掺和,大块矿石就能充分发挥它的冲击粉碎能力,从而提高自磨机的磨矿效率。

(2) 筒体两端的中空轴的直径大长度短。直径大是因为给矿块度大,通常中空轴内径为最大给矿粒度的两倍左右,约为磨机内径的 0.2~0.3 倍。长度短是为了便于加快给排矿的流动速度。

(3) 干式自磨机的衬板不同于球磨机的衬板。干式自磨机的筒体衬板有两种:条形衬板和丁字形提升衬板。丁字形提升衬板具有一定的高度和安装间距,它的主要作用是在筒体转动时将矿石提升到一定高度而抛落,从而使被粉碎物料获得足够的、比球磨机大得多的能量产生冲击作用,使大块物料被粉碎。提升衬板的高度和间距对物料的运动轨迹有很大的影响。试验表明,提升高度在一定范围内(127 mm)时,随着提升板高度的增加,磨矿机生产率逐渐增加而功率消耗明显下降。合适高度的提升板与无提升板的情况相比,两者的功耗相差将近一倍。

自磨机的两个端盖上安装扇形衬板和波峰衬板。波峰衬板安装成两圈环状,其断面为三角形,由于波峰衬板两峰相对,矿块碰到后发生往返弹跳,从而混匀矿石,避免偏析现象的产生,以提高磨矿效果。波峰衬板在筒体下部对矿石有锁紧作用,使其压实,可增加矿石的提升高度;在筒体上部矿石离开筒壁抛落时,压力消失,使矿石处于张力状态,这种一压一张的作用,使矿石易于碎裂。

6.4.2 湿式自磨机

湿式自磨机如图 6-10 所示,与干式自磨机相似。所不同的是端盖为锥形,锥角为 150°。端盖上只有一圈波峰衬板;筒体内周边上的提升衬板也不是平的,而是由两侧向中心倾斜,倾角约为5°，这样筒体中部的有效内直径最大，有利于防止矿石在筒体内产生偏析现象。在排矿端盖上装有与格子型球磨机类似的格子板，以控制排矿；在排矿端中空轴颈内同心安装着一圆筒筛，圆筒筛内又同心安装着带螺旋内套的自返装置，圆筒筛靠排矿端有一挡环。由格子板的格孔流出的矿浆经圆筒筛过筛后，筛上的粗粒级由挡环挡至螺旋内套内由自返装置返入磨机再磨。筛下产物排至圆筒筛与中空轴颈内套构成的空间被排出，成为合格磨矿产物。

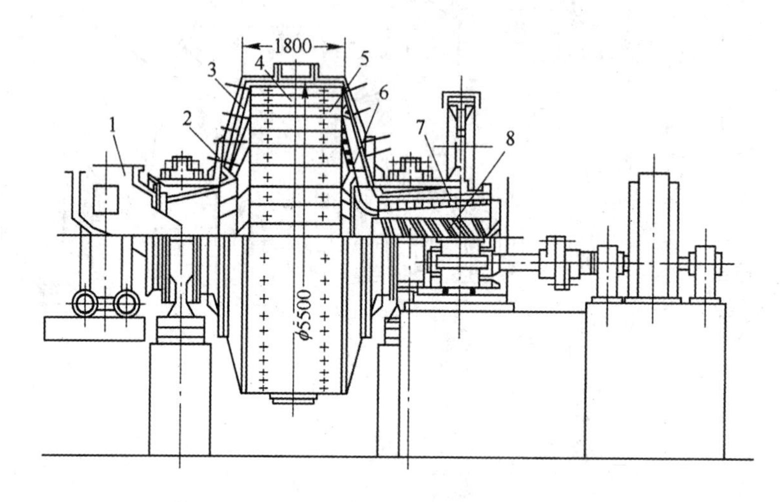

图 6-10　ϕ5500×1800 湿式自磨机结构示意图

1—给矿小车；2—波峰衬板；3—端盖衬板；4—筒体衬板；5—提升衬板；6—格子板；7—圆筒筛；8—自返装置

湿式自磨机的衬板，各国采用的材质不一。国内多用高锰钢；国外有的采用高锰钢，有的采用硬镍钢、铬钼钢；还有采用橡胶衬板。而且认为采用橡胶衬板较合适。理由是：(1)由于筒体内载荷的容重较钢球载荷的容重低，散载荷内部及载荷对筒壁的压力也较小，尤其是当给料粒度小于300 mm时，橡胶衬板尤为适用。(2)自磨机以研磨作用为主，约占全部磨碎作用的50%～80%，这种工作状态适于采用橡胶衬板。

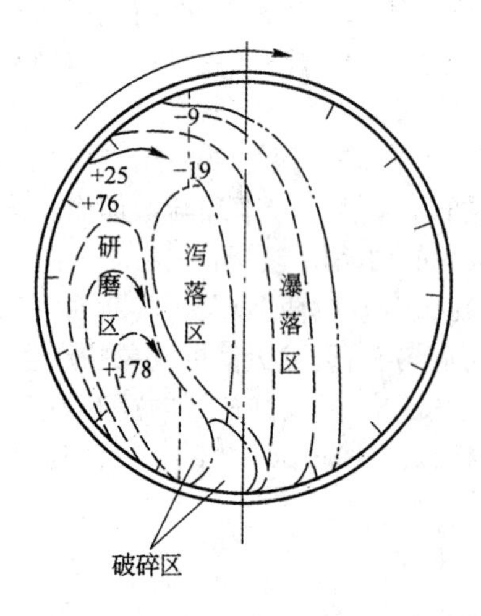

图 6-11　自磨机中矿石运动轨迹

6.4.3　自磨机的工作原理

干式自磨与湿式自磨虽然有所区别，但工作原理基本相似。它们都要求稳定的给矿量(充填率一定)和大小矿块间保持一定的比例(配比)。随着筒体的旋转，大小矿块被提升到一定的高度，然后抛落下来产生冲击研磨作用使矿石被磨碎。大块矿石一方面起着钢球的作用，对较小矿石产生冲击和研磨，同时大块矿石本身也被磨碎。

图6-11表示矿石在自磨机中的运动轨迹。在筒体的径向方向上，大块矿石处于旋转的内层(靠近磨机中心)，泻落运动较多，形成泻落区和研磨区，它的循环周期短，很快地下落至筒体下部，遭到瀑落下来的矿石的冲击而磨碎。中等粒度矿石在中间层，细粒较多集中于外层，它们被提升的高度较大，细粒脱离

筒壁后抛落下来形成瀑落区。瀑落下来的矿石在筒体下部与自磨机的新给矿相遇,将其击碎。矿块在这一区域受到的冲击破碎作用最强,故称为破碎区。矿石在破碎区和研磨区被磨碎到一定粒度后,被气流或水带出自磨机进行分级。

自磨机内部粉碎矿石的主要作用力有以下几类:(1)矿石自由降落时的冲击力;(2)矿石之间在研磨区和泻落区的相互的磨剥力;(3)矿石由压力状态突然变为张力状态的瞬时应力。一般自磨机以研磨作用为主,占全部磨碎作用的 50%～80%。由于多数自磨机的筒体长度短,矿石在自磨机内停留的时间较短,同时大多数矿粒是沿结晶界面磨碎的,因此,磨碎产品的粒度比较均匀,过粉碎现象少。

由于自磨技术具有节省钢耗(不装介质或装少量介质),简化流程,节省基建投资,磨碎产品不受铁污染,单体解离较好和对矿石的适应性强等明显的优越性,因此已广泛的用于铁矿、铜矿和其他稀有金属矿,以及化工、建材等其他工业部门。

自磨机的技术规格用筒体的内径和长度表示。国产自磨机规格见表 6-2。

6.4.4 自磨工艺参数

A 原矿粒度特性

在自磨工艺中,原矿既是磨碎介质又是被磨碎物料。由于前一特点,当原矿粒度组成发生变化时,就如同球磨机中的球荷配比改变一样,自磨机的生产率和产品细度相应变化．由于后一特点,当原矿粒度组成发生变化时,就如同球磨机的给矿粒度组成改变,自磨机的生产率和产品细度亦随之波动。大块含量多,则冲击动能大,有利于破碎中等粒度的矿块,自磨机产量高,比功耗低。实践证明,原矿中大块含量少时,自磨机中易形成临界颗粒(约 40 mm 左右)逐渐增多的现象。即所谓“顽石积累”。顽石积累造成自磨机产量降低,比功耗增加和产生过粉碎现象。但是,如果原矿粒度太大,大块含量过多,则所需的磨矿时间延长,磨矿效率也低。

原矿最大粒度的确定,首先与自磨机的规格有关,对于 ϕ6 m 以上的大型自磨机,原矿中最大粒度可大至 500 mm,对于 ϕ6 m 以下的自磨机以 300～400 mm 为宜。其次,要考虑矿石性质,对于硬度和密度不大的矿石,可以适当提高给矿粒度,但对于密度和硬度大的矿石,则应适当降低给矿粒度。

为使自磨机高效率工作,给矿中各粒级保持适当配比是重要的。某烧结厂对给料中粒级配比的试验结果列于表 6-3。由表可知,给料中 +300 mm 粒级和 −300 mm 粒级各占 50%时,磨矿效果最好,其产量与全部都是粗粒级或全部是细粒级比较,分别提高 30.6%和 50.5%。

表 6-3 给矿粒度配比对自磨机产量、产品粒度的影响

给料粒度配比					
给料粒度配比	+300 mm 占比例/%	100	75	50	0
	−300 mm 占比例/%	0	25	50	全部 −125 mm
产量/$t \cdot h^{-1}$		23.3	29.7	31.5	20.8
产品粒度(−200 目)/%		37.4	38.0	38.4	46.1

另外,一定的转速率对原矿粒度组成有一定的适应性,通过选择自磨机的转速以适应原矿的粒度组成。瑞典的瓦斯堡(Vassbo)矿在生产中发现,当原矿中 +90 mm 矿块占 40%～45%时,自磨机的转速率 65%最好,此时处理能力最高;当 +90 mm 的矿块占 20%转速率为 75%,处理能力最高;当小颗粒占百分比较大时,转速率 90%最为适宜。据此,可用变速电动机及其自动控制系统来控制自磨机的转速。

B　充填率(料位)

充填率是指磨机中物料容积占磨机有效容积的百分数,有时也用料位表示,意思是指自磨机中料层的高度。测知料位便可换算出充填率的大小。

充填率的大小反应了磨机的给料速度、磨料速度及排料速度三者相平衡的结果。在原矿性质、磨机结构既定的条件下,料位的高低是影响磨料速度的主要因素。

试验表明,随着磨机内料位的增高,功率消耗也增加,磨机的产量也相应提高。如图 6-12 所示,当充填率增加到某一数值(36%～40%)时,功率消耗达一极限值,此时磨机的产量最高,当充填率再增加时,功率消耗急剧下降,产量也降低,此时磨机出现了“胀肚”现象。故对任一自磨机均存在一最佳料位值,此时磨机消耗功率为最大。物料性质不同,最佳料位值也不同。一般为 30%～40%。通过调整磨机的给料速度,可使自磨机经常处于最佳料位值工作。

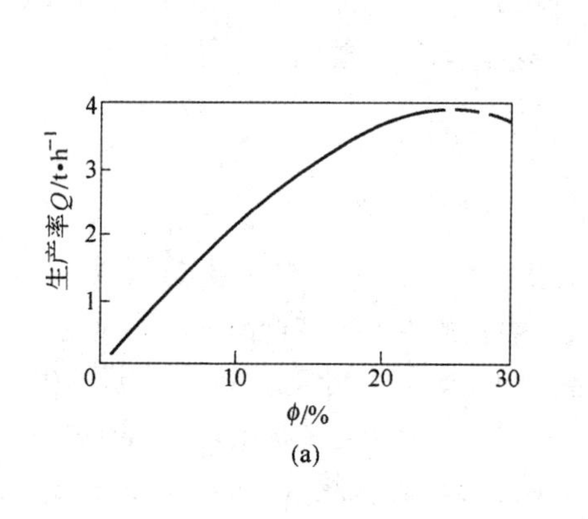

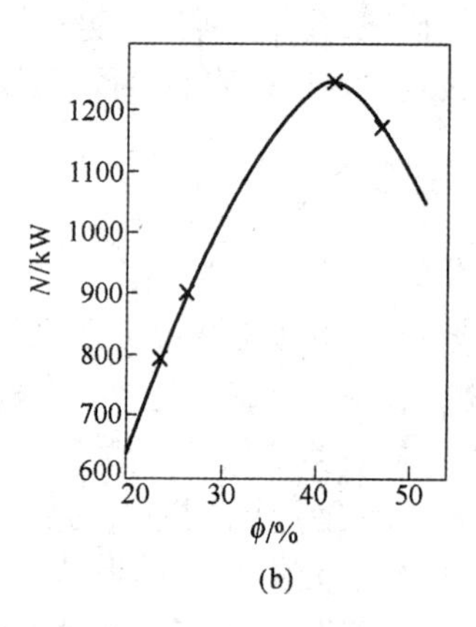

图 6-12　自磨机功率 N、生产率 Q 与充填率 φ 的关系曲线

(a) 生产率与充填率的关系;(b) 功率与充填率的关系

C　转速率

转速率的大小直接影响磨机内物料运动状态,运动状态不同,物料被粉碎的磨剥作用和冲击作用的程度也不同。

转速率与磨机直径、充填率、矿石性质等有关;最佳转速率应由试验确定,波动范围是 70%～80%。国外自磨机多趋向于低转速率。对国外选矿厂 75 台自磨机的转速率的统计如表 6-4 所示。

表 6-4　自磨机转速率统计

转速率/%	70～75	76～80	81～85	86～90
百分率/%	61	4	23	12

自磨机的转速率,还与矿石的密度有关,密度大的矿石要求低转速,而密度小的矿石要求高转速。例如:湖北某矿铁矿石,密度为 4.2 g/cm³,采用 78.5%的转速率磨矿效果最佳;而江西某铜矿矿石密度 2.77 g/cm³,采用转速率 93.3%时自磨机处理能力最高。对于坚硬难磨的矿石,宜采用低转速率,磨矿效果较好。

转速率是自磨生产中非常重要的参数之一,然而,国内目前定型的自磨机转速均已固定,无伸缩余地,如表 6-5 所示。

表 6-5 国内定型自磨机转速

序 号	磨机规格	转速/$r \cdot min^{-1}$	转速率/%
1	ϕ4000×1400(湿式)	17	80
2	ϕ5500×1800(湿式)	15	83
3	ϕ7500×2500(湿式)	12	82.5
4	ϕ4000×1400(干式)	18	84.7

D 附加钢球

半自磨时,一般加入占磨机容积2%～8%的钢球,作为强化自磨的措施之一。钢球的作用是弥补矿石中粗粒级的不足和磨碎"顽石",并可从中得到高强度的音响信号,以正确控制给矿量(见图 6-13),其结果是提高生产率、降低比能耗,并改善产品的粒度组成和减少泥化现象,半自磨所加钢球直径,通常在 40～130 mm 之间。

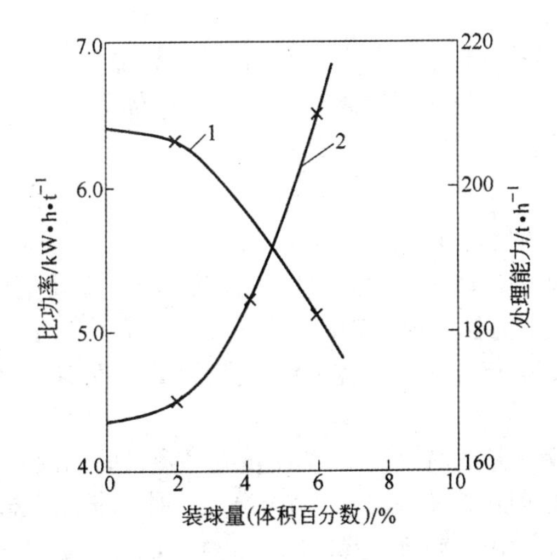

图 6-13 添加钢球对自磨机处理能力和比功率的影响

1—比功率曲线;2—处理能力曲线

物料是采用全自磨或半自磨主要取决于物料的性质。如物料易碎,筒体内块状物料将不足,使磨矿效率下降;如物料难碎,即使加入一些钢球采用半自磨,磨矿效果也不好。一种意见认为:当邦德功指数 W_i 小于 8 时,宜采用半自磨,当 $W_i = 8 \sim 14$ 时,用全自磨。一般应通过自磨适应性试验确定。

6.4.5 砾磨机

A 砾磨机的结构特点

砾磨机又称作细粒自磨机,作为棒磨和自磨的二次磨矿设备。砾磨机在结构方面与球磨机或棒磨机极为相似,故现有选矿厂的球磨机改装成砾磨机时,结构不需进行根本改变,但是,为了保持选矿厂原有的处理能力,需要增加磨机容量或台数(因砾石密度比钢球小得多)。

砾磨机采用格子板排矿。采用砾石作为磨矿介质。筒体衬板采用K型橡胶提升衬板,如图6-5。K型提升衬板比普通提升衬板的处理量增加30%,而电耗下降20%。

砾磨机一般与水力旋流器构成闭路磨矿作业。

B 砾磨的给矿及砾磨介质

砾磨机的给料一般是经过棒磨机、球磨机或一段自磨机粗磨后的细粒。如用于棒磨机后的二次磨矿，给矿粒度一般是0.8～0.2 mm；若处理自磨或球磨机的排矿，则给矿粒度一般为0.30～0.075 mm左右。有时用砾磨作一次磨矿，给矿为细碎后的产物，最大粒度为20～10 mm。

砾磨机采用的介质简称砾介。砾介的尺寸是依据砾介的质量与普通钢球磨矿介质的质量相等的原则而决定的。也就是说砾介的大小与矿石的密度成反比。粗磨时，砾介的粒级范围为80～250 mm。细磨时，如砾介来自上段自磨机中，则粒级范围为25～60 mm；如砾介由破碎产物筛分而得，粒级范围一般为40～80 mm，若砾介消耗量大，粒级范围可扩大到30～100 mm。经验表明，砾介范围应尽可能的窄，磨矿效果才好。

砾介的供给方式有两种：通常是从中碎产物中筛出，若砾介消耗量大，还可以从粗碎产物中部分筛出；另一种方式是取自自磨机，在一段自磨机的排矿格子板上开有数个砾石窗，将“顽石”引出后进行筛分，提取理想的粗粒级作砾介。后一种情况所得到的砾介在自磨机内经过“考验”，硬度高，形状好，是较理想的砾介。

影响砾介消耗的因素较多，不同情况下砾介的耗量差异很大，处理铁矿石时，砾介的耗量一般为处理能力的2%～7%左右，处理有色金属矿石时，砾介的消耗量较高，个别达20%以上。

C 砾磨工艺参数

砾磨工艺参数如下：

(1) 转速率和充填率。砾磨的转速率一般为75%，充填率为40%～50%。

(2) 砾磨浓度。砾磨的磨矿浓度一般要比球磨机低10%。且砾磨的磨矿浓度一般以固体体积百分浓度计算，在球磨机中为使钢球消耗减至最小，其固体体积百分浓度保持在45%～50%左右，而砾磨矿浆浓度一般为35%～45%（相当于重量百分浓度60%～70%）。此外，最佳砾磨浓度还取决于砾介的大小和质量。

(3) 产品粒度。砾磨用于细磨时最经济，当细度要求愈细时，砾磨单位处理能力与球磨机愈接近，其优越性愈显著。如磨到75%～85% -0.074 mm时，砾磨比球磨低25%～35%，当磨到95% -0.074 mm时，仅降低10%，当磨到90%～95% -0.05 mm时，单位处理能力基本相等。目前世界各工业原料国家争相采用砾磨作细磨设备，它可以充分利用在一段自磨中矿石自生的砾石作为磨矿介质，取得节省钢耗而功耗不增加的经济效果。

6.5 其他类型磨矿机

近年来人们为满足化工、建材、非金属矿山、金属矿山等多种部门对微细物料的要求，开始重视探索新的超细磨方法和新型高效的细磨设备。就选矿厂的矿石细磨工艺而言，原料的主要特性是硬度大及待处理的吨位大，而对细磨的工艺要求则是：(1)要求电耗及材料消耗尽可能低；(2)要求过粉碎尽量轻；(3)要求生产过程连续。

用常规的球磨机作为矿料的微细磨矿和超细磨矿，能耗高、效率低，显然是很不经济、很不合适的。目前，用于各种矿料微细磨矿和超细磨矿的设备主要有：离心磨矿机、塔式磨矿机、振动磨矿机、喷射磨矿机和辊式磨矿机等。

6.5.1 离心磨矿机

离心磨矿机是一种新型的高效率超细磨设备，已经开始应用于冶金工业的矿物原料和化工产品的湿式磨矿。它的研制和发展是超细磨矿设备中的重要突破。

根据磨矿机筒体的安放位置，离心磨矿机分为立式和卧式两种。根据磨矿筒体的数目，立式又有单管(筒)和三管离心磨矿机。

单筒离心磨矿机的构造如图6-14所示。筒体由铸铁、铸钢或钢板焊成,筒内壁铺有高锰钢衬套。筒体两端有端盖,主轴支承在上下两端盖上的滚柱轴承内。轴上装有带叶片的圆盘,它将筒体分隔成多个磨矿室。在每个室中,装有一定数量的磨矿介质(钢球或棒)。当电动机带动主轴、圆盘及叶片作高速回转时,球或棒因离心力作用沿筒壁重叠起来,受叶片的推力贴着筒壁滚动,由给矿口加入的矿石,也受离心力作用而沿着筒壁分布,因此,可使入磨物料在滚动的球与筒壁之间被磨细。磨细了的矿石沿筒壁与圆盘之间的环形缝隙落至下面一室,依次经多段磨碎后落到排矿口,然后排出机外。

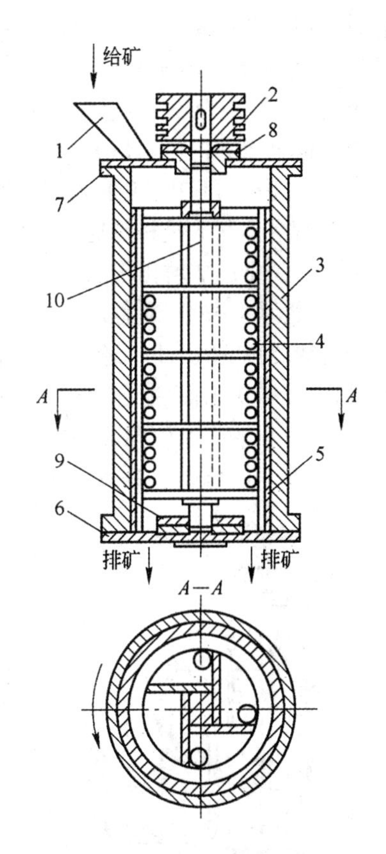

图6-14 离心磨矿机构造示意图
1—给矿口;2—皮带轮;3—圆盘;4—钢球;5—筒体;6—下端盖;7—上端盖;8、9—轴承;10—中心轴

离心磨矿机的磨矿作用是在离心力场中进行的,一般是采用10～12倍重力加速度的一种离心磨矿方法,磨矿效率高,耗电低,生产率也高。而且其结构简单,易于制造,占地面积也小,节省投资费用。至于衬板严重磨损的问题也基本得到解决。

据报道,俄罗斯采用ϕ500 mm×300 mm离心磨矿机取代了精矿或中矿再磨作业中的常规球磨机,收到增产和减少泥化现象的较好效果。并准备使用ϕ800 mm×1000 mm离心磨矿机代替大型选矿厂的ϕ2700 mm×3600 mm球磨机,进行中矿或精矿再磨作业。鲁奇公司研制的规格为ϕ1000 mm×1200 mm,功率1400 kW的大型离心磨矿机已于1979年在南非金矿投产。它与球磨机的对比列于表6-6中。

表6-6 离心磨矿机和普通管磨机的性能对比

对比项目	普通管磨机	离心磨矿机
总安装功率/kW	5000	4200
磨机输出功率/kW	2×2000	2×1600
磨机重量/t	2×220	2×85
磨机规格/m	ϕ4.2×8.5	ϕ1.0×1.2
占地面积/%	100	55
所占空间/%	100	40
磨机基础/%	100	52
钢结构件/%	100	65
总成本	100	74

6.5.2 塔式磨矿机

这是对湿式和干式磨矿均有重要意义的一种超细磨设备。它是利用螺旋作搅拌器的一种立式搅拌型磨机,一般用来代替常规球磨机作中矿再磨设备,具有能耗低、效率高的显著特点。它在工业生产中的成功使用,被视为矿料的再磨作业进入新的发展阶段,颇引人关注。近年来,全世界已有近300台塔式磨矿机用于处理石灰石、铁矿石、金矿、铀矿、岩盐,以及铜精矿和钼精矿等各种矿料。我国某铁矿选矿厂正在试用这种新型的塔式磨矿机,节电效果显著。

图 6-15 为湿式塔式磨矿机的示意图。它是由进行磨矿作用的塔体 1 和进行矿料分级作用的分级装置 2 组合而成。塔体是圆筒形的,在其中心有悬垂的螺旋搅拌器 3,在塔体中充填粉碎介质向塔体内壁方向产生压力,粉碎介质沿塔体的内壁下降。然后再沿螺旋的轴线上升,在如此上下循环的往返过程中,将加入塔内的待粉碎物料,由粉碎介质相互之间的摩擦作用而粉碎。在湿式粉碎时塔体与分级机都充满液体,用砂泵 6 在塔体与分级机之间进行循环作用。

粉碎产品中的矿粒由于塔体中上升液流的作用上升到塔体的上部,与塔内溢流一起进入分级机中,经过水力分级,粗粒产品经管道 7 由砂泵吸入,再返回塔体中进行磨碎。与此同时,当产品进入分级之前,部分粗粒通过管道 5 被砂泵吸入,也返回到塔体中进行粉碎。经过分级后的合格产品,由分级机上部溢流作为产品排出。分级机的分级过程如图 6-16 所示。塔体的溢流矿浆,进入分级机的中心圆筒,矿浆中的粗粒部分直接向下部沉降,而微细粒子沿中心圆筒的周围上升,与溢流共同流出,达到分级的目的。

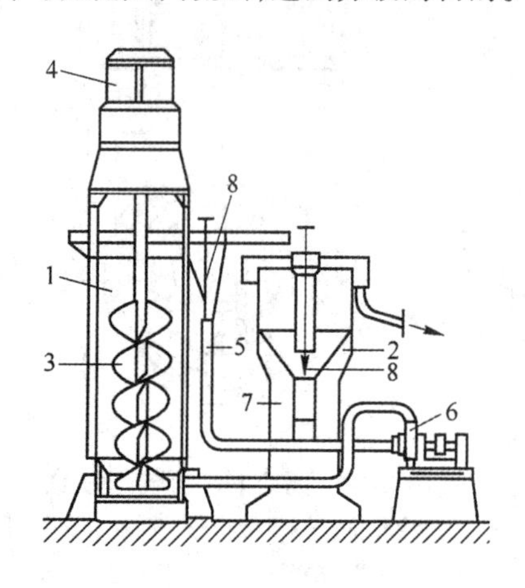

图 6-15 湿式塔式粉磨机

1—粉磨机塔体;2—水力分级机;3—螺旋搅拌器;
4—电动机;5—管路;6—砂泵;7—管路;8—锥形阀

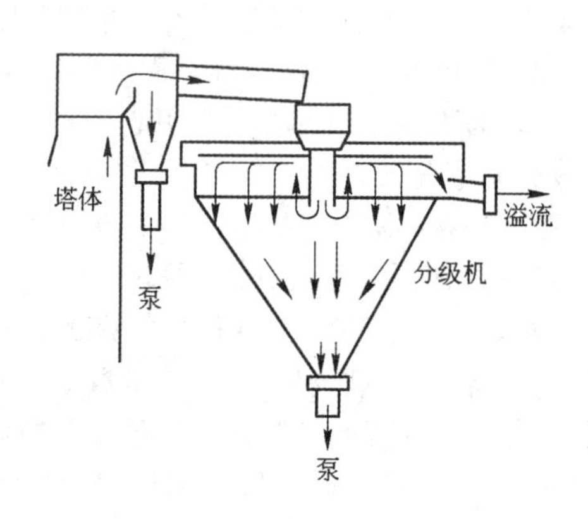

图 6-16 塔式粉碎机上水力分级机示意图

因为塔体是用钢板制成,所以在塔体的内壁,分级机的内壁都应衬以橡胶衬板。

塔式磨矿机是利用磨剥作用,它在物料研磨过程中无冲击作用,因而给矿粒度最大为 5 mm。其最大介质粒度为 25 mm,如果进行超细粉磨时,介质粒度应降至 10 mm 左右。

对搅拌式磨矿机,其磨矿介质压力是磨矿效率的决定因素。

$$\text{磨矿介质压力}=\frac{\text{磨矿介质质量}}{\text{磨矿室横断面面积}}$$

所以,为了提高介质压力,采用高塔体,小直径的塔体,节能效果显著。

塔式磨矿机的特点归结如下:(1)可以用于超细粉碎,产品粒度范围可达 60~325 目,最低可达 0.1 μm。且粉碎产品粒度均匀,无过粉碎;(2)粉碎处理量大,单位处理量的电耗少,生产费用少;(3)安装面积小,安装基础便宜。(4)粉碎和浸出可同时进行。

6.5.3 振动磨矿机

振动磨矿机结构示意图如图 6-17 所示。它有一个支承于弹簧 7 上,具有 U 形断面的筒体,筒体中部装有主轴 3,主轴 3 上装有偏心重 4。主轴的轴承 5 装在筒体上,通过挠性联轴器 2 同电动机 1 连接。

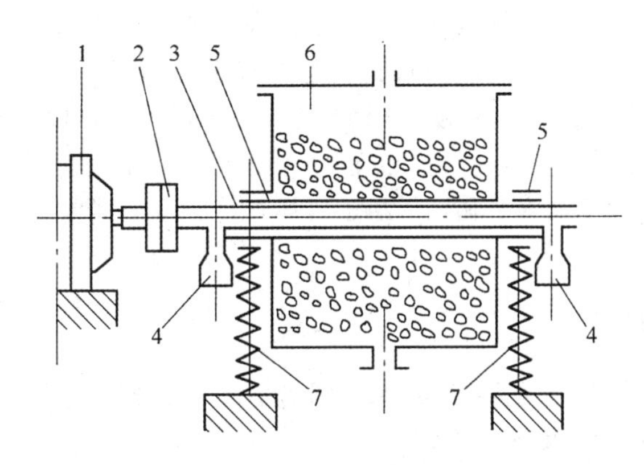

图 6-17 振动磨矿机示意图

1—电动机;2—挠性联轴器;3—主轴;4—偏心重;5—轴承;6—筒体;7—弹簧

当主轴由电动机带动而快速旋转时,在偏心重所产生的离心力作用下,筒体将产生一个近似于椭圆轨迹的快速振动。筒体内装有作为磨矿介质的钢球、钢棒、小圆柱体(也叫钢段)、氧化铝球以及待磨物料。筒体的振动使磨矿介质及物料呈悬浮状态,并产生小的抛射冲击作用以及研磨作用,使物料粉碎。磨矿介质除了产生抛射、冲击与旋转运动以外,就磨矿介质整体而言,还产生一个同振动轨迹方向相反的旋转运动。旋转的频率大致等于振动频率的百分之一,这种使磨矿介质和物料作为一个整体在筒体内缓慢地旋转,将产生有利于物料混匀,保证磨矿产品性质稳定的作用。对于连续工作的振动磨矿机,物料呈一螺旋形轨迹在筒体内运动。

振动磨矿机可用于干式和湿式磨矿,在工业生产中应用时,一般都是连续操作,即物料由一端给入,由另一端排出。

磨矿介质的充填率很高,达65%以上。磨矿介质通常较小。例如钢球直径一般在10~50 mm之间,因而磨矿介质的比表面积较大。由于磨矿介质充填率高,比表面大,磨矿介质总的表面积从而较大,而且介质之间的相互冲击或研磨作用频繁,因此,尽管振动磨矿机的磨矿介质之间的作用力不像球磨机或棒磨机的那样大,但磨矿效率仍然很高。

表6-7为我国制造的ZM型振动磨矿机的主要技术特征,表6-8列出它对石英及石墨的磨碎结果。

表 6-7 振动磨矿机技术规格(ZM型)

型 号	筒体容积/L	最大振幅/mm	振动频率/次·min^{-1}	进料粒度/mm	出料粒度/μm	出产量/kg·h^{-1}	功率/kW	总质量/kg	生产厂
ZM 201	200	3	1430	2	85~1	50~200	13	804	温州市矿山机械厂
ZM 33	30	2~5	1430	2	85~1	5~50	3	238	
ZM 303	300	3	1470	2	85~1	200~500	17	1780	
ZM 802	800	7	975	2	85~1	400~1500	55	5980	

表 6-8 200*L* 振动磨矿机的磨碎结果

物 料	物料质量/kg	磨碎时间/h	给料粒度/mm	产品粒度/μm
石 英	100	1.0	2~3	5
石 墨	40	19.0	0.04~0.05	5

同其他磨矿机相比,振动磨的优点是:(1)由于是高速工作,可以直接和减速器相连,机器质量和占地面积小。磨机筒体易于密闭,可以进行超低温磨矿和对于易燃、易爆等固体矿料的粉磨;(2)由于介质充填率和振动频率高;功耗较少,磨矿效率高;(3)可以磨至较高的细度(细磨和超细磨)。不需要用分级机闭路作业。生产流程大为简化。其缺点是对机械强度要求高,特别是大规格的振动磨,某些零件例如弹簧和轴承易于损坏。目前由于其单机生产量较小尚不能满足大型企业的产量要求。

6.5.4　辊式磨矿机(盘磨机)

图 6-18 是悬辊式盘磨机,又称雷蒙磨,属于圆盘不动型盘磨机。辊子 2 的轴安装于梅花架由传动装置带动而快速转动。磨环 3 是固定不动的。物料由机体侧部通过给料机和溜槽给入机内,如图中 5 所示,并在辊子 2 和磨环 3 之间,遭受辊子的压力和研磨。6 为返回风箱,风流从固定盘下部以切线方向吹入,经过辊子同圆盘之间的研磨区、夹杂粉尘及粗粒向上吹动,排入安装在盘磨机上部的风力分级机。

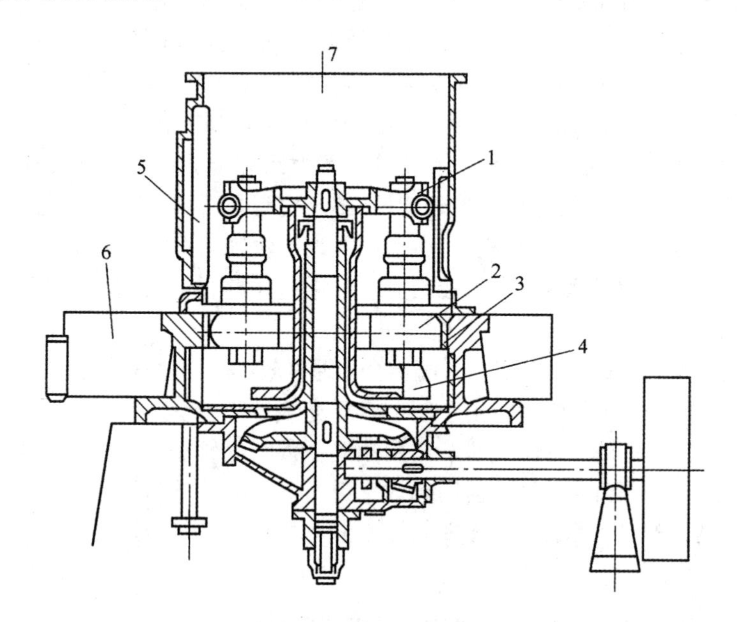

图 6-18　悬辊式盘磨机

1—梅花架;2—辊子;3—磨环;4—铲刀;5—给料部;6—返回风箱;7—排料部

梅花架 1 上悬有 3～5 个辊子,绕机体中心轴线公转,同时辊子本身又自转。由于公转时的离心力作用,辊子向外张开而压紧于圆盘的磨环 3 上。经给料溜槽给入的物料一部分落入盘底,由铲刀 4 铲上并送入辊子与圆盘之间,受到辊子的磨碎。铲刀与梅花架连在一起,随梅花架与辊子一同转动,铲刀是倾斜安装的,每个辊子的前面有一把铲刀,将物料铲起,使物料形成一股物料流,连续送至辊子与圆盘之间。

随气流自排料部 7 排出的物料,在安装于机体上部的风力分级机中进行分级。采用叶轮型分级机,由一台单独的电动机带动。为了提高分级效率,并在较广泛的范围内调节分级粒度,可以制成双排式叶轮分级机。单体式叶轮分级机的分级粒度在 60% - 100 目至 95% - 200 目之间,双排式在 60% - 100 目至 99.9% - 325 目之间。叶轮由转盘和若干个径向叶片组成,它使上升的风流产生旋转运动。旋流的离心力使粗粒向外层运动,最后将脱离风流,自动地落至磨碎区再次磨碎。叶轮的转速越高,分级粒度将越细,而细粒级(合格产品)随风流向上运动,排入旋风集尘器,使细粉尘在该处与气流分离,净化后的风流经鼓风机返回悬辊式盘磨机的返回风箱 6。整个系统在负压下工作。多余的风量还要经过另一台旋风集尘器再度除尘后,才排入大气中。

辊套需选用硬度高、耐磨性能好的材质制造,如硬镍白口铸铁,非合金白口铁,高锰钢、中锰球铁等。

我国常用的悬辊式盘磨机的技术特征列于表 6-9。

表 6-9 悬辊式盘磨机的技术规格

项 目	3R-2714 型	4R-3216 型	5R-4018 型
给矿粒度/mm	30	35	40
产品粒度/mm	0.044～0.125	0.044～0.125	0.044～0.125
生产量/$t \cdot h^{-1}$	0.3～1.5	0.6～3.0	1.1～6.0
中心轴转速/$r \cdot min^{-1}$	145	124	95
磨环内径/mm	ϕ830	ϕ970	ϕ1270
叶轮型分级机直径/mm	ϕ1096	ϕ1340	ϕ1710
辊子数目/个	3	4	5
辊子直径/mm	ϕ270	ϕ320	ϕ400
辊子长度/mm	140	160	180
鼓风机风量/$m^3 \cdot h^{-1}$	12000	19000	34000
主电动机功率/kW	22	30	75

悬辊式盘磨机用于磨碎煤、非金属矿、陶瓷、玻璃、石膏、石灰石以及农药和化肥等化工产品。目前,世界上许多厂家和公司制造了各种各样的辊磨机。在日本,由球磨机改为辊磨机的趋势也很明显。据报道,功率为 5000 kW,处理能力高达 500～980 t/h 特大型辊磨机已投产。

6.5.5 喷射磨矿机

喷射磨矿机是利用高温压缩空气或过热蒸汽(或其他预热气体),将矿料的超细磨矿、分级和干燥等作业同时进行的一种新型干式粉磨设备。主要用于化工、建材和水泥工业。最近有用于磨矿方面的趋势。衬板消耗一般为 0.10～0.15 kg/t,且电耗少。特别是该磨机在粉磨过程中能够控制温度上升,这对于低熔点和传热性能差的物料的细磨矿和超细磨矿,具有其他磨矿设备所没有的特点。

SK—喷射式磨矿机,如图 6-19 所示。喷射磨的磨矿原理是:物料自右下方给入环形管道内,管道直径为 25～200 mm,管道下方有一系列的喷嘴,喷射出高速气流与物料相遇,由于各层断面射流的流速不等,颗粒随各层射流运动,因而颗粒之间的流速也不相等,从而因互相冲击和研磨而粉碎,物料自右下方被流体射入喷射磨机内,沿环形管道运动一周,合格粒级自上方排出。粗颗粒返回粉碎区再碎。

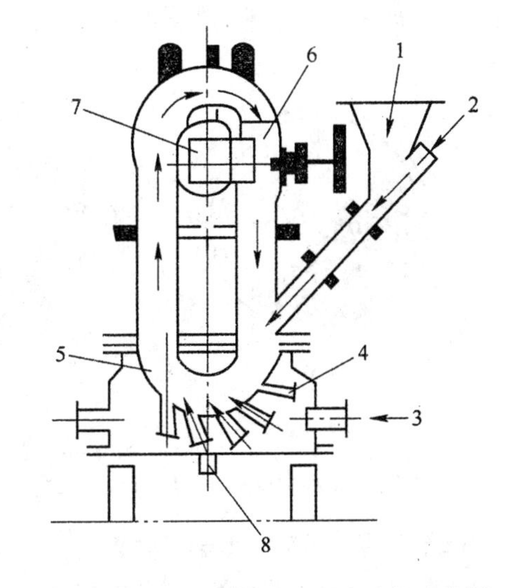

图 6-19 SK—喷射式小型磨矿机示意图
1—给料斗;2—压缩空气;3—压缩空气;4—磨矿喷嘴;5—粉碎区;6—分级区;7—排矿阀;8—排气孔

主要技术指标如下：压缩空气压力为6.5～7 kg/cm^2；压缩空气风量为1～40 m^3/min；需要动力为11～250 kW；处理量为0.5～1000 kg/h；产品细度为1～2 μm。

射流磨是目前能得到最小微粒的超细磨设备。优点是设备结构简单，无运动部件，产品粒度均匀，解离度高，选择性磨矿作用强；而且功耗低，金属耗量小，单位容积生产量比常规球磨机高10～100倍，因而引起人们极大兴趣，俄罗斯已生产产量高达160 t/h的大型喷射磨矿机。

6.6　磨矿基本理论

球磨机和棒磨机的工作原理基本相同，都是由筒体转动使内部装的磨矿介质发生运动，从而对矿石产生磨碎作用。由于对钢球的运动状态研究得比较充分，所以用它作代表来加以讨论。

6.6.1　钢球运动状态和受力分析

当磨矿机按规定的转速运转时，磨矿介质与矿石一起，在离心力和摩擦力的作用下被提升到一定高度后，由于重力作用而脱离筒壁沿抛物线轨迹下落。然后，它们又被提升一定高度，再又沿抛物线轨迹下落，如此周而复始，使处于磨矿介质之间的矿石受冲击作用而被击碎。同时，由于磨矿介质的滚动和滑动，使矿石受压力与磨剥作用而被磨碎。

磨矿机的转速大小直接决定着筒体内磨矿介质的运动状态和磨矿作业的效果。当转速较小时，全部球荷被提升的高度较小，只向上偏转一定角度，其中每个钢球都绕自己的轴线转动。当球荷的倾斜角超过钢球在球荷表面上的自然休止角时，钢球即沿此斜坡滚下。钢球的这种运动状态，叫做泻落，如图6-20a所示。在泻落式状态工作的磨机中，矿料在钢球间主要受到磨剥作用，冲击作用很小，故磨矿效率不高。如果磨机的转速足够高，钢球边自转边随筒体内壁作圆曲线运动上升至一定的高度，然后纷纷作抛物线下落。这种运动状态叫抛落式，如图6-20b所示。在抛落式状态工作的磨机中，矿料在圆曲线运动区受到钢球的磨剥作用，在钢球落下的地方，矿料受到落下钢球的冲击和强烈翻滚着的钢球的磨剥。此种运动状态，磨矿效率最高。当磨矿机的转速超过某一限度时，钢球就贴在筒壁上而不再下落，这种状态叫离心运转。如图6-20c所示。发生离心运转时，矿料也随筒体一起运转，既无钢球的冲击作用，磨剥作用也很弱，磨矿作用几乎停止。

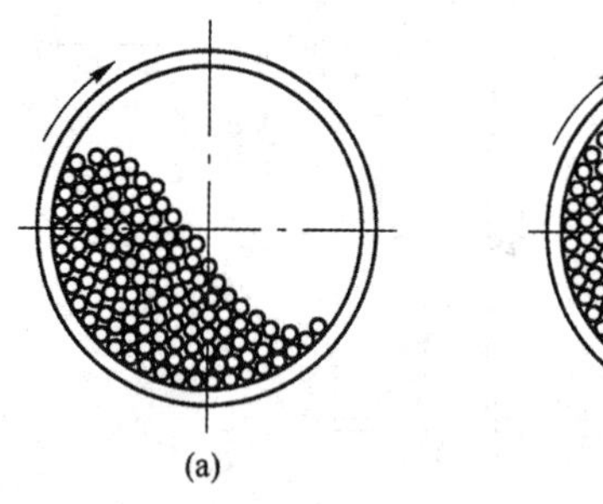

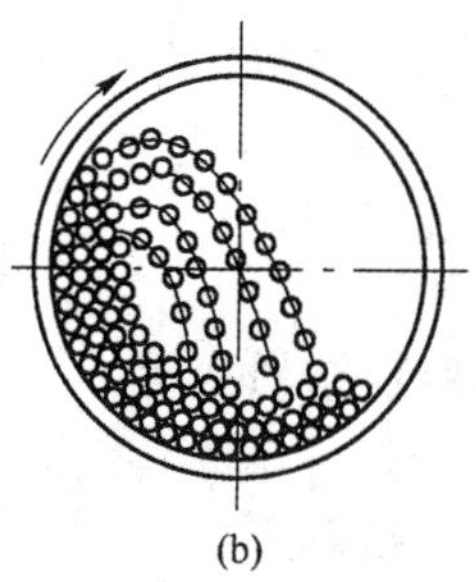

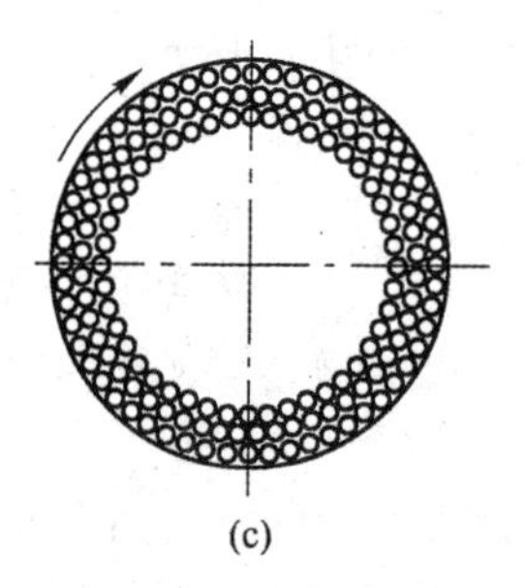

图6-20　磨矿介质的运动轨迹

(a) 球磨机在泻落状态下工作；(b) 球磨机在抛落状态下工作；(c) 球磨机在离心运转状态

钢球作泻落式运动的力学尚缺乏研究，下面就以研究抛落式运动状态的戴维斯理论讨论钢球的受力情况。由于该理论沿用时间较长，而且生产中绝大多数磨机的工作状态与戴维斯理论相符合，因此它仍然是有关磨机计算和开展新的理论研究的基础。

如图6-21所示，在球荷中任意取一钢球A_1，它除受本身的重力G外，还有离心力C。重力G的切向分力$T(T=G\sin\alpha)$使钢球A_1沿切线方向运动，G的法向分力$N(N=G\cos\alpha)$在第

Ⅲ和第Ⅳ象限与离心力 C 的方向相同，而在第Ⅱ象限与离心力 C 方向相反。摩擦力 F 的方向与 T 相反，阻止钢球受 T 力沿切线方向运动。当钢球与筒壁没有相对运动的情况，T 和 F 力是相等的。钢球在力 C 和 N 的作用下紧贴筒壁，随磨机以同样的线速度 v 作圆曲线运动上升至 A_3 点，在此处，力 C 和 N 大小相等方向相反，$F=0$，切线分力 T 为后面钢球上升时的推力所抵消。于是，钢球脱离筒壁，在自身质量的作用下作抛物线下落。

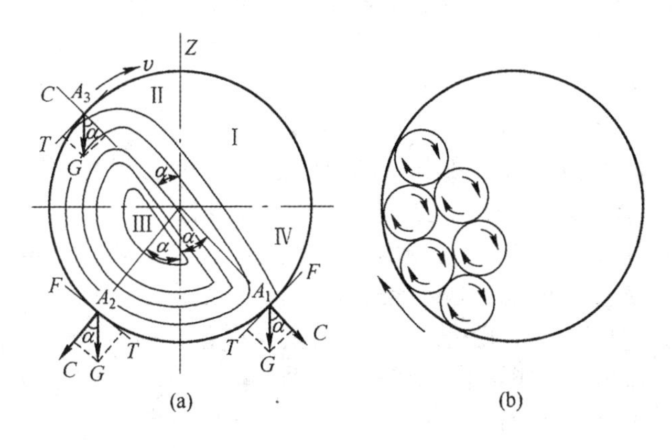

图 6-21 作用于钢球的力示意图

当磨机转速过高时，球上升到顶点 Z，因离心力 C 大于钢球的重力 G，钢球就不会下落而发生离心运转；当磨机转速较低时，钢球上升达不到 A_3 点，N 力和 C 力就已经相等，钢球作泻落滑下。钢球能够上升到的高度决定于球荷质量及磨机转速的大小。

钢球在磨机内运动时，球荷中的每一个球，都受到大小相等方向相反的 T 力和 F 力所形成的力偶的作用，因此，都是围绕着自身的轴转动的。如图 6-21b 所示。

6.6.2 球磨机的临界转速

球磨机中最外层钢球刚刚随筒体一起旋转而不下落时的球磨机转速称为临界转速，用 n_c 表示，单位是 r/min。

为了研究简便，假设球磨机筒体内只装一个钢球，将球当作一个质点来研究，而且球与筒壁之间无滑动。在此假设条件下，作用在钢球上的力就只有法向分力 N 和离心力 C，如图 6-22 所示。由于离心力的作用使钢球提升到一定的高度，到达 A 点时，$C \leqslant N$，钢球作抛物线轨迹下落。A 点称为脱离点，回转半径 OA 与垂直轴线所夹的角 α 称为脱离角。如果磨机的转速增加，钢球开始抛落的点也就提高。当磨机的转速增加到某一数值 n_c，离心力大于钢球的质量，钢球上升至磨机顶点 Z 不再下落而发生离心运转。由此可见，离心运转的临界条件是：$C \geqslant G$。

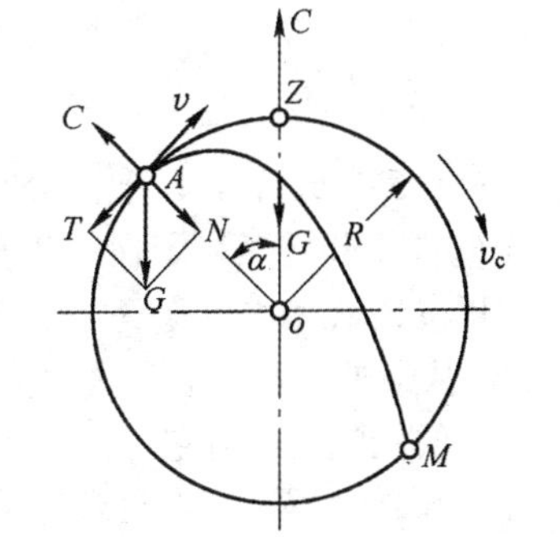

图 6-22 离心运转时钢球受力状况

令 m 为球的质量，g 为重力加速度，n 为磨机的转速 (r/min)，R 为球的中心至磨机中心的距离，α 为脱离角。当磨机的线速度为 v，钢球上升到 A 点时，$C=N$ 或 $mv^2/R = G\cos\alpha$；将 $G=mg$ 代入可得

$$v = Rg\cos\alpha \tag{6-1}$$

因 $v=\pi Rn/30$ 代入 5-1 式得到

$$n=\frac{30\sqrt{g}}{\pi\sqrt{R}}\sqrt{\cos\alpha}$$

取 $g=9.81\ \mathrm{m/s^2}$,则 $\pi\approx\sqrt{g}$,于是

$$n=\frac{30}{\sqrt{R}}\sqrt{\cos\alpha} \tag{6-2}$$

当磨机转速达到 n_c 时,钢球上升到顶点 Z,不再下落而发生离心运转。此时,$C=G$,$\alpha=0$,$\cos\alpha=1$,从而

$$n_c=\frac{30}{\sqrt{R}}=\frac{42.4}{\sqrt{D}} \tag{6-3}$$

式中,$D=2R$,单位均为 m。对紧贴筒壁的最外层钢球来说,因为球径比磨机内径小得多,可以忽略不计。R 可以算是磨机的内半径,D 就是它的内直径。

由公式 6-3 可以看出,使钢球离心化所需的临界转速,决定于球心到磨机中心的距离。最外层球距磨机中心最远,使它发生离心运转所需的转速最低;最内层球距磨机中心最近,使它离心化的转速最高。如果取磨机内半径用公式 6-3 计算的结果作为磨机的转速,尽管最外层球已经开始离心运转,但其他层球仍然能够抛落,仍然可以磨碎矿石。只有磨机转速高于上述计算转速很多时,全部球层才会离心化,从而使有用功减少。故磨机的临界转速实际上是使最外层球也不会发生离心运转的筒体最高转速(r/min)。

公式 6-3 是在没有考虑装球率及滑动等情况下导出的,但在采用不光滑衬板及装球率占 40%～50% 时,它仍然符合实际情形。因此,生产中都采用公式 6-3 来计算磨机的临界转速,绝大多数磨机的转速都没有超过它。

6.6.3　磨矿机的工作转速

磨矿机的工作转速 n 通常低于临界转速,通常将磨机工作转速与临界转速之比的百分数称为转速率,用 ψ 表示,即

$$\psi=\frac{n}{n_c}\times100\% \tag{6-4}$$

将公式 6-2 和公式 6-3 代入上式,得到

$$\psi=\frac{n}{n_c}=\frac{30\sqrt{\cos\alpha}}{\sqrt{R}}\Big/\frac{30}{\sqrt{R}}=\sqrt{\cos\alpha}$$

或

$$\psi^2=\cos\alpha \tag{6-5}$$

公式 6-5 指出,转速率愈高,脱离角愈小,钢球上升的位置也越高。当脱离角为 0°时,转速率为 100%,即工作转速等于临界转速,钢球到达磨机的顶点,要开始离心运转了。

磨矿机最适宜的转速率目前尚无法确定,只有一些近似的理论计算,现简单介绍如下:

(1) 从最外层钢球具有最大落下高度出发,最适宜的转速率为 76%。在磨矿机内,钢球落下冲击矿石的能量是来自它落到终点时的动能,而且动能的大小,决定于钢球的落下高度。

如图 6-23 所示,A 点为最外层球的脱离点,B 点为最外层球的落回点,α 为脱离角。以脱离点 A 为原点,取 xAy 坐标,则可列出最外层球上升时圆周运动轨迹方程式为:

$$(x-R\sin\alpha)^2+(y+R\cos\alpha)^2=R^2 \tag{6-6}$$

球从 A 点以初速度 v 抛出,开始脱离筒体并以抛物线的轨迹向下降落,它在水平和垂直两个方向上在时间 t 内运行的距离为

$$x=(v\cos\alpha)t \quad 或 \quad t=\frac{x}{v\cos\alpha}$$

$$y=(v\sin\alpha)t-\frac{1}{2}gt^2$$

将 t 值代入上式，得到 $y=x\tan\alpha-\dfrac{gx^2}{2v^2\cos^2\alpha}$

将公式 6-1 代入上式，可得

$$y=x\tan\alpha-\frac{x^2}{2R\cos^3\alpha} \tag{6-7}$$

式 6-7 为钢球落下时的抛物线轨迹方程式。

解联立方程 6-6 和 6-7 得落回点 B 的坐标为

$$x_B=4R\sin\alpha\cos^2\alpha$$
$$y_B=-4R\sin^2\alpha\cos\alpha \tag{6-8}$$

上式中，负号表示 B 点在 xAy 坐标原点的下方。

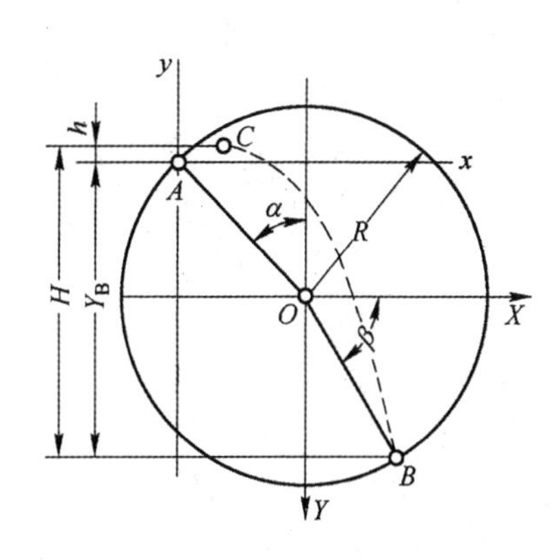

图 6-23 球的运动轨迹

球在抛物线轨迹上最高点 C 的坐标：因 $y_c=y_{max}$，故将公式 6-7 取一次导数并令它等于零，可以找出 C 点的坐标 x_c 和 y_c。

$$y'=\tan\alpha-\frac{2x}{2R\cos^3\alpha}=0$$

$$x_c=R\sin\alpha\cos^2\alpha \tag{6-9}$$

将 x_c 代入公式 6-7 中，求得

$$y_c=R\sin\alpha\cos^2\alpha\tan\alpha-\frac{R^2\sin^2\alpha\cos^4\alpha}{2R\cos^3\alpha}$$

即

$$y_c=\frac{1}{2}R\sin^2\alpha\cos\alpha \tag{6-10}$$

由图 6-23 可知，最外层球的落下高度 H 为

$$H=y_C-y_B=4.5R\sin^2\alpha\cos\alpha \tag{6-11}$$

式 6-11 说明，球的落下高度 H 为脱离角 α 的函数，由 $dH/d\alpha$ 等于零可求得钢球有最大抛落高度时的脱离角。因此

$$\frac{dH}{d\alpha}=4.5R\sin\alpha(2\cos^2\alpha-\sin^2\alpha)=0$$

故

$$\alpha=54°44' \tag{6-12}$$

将 α 值代入 $n=(30/\sqrt{R})\sqrt{\cos\alpha}$ 中得到最外层钢球有最大落下高度时的磨矿机转速为

$$n=\frac{30}{\sqrt{R}}\sqrt{\cos54°44'}=\frac{22.8}{\sqrt{R}}\approx\frac{32}{\sqrt{D}}$$

对应的转速率为

$$\psi=\frac{n}{n_c}\times100\%=\left(\frac{32}{\sqrt{D}}\bigg/\frac{42.3}{\sqrt{D}}\right)\times100\%=76\% \tag{6-13}$$

这种理论只考虑最外层球处于适宜工作状态，而其他层球则未必处于适宜状态，装球越多，不适宜的球层也越多，故所求出的并不是最适宜的转速率。当磨机在此转速率工作时，不能保证球荷在抛落状态工作，只有低转速工作的磨机才采用此转速率。

(2) 使中间层（缩聚层）处于最有利工作状态下工作的最适宜转速率为 88%。设想全部球荷的质量集中在某一球层，该球层称为“缩聚层”（或中间层）。如果使该层球处于有利的工作状态下（即该层的脱离角 $\alpha=54°44'$），则可认为全部球荷都处于理想的抛落状态。如图 6-24 所示，以 A_0 为该层球的脱离点，B_0 为落回点，R_0 为该层球层半径，也就是全部球荷绕磨机中心作圆运动

的回转半径。根据空心圆盘对 O 点的极转动惯量半径的求法,可以得到

$$R_0=\sqrt{\frac{R_1^2+R_2^2}{2}}=\sqrt{\frac{R_1^2+(KR_1)^2}{2}} \tag{6-14}$$

式中 K——最内层球半径与最外层球半径之比,$K=R_2/R_1=R_2/R$;

R_1——最外层球的半径;

R_2——最内层球的半径;

R——磨机的内半径,$R=R_1$。

当中间层有最大抛落高度时,$\alpha=54°44'$,则

$$R_0=\frac{900}{n^2}\cos54°44'=\frac{520}{n^2} \tag{6-15}$$

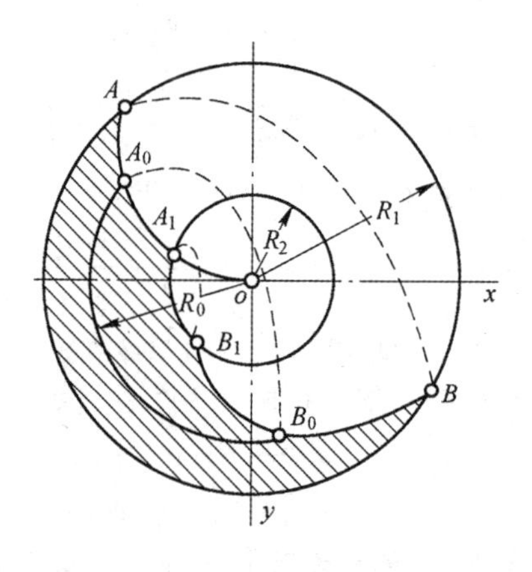

图 6-24　缩聚层轨迹

使最内层球有明显的圆运动和抛物线运动所对应的最大脱离角 73°44′,所以最内层球的球层半径为

$$R_2=\frac{900}{n^2}\cos73°44'=\frac{250}{n^2} \tag{6-16}$$

将式 6-15 和式 6-16 代入式 6-14 可得

$$R_0=\sqrt{\frac{R^2+\left(\frac{250}{n^2}\right)^2}{2}} \tag{6-17}$$

由式 6-15 和式 6-17 可得"缩聚层"处于适宜工作状态时磨矿机转速为

$$R^2=\frac{478300}{n^4}$$

于是

$$n=\frac{26.3}{\sqrt{R}}=\frac{37.2}{\sqrt{D}} \tag{6-18}$$

及

$$\psi=\frac{37.2}{42.3}\times100\%=88\% \tag{6-19}$$

这种理论考虑了全部球荷,多年来的生产实践证明,在其他条件相同的情况下,磨矿机的转速率为 88%时较之 76%时磨机的生产率要高些。

综上所述,从理论上导出的球磨机的适宜转速率为 76%～88%,则适宜的工作转速为

$$n=(0.76\sim0.88)n_c \tag{6-20}$$

目前生产中当磨矿机转速率小于 76%时,称为低转速磨矿;转速率高于 88%时,称为高转速磨矿。在实际生产中,磨矿机工作转速选用范围很大。总的规律是棒磨机转速与同规格的球磨机转速约低 10%;并且在球磨机中,小直径的球磨机工作转速高于大直径球磨机的工作转速;用于粗磨矿的磨机转速高于细磨矿的磨机转速。同时,在确定磨矿机最佳转速率时,应兼顾磨矿机的生产率和节省能耗、钢耗等方面,实践证明,从提高磨机单位容积生产率出发,最佳转速率为 76%～88%;从节省能耗、钢耗而言,最佳转速率应为 65%～76%。而且,适当降低转速,有利于提高单位能耗的生产率(约为 10%)。为了综合考虑选矿厂的技术经济指标,磨矿机的最佳转速应通过试验确定,并在生产过程中进行调整。

6.6.4　磨矿机的有用功率

选矿厂的磨矿机所消耗的电能相当可观,一般约占全厂总电耗的 30%～70%。一般说来,可将输入磨矿机的电能消耗归为下述三个方面:(1)有用能耗,用来使磨矿介质运动从而发生磨

矿作用所消耗的能量,其大小与磨矿介质的质量和磨矿机的转速有关,约占总电能的75%;(2)电动机本身的损失,约占总电能的5%～10%,与电机本身的效率有关;(3)机械摩擦损失,声能、热能损耗,包括克服构件间的摩擦使筒体旋转消耗的功率。机械振动,矿石和介质在磨矿机中运动所发出的巨大声响以及磨矿机内流动着的矿浆的温升以热量形式耗散的能量是惊人的。声响和热的耗散是作为物料破裂过程中不可避免的。当然,还有一些其他形式的能量损失。

既然有用功率是用来使磨矿介质运动,故根据介质的运动情况来建立推算有用功率的理论,就是必然的办法。关于这方面的计算公式很多。此处仅介绍较常见的计算公式,它是基于力矩平衡的原则进行计算的。

A 泻落式工作的磨矿机的有用功率

磨矿机处于泻落状态工作时,整个球荷的偏转状态如图6-25中阴影线所画出的弓形。

假设 R——磨矿机的半径($R=D/2$),m;

P——作用于磨矿机上的回转力,Pa;

L——磨矿机筒体的长度,m;

O——磨矿机筒体中心;

S——球荷中心;

l——球荷重心到筒体中心之水平距离,m;

φ——球荷充填率,%;

δ——钢球的松散密度,t/m^3。

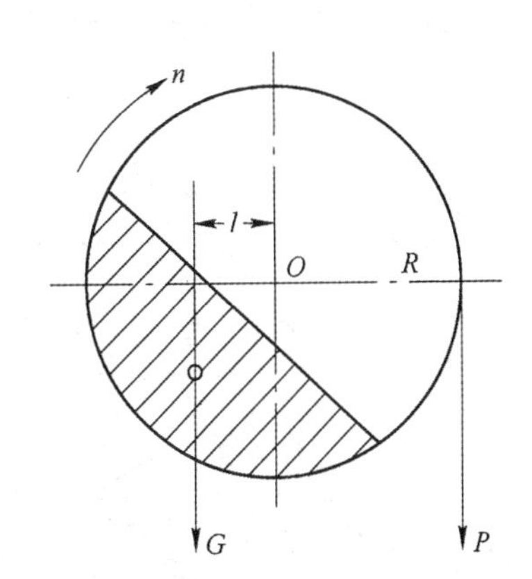

图6-25 球磨机运转功率的计算

球荷质量为

$$G=\frac{\pi}{4}D^2L\varphi\delta \tag{6-21}$$

进一步简化可写成

$$G=K_1D^2L \tag{6-22}$$

上式中 $K_1=\delta\varphi\pi/4$,是一个常数。

由图6-25可以看出,要使磨矿机沿箭头所示方向运转,则力矩 PR 一定要大于或至少等于 Gl,写成数学形式就是

$$PR=Gl \tag{6-23}$$

设 N 代表磨机的有用功率(hp),则

$$N=\frac{2\pi Rn}{60}\cdot\frac{1}{75}P \tag{6-24}$$

将式6-23代入式6-24中

$$N=\frac{2\pi Gl\cdot n}{60\times 75} \tag{6-25}$$

式中,n 代表磨机每分钟转数,由前述可知,磨机处于泻落式状态时的工作转速为

$$n=\frac{32}{\sqrt{D}}=K_2D^{-0.5} \tag{6-26}$$

又有

$$l=K_3D \tag{6-27}$$

将6-22、6-26、6-27三个公式之值代入6-25式得

$$N=\frac{2\pi}{60\times 75}\times(K_1D^2L)(K_2D^{-0.5})(K_3D)=KD^{2.5}L \tag{6-28}$$

式中,$K=K_1K_2K_3\times\frac{2\pi}{60\times 75}$为常数。

由公式6-28可以看出,磨机有用功率与筒体直径的2.5次方成正比。因此筒体直径的变化

对磨机有用功率的影响很大。

B　抛落式工作的有用功率

当磨机处于抛落式工作时，球荷在筒体内既作圆周运动又作抛物线运动，因此计算有用功率既要考虑克服球荷在圆轨迹上由球荷产生的力矩所作的有用功率，又要考虑供给球荷产生动能所需的有用功率，它等于抛落下来的球荷在单位时间内所作的功。详细的公式推导过程在此不作介绍。此处只引出结果，以便于讨论磨矿机有用功率与磨矿机工作参数之间的关系。

磨矿机在抛落状态工作时所需的全部有用功率 N(kW)为

$$N=0.678D^{2.5}L\delta\psi^3\left[9(1-K^4)-\frac{16}{3}\psi^4(1-K^6)\right] \tag{6-29}$$

根据式中筒体内装球量 $G=\frac{\pi}{4}D^2L\varphi\delta$ 有 $\frac{G}{\varphi}=\frac{\pi}{4}D^2L\delta$ 代入上式可得

$$N=0.864\frac{G}{\varphi}\sqrt{D}\psi^3\left[9(1-K^4)-\frac{16}{3}\psi^4(1-K^6)\right] \tag{6-30}$$

式中符号意义同前。

根据式 6-30，算出磨矿机在不同转速率(ψ)和充填率(φ)下作抛落式工作所消耗的有用功率，从而绘出理论曲线，如图 6-26 所示。

由图 6-26 可知：(1)磨矿机在一定的充填率下，有用功率随着转速的增加逐渐增大，达到最大值以后，逐渐下降；磨矿机的充填率不同，有用功率的消耗也不同，达到最大值时的转速也不同。充填率越高，达到有用功率极大值所需的转速率也越高；(2)随着转速率增加到一定程度，钢球即由泻落状态转变为抛落状态，但转变点随充填率不同而异。图中虚线为泻落与抛落的界限，当转速率 ψ 超过虚线的横坐标时，钢球的运动即进入抛落状态。而且充填率愈高，进入抛落状态的转速率也愈高；(3)当转速率为临界转速的 78%～84%时，有用功率开始下降，当所有的球都离心化时，磨矿机的有用功率等于零。

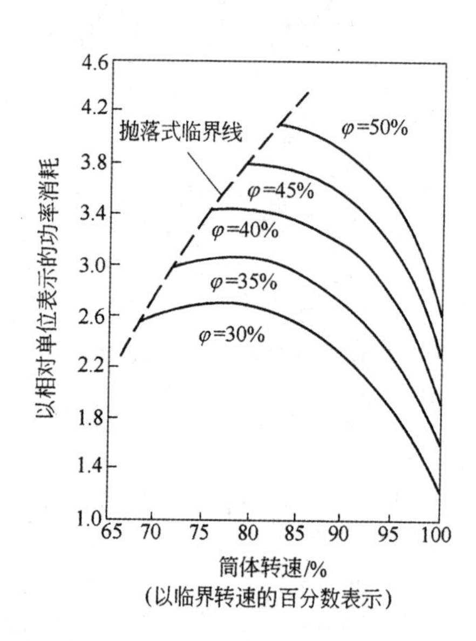

图 6-26　在不同筒体转速率和不同装球率下磨矿机所需的有用功率

当球磨机的转速率和充填率一定时，参数 K 为常数，式 6-29 可简化为

$$N=K_4D^{2.5}L \tag{6-31}$$

式中 K_4 为新的常数

$$K_4=0.678\delta\psi^3\left[9(1-K^4)-\frac{16}{3}\psi^4(1-K^6)\right]$$

由此可见，式 6-31 与式 6-28 一致。

6.7　磨矿机的安装、操作及维修

磨矿机的正确安装、良好的维护、优化操作是保证磨矿机高产量、高作业率、高产品质量及低消耗的必要条件。

首先必须保证磨矿机有较高的运转率和作业率。运转率是指磨矿机全年实际运转的累积时数占该年日历时数的百分率，它是衡量磨矿机是否完好工作的指标；作业率是指磨矿机全年负荷

(即给矿)运转的累积时数占该年日历时数的百分率,它是衡量磨矿机设备完好和外部给矿是否正常及时的指标。通常磨矿机的运转率大于或等于作业率,两者差值越大,说明磨矿机设备虽完好,但外部影响因素多。

磨矿机的正常操作和设备及时调节使磨矿机处于优化条件下生产,是使磨矿机高产、稳产的重要条件。

6.7.1 磨矿机的安装

磨矿机安装质量的好坏,是能否保证磨矿机正常工作的关键。各种类型磨矿机的安装方法和顺序大致相同,为确保磨矿机能平稳地运转和减少对建筑物的危害,必须把它安装在为其质量的2.5～3倍的钢筋混凝土基础上。基础应打在坚实的土壤上,并与厂房基础最少要有40～50 mm的距离。

安装磨矿机时,首先应安装主轴承。为了避免加剧中空轴颈的台肩与轴承衬的磨损,两主轴承的底座板的标高差,在每米长度内不应超过0.25 mm。其次,安装磨矿机的筒体部,结合具体条件,可将预先装配好的整个筒体部直接装上,亦可分几部分安装,并应检查与调整轴颈和磨矿机的中心线,其同心误差必须保证在每米长度内应低于0.25 mm。最后安装传动零部件(小齿轮、联轴节、减速器、电动机等)。在安装过程中,应按产品技术标准进行测量与调整。检查齿圈的径向摆差和小齿轮的啮合性能;减速器和小齿轮的同心度,以及电动机和减速器的同心度。当全部安装都合乎要求后,才可以进行基础螺栓和主轴承底板的最后浇灌。灌浆时要注意正确的操作,外表看不到的灌浆中的空洞可能导致设备松动或地脚螺栓变松。

磨矿机和驱动装置安装完毕,一般先按最小载荷试转6～12 h。因为磨矿机里始终存在着某种程度的不平衡,为了在驱动装置中增加一些阻力,必须往磨矿机中灌些水和一定量的矿石。另外,空转可使小齿轮超速,使齿轮产生振动,所以它绝不能空转。

6.7.2 磨矿机的操作

要使磨矿机的转速率高,磨矿效果好,必须严格遵守操作和维护规程。

A 磨矿机启动前的准备工作

磨矿机在启动前应先做好以下工作:(1)对紧固件和各传动件做一般性检查,包括螺栓、键及给矿器勺头的固紧状况。(2)检查润滑装置的油位、油路连接、仪表以及阀门开闭情况。(3)检查磨矿机与分级机周围有无阻碍运转的杂物,给料勺下的料浆槽有无物料凝固,然后用吊车盘车,使磨矿机转动一周,松动筒内的磨矿介质和矿石,并检查齿圈与小齿轮的啮合情况,有无异常声响。(4)检查电气设备、联锁装置和音响信号。

B 开停机顺序及操作注意事项

开机时应先启动磨矿机润滑油泵,当油压达到1.5～2.0 kg/cm^{2}时,才允许启动磨矿机,再启动分级机。等一切都运转正常,才能开始给矿。必须注意,在不给料的情况下,球磨机不能长时间运转,一般不能超过15 min,以免损伤衬板和消耗钢球。停车时先停给矿机,待磨矿机筒体内矿石处理完后,才停磨矿机的电动机,最后停油泵,借助分级机的提升装置将螺旋提出砂面,接着停止分级机。

磨矿机运转过程中要经常注意:主轴承的油温不得超过60℃;电动机、电压、电流、音响等情况;润滑系统应保证有充分的润滑油供应各润滑点,油箱内的油温不得超过60℃;给油管的压力应保持在1.5～2.0 kg/cm^{2}内;检查大小齿轮、主轴承、分级机的减速器等传动部件的润滑情况;观察磨矿机前后端盖、筒体、排矿箱、分级机溢流槽和返砂槽是否堵塞和漏砂;矿石性质的变化,并根据情况及时采取相应的措施。

C　磨矿机的常见故障、原因及排除方法

磨矿机的常见故障、原因及排除方法列于表 6-10 中。

表 6-10　磨矿机的故障原因和排除方法

故　障	原　因	排除方法
主轴承温度过高 主轴承冒烟 主轴承熔化 主轴承跳动或电机超负荷断电	(1) 供给主轴承的润滑油中断或油量太少 (2) 矿浆或矿粉落入轴承 (3) 主轴承安装不正，轴颈与轴瓦接触不良 (4) 主轴承冷却水少或水温较高 (5) 润滑油不纯，或黏度不合格	(1) 立即停止磨矿机，清洗轴承，更换润滑油 (2) 修整轴承和轴颈，调整主轴承位置或重新浇注 (3) 增加供水量或降低水温 (4) 更换新油或调整油的黏度
启动磨机时，电机超负荷或不能启动	启动前没有盘磨	盘磨后再启动
油压过高或过低	(1) 油管堵塞，油量不足 (2) 油黏度不合格，过脏	(1) 消除油压增加或降低的原因 (2) 更换新油或调整油的黏度
电动机电源不稳定或过高	(1) 勺头活动，给矿器松动 (2) 返砂中有杂质 (3) 中空轴油润滑不良 (4) 磨矿浓度过高 (5) 传动系统有过度磨损或故障 (6) 筒体衬板质量不均衡或磨损不均匀	上紧勺头或给矿器，改善润滑情况，更换衬板，调整操作，更换或修理齿轮，排除电气故障
球磨机振动	(1) 齿轮啮合不好或磨损过甚 (2) 地脚螺栓或轴承螺丝松动 (3) 大齿轮联接螺丝或对开螺丝松动 (4) 传动轴承磨损过甚	调整齿间隙，拧紧松动螺丝，修整或更换轴瓦
突然发生强烈振动和碰击声	(1) 齿轮间啮合间隙混入杂质 (2) 小齿轮轴窜动，齿轮打坏 (3) 轴承或固定在基础上的螺丝松动	清除杂物，拧紧螺丝，修整或更换轴瓦
磨矿机端盖与筒体联结处、衬板螺钉处漏矿浆	(1) 衬板螺丝松动、密封垫圈磨损，螺栓打断 (2) 联接螺丝松动，定位销子过松	拧紧或更换螺丝，加密封垫圈，拧紧定位销子
磨矿机内故障	(1) 给矿器堵塞 (2) 给矿不充分，粒度特性变化 (3) 干磨时，入磨物料水分大 (4) 介质磨损过多或数量不足 (5) 干磨时，磨矿机内通风不良或格子孔被堵塞	(1) 检查修理给矿器 (2) 调整给矿量，消除供量不足的原因 (3) 降低入磨物料水分 (4) 补加介质 (5) 清扫通风管及格子孔

6.7.3　磨矿机的维修

磨矿机的合理维修是确保磨矿机有较高的运转率和较长使用期的重要条件。磨矿机的维修工作应与操作维护结合起来，经常进行。最成功的运转是因为同时伴有最好的维修计划和维修记录。制定一整套的维修计划和维修方针是新型选矿厂生产中最重要的工作之一，维修计划的周密性，维修人员态度的认真程度以及维修计划的正确与否，很明显地反映在经济效益上。

为了每次的计划停机检修工作顺利进行，平时应做好设备维修记录，详细地记载每一设备的操作情况和维修后的效果。如认真记录主轴承、格子板、衬板等易磨件的更换次数，并且把这些记录作为设备的使用史。以便于预测部件使用寿命,并计划安排更换件(备件)。

维修次数和时间可根据每台磨矿机的操作情况来确定,同时还取决于最易损件或最易磨件——衬板的磨损程度。磨矿机的维修除日常维护检查外,定期进行的有小修、中修和大修三种。

(1) 小修。一般为1～3个月进行一次,其主要检修项目是检查、修复或更换已磨损的零部件,如磨机衬板、给料器的勺头、小齿轮、联轴器及胶垫、进料管、出料管、电动机的轴承等;检查各紧固件;对油泵和润滑系统进行检查、清洗和换油;临时性的事故修理及磨损件的小调、小换和补漏。

(2) 中修。一般为6～12个月一次,其检修项目除了包括小修的全部项目外,还需对设备各部件作较大的清理和调整,如修复传动大齿轮等,同时更换大量的易磨部件。

(3) 大修。周期一般为5年左右,其检修项目除包括中修的全部项目外,还有更换主轴承和大齿轮,检查、修理或更换筒体和端盖,对基础进行修理、找正或二次灌浆。

根据我国的生产实践经验,磨矿机易损件的材质、使用寿命和备用量列于表6-11。

表6-11 磨矿机易损件的材质、使用寿命和最少储备量

零件名称	选用材质	使用寿命/月	每台磨矿机最少备用量/套
筒体衬板	高锰钢	6～8	2
端盖衬板	高锰钢	8～10	2
轴颈衬板	铸　铁	12～8	1
格子板	锰　钢	6～18	2
给矿器勺头	高锰钢	8	2
给矿器体壳	碳钢或铸铁	24	1
主轴承轴瓦	巴氏合金	24	1
传动轴承轴瓦	巴氏合金	18	2
小齿轮	合金钢	6～12	2
齿圈	铸　钢	38～48	1个
衬板螺栓	碳　钢	6～8	0.5

注:影响使用寿命的因素很多,本表是指磨碎铁矿石的大型磨矿机的情况,其他情况应按磨矿机的具体任务而定。

6.8 磨矿设备的发展概况

磨矿设备和技术的发展以节省磨矿能耗和钢耗为重点,研制新型的高效率、低能耗的磨矿设备,改进磨矿机的筒体衬板材料和结构形状;改进磨矿介质的形状和材质;改善磨矿机传动方式;磨矿机组的自动控制等。旨在保证磨矿产品细度的条件下,以提高磨矿机生产率和磨矿效率,降低磨矿能耗、钢耗和生产成本。下面对磨矿设备的发展情况作简单介绍。

6.8.1 磨矿机规格大型化

为了满足于大型选矿厂建设的需要,对磨矿机规格的大型化问题,一度受到重视。通过大型球磨机的实践研究,一般认为,大型球磨机比小型球磨机有一定的优越性。如占地面积小,生产率较高,以及处理单位矿石的成本低等。但美国专家罗兰通过对ϕ6.1 m×8.5 m和ϕ5.1 m×5.7 m球磨机的对比试验得出:球磨机直径超过ϕ5.1 m,经济技术指标不佳。不但出现了极限处理能力,而且能耗增高,衬板磨损失效加快。他建议,球磨机直径不要超过5 m。俄罗斯学者通过对于铁矿湿式磨矿机的计算得出,为了防止磨矿机出现无效的负荷运行,球磨机直径不得超过ϕ5.5～6.0 m,自磨机直径不得超过ϕ9.5～14.0 m。迄今生产中唯一的一台巨型球磨机为ϕ6.5 m×9.65 m,功率为8100 kW,是挪威学者狄格律为本国的基尔克尼斯铁矿设计的,处理能力高达1000 t/h。相当于原有的ϕ3.25 m×6.45 m球磨机三台,该磨矿机采用环形马达直接传动，其衬板和钢球消耗以及单位能耗比普通球磨机低15%左右。

6.8.2　衬板的改进

研制合理的衬板形式和耐磨材料对于提高磨矿机产量、降低消耗有重要意义，近年来很受人们重视。

A　橡胶衬板

橡胶衬板是一种抗腐蚀，耐磨损的非金属材料衬板。广泛用于选矿、水泥和化工等部门的湿式磨矿机中。目前，世界上已有60多个国家，在各种不同类型和规格的湿式磨矿机中使用橡胶衬板。我国已生产制造直径为 $\phi1.2\sim3.6$ m磨矿机的成套橡胶衬板。橡胶衬板具有下列优点：(1)耐磨损。由于橡胶的弹性高，在承受钢球冲击时可以变形，使受力较小，对于软物料，橡胶衬板的寿命比锰钢衬板高2～3倍。(2)抗腐蚀。钢衬板能被酸性矿浆所腐蚀，但橡胶衬板对酸性或碱性介质等在一定温度下都不敏感。(3)质量轻。约比锰钢衬板轻85%，拆装及维修方便。例如安装橡胶衬板的时间只需安装锰钢衬板的1/3～1/4。(4)单位能耗降低10%～15%；单位容积产量提高5%～10%，但在粗磨矿时，此优势不明显。(5)噪声小，可降低10～15 dB。

B　复合衬板

在美国亚利桑那州曾在大规格磨矿机上实验复合材料衬板，其两波峰间距、波峰高度、波谷半径对提高磨矿效果和降低磨耗速率起很重要作用。但在生产中波峰易磨耗，磨耗后上述最佳曲面就不能保持，因此波峰可采用较耐磨的材料制成，这样在连续工作条件下可保持衬板曲面形状不变，残留体最少。橡胶衬板在粗磨机中磨损是较快的，但如果以耐磨性较高的合金钢和铁制成波峰压入到橡胶中去构成复合衬板就很好。试验证明，这种衬板磨矿效率可增加5%，与铬、钼合金衬板比较，经济效果明显。

C　角螺旋衬板

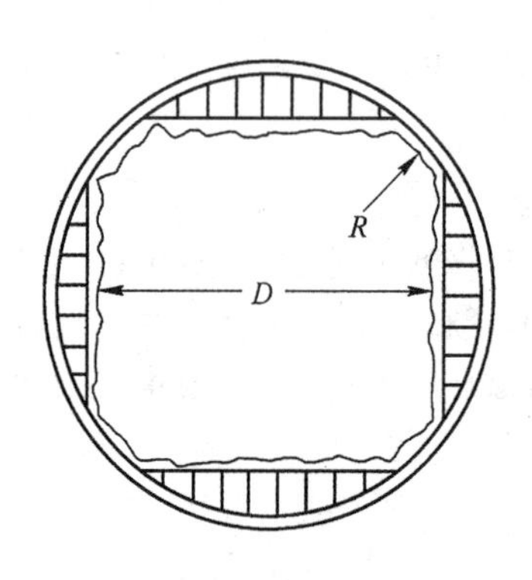

图6-27　角螺旋衬板

角螺旋衬板是一种新型的磨矿机节能增产衬板。它通过改变衬板整体结构形状来改变磨矿矿介质在筒体中的运动规律。角螺旋衬板是在普通圆筒型磨矿机的筒体内增加方形衬垫，使之成为四方形断面，其四角仍为圆弧形，圆弧半径为 R，见图6-27，方形断面直边距离为 D，当 R/D 比值为0.3～0.33时，磨矿效果最佳。衬板断面形状为普通的双波浪形，从进料端开始，衬板第一圈为平行于轴线的平衬板，每两圈为一节，第二节与第一节错开一定角度 α（错位角），一般为15°～45°，以后依次顺序错开排列直至磨机的排料端，由四个圆角使磨矿机内部形成一个四头断续内螺旋筒，内螺旋方向与磨矿机转动方向相反。

由于衬板的错置安装，每一节衬板形成一个独立的圆角方形单元体，沿磨矿机长度方向每一单元体内的提升、抛落不同步，钢球被顺序提升，即在同一时间内只有部分钢球提升，从而降低了磨矿负荷的不对称性，电机的功率消耗大为减少，噪声也随之下降。

由于衬板的螺旋作用，使磨矿机内的介质既有圆周运动，又有轴向运动，同时衬板的弧形角和直线段的相互交替，使磨矿机内钢球和物料均匀混合和强烈翻动，增强了介质在整个料荷内的相对运动，加强了介质对物料的冲击研磨强度和剪切作用。物料从进料端向排料端旋转前进，在螺旋的推动下,小球向排料端移动,而由于球面高差的作用,使较多聚集在内层的大球流向进料端,从而得到了介质沿轴向的自然分级,有利于在进料端对给料中粗粒级物料的磨碎。

角螺旋衬板与圆形断面衬板比较有以下优点:(1)单位产量电耗下降 10%~20%;(2)磨矿机台时产量可提高 15%~25%;(3)单位产量球耗可降低 15%~20%;(4)运行平稳,延长了传动装置的使用寿命;(5)减少产品中的过粉碎现象,尤其在开路磨矿中更为显著;(6)噪声小,一般使磨矿机噪声下降 4~5 dB。但是,由于安装角螺旋衬板,磨矿机的有效容积减小 11%~15%,充填率不超过 30%。

D 磁性衬板

磁性衬板的特点是在橡胶衬板内部装有永磁体。利用碎裂的废钢球和铁磁性矿料,在橡胶衬板上形成抗磨的保护层。磨矿过程中,磁性保护层一边被磨掉,一边又重新形成,几乎成为磨矿机的最佳衬板。

目前,国外一些选矿厂的球磨机装有这种磁性衬板,主要用于二段球磨机、砾磨机。将这种衬板用于 ϕ5.9 m×7.7 m 砾磨机中,使用 5000 h 后,仍无明显的磨损,可以节电 11.4%和衬板消耗质量不到钢衬板质量的一半,衬板厚度比合金衬板薄,一般厚度为 36 mm;用于砾磨机磨矿时,砾石消耗量降低 30%;我国长沙矿冶研究院与邯郸炼铁厂合作,在该厂 ϕ1.5 m×3 m 球磨机上作长期试验,所用磁块为钕铁硼永久磁铁,采用金属护板,处理磁铁矿生产实践表明与一般锰钢相比,其耐磨性提高 15 倍,处理每吨矿石衬板节省 30%,钢球节省 22.8%,按 -200 目生产量计产量提高 10%,电耗有所下降。另外,这种磁性衬板还可以用于非磁性矿料和一段球磨机及半自磨机的筒体衬板,仍能形成耐磨的矿层保护层。矿层磁性衬板的价格比硬镍衬板贵 80%。但是,这种衬板寿命很长,效果显著,是一种有发展前途的磨矿机新型衬板。

6.8.3 磨矿介质形状和材质

磨矿介质费用是选矿生产成本当中费用最高者之一,因此,很好地选择钢球(棒)的形状和材质,提高耐磨性能就非常重要。

在钢球材质方面,我国使用的大钢球多为锻造的,有高碳锻钢球,热轧高碳低合金钢球等,小钢球为锻造或铸造的,有高碳钢球、稀土镁中锰铸铁球等。近年来,高铬铸铁钢球的应用得到新的发展,高铬(一般为 Cr11%~30%)铸铁不仅硬度高,而且抗腐蚀能力强,表现出较高的耐磨性能,这种钢球使用 6 个月后的质量仅减少 3%。单位球耗由锻钢球的 1.65 kg/t,降为 0.491 kg/t。另据报道,为了改善棒磨机的钢棒的耐磨性能,加拿大研制了一种马氏体铸铁合金棒,工业试验结果表明,这种钢棒用于处理铁矿石时,单位棒耗降低 14.6%,单位能耗节省 8.5%,与高铬铸铁钢棒和锻钢棒相比,磨矿机单位成本分别降低 18%和 24%。另外,在湿磨过程中,采用防腐剂减少磨矿介质的腐蚀磨损,提高钢球使用寿命方面有了新的进展。

磨矿介质形状的合理选择也直接影响磨矿效果,近年来,国内外在这方面做了不少工作。例如东北大学通过对不同形状介质(球、柱、柱球)磨矿效果的对比试验,说明当磨矿产品粒度大于 0.5 mm 时,钢柱(长度和直径相等的圆柱体)、柱球介质优于钢球介质;当磨矿产品粒度(以细粒累积含量计)d_{80}小于或等于 0.074 mm 时,采用普通钢球磨矿机产量较高,但使用柱球介质时,磨矿产品过粉碎较轻。首钢研制的两种新型磨矿介质——A、B 型棒球介质工业试验表明,磨矿效率提高 7.63%~9.77%,降低球耗 6.49%~10%,每吨原矿节电 1.23 kW·h。可见,磨矿介质的材质、形状对磨矿的技术经济指标影响较大。据有关资料介绍:适合我国大球的最佳材质是热轧高碳(含碳量 0.8%~1.0%)低合金钢、高碳锻钢以及中高碳热处理钢;适合小球的最佳材质是高碳热轧钢(含碳量 0.70%~0.95%)、稀土镁中锰球墨铸铁和中锰钒钛马氏体白口铸铁。

6.8.4 磨矿设备新的结构

环形马达直接传动，这是近几年来在大型磨机上应用的新型的传动方式，即电动机转子安装在球磨机筒体上，电动机是超低速同步电动机，其转速等于球磨机的转速。定子套在筒体的转子上，因而筒体本身就起着转子的作用，无需大、小齿轮减速的啮合传动。这种无齿轮的传动装置，能够在一定范围内，根据矿石性质变化的需求而随时改变磨机转速。

值得注意的趋向是，无齿轮传动装置不仅在大型管磨机上应用，近来已经用于金属矿选矿厂的大型球磨机，处理金属矿石的磨矿效果亦很好。这种传动方式的优点是，磨矿机转速可调整，结构紧凑，但是磨矿机功率小于6000 kW 时，采用环形电动机直接传动装置很不经济，造价过高。

6.8.5 磨矿机组的自动控制

磨矿机组的自动控制不仅是节省劳动力的问题，更重要的是稳定操作，把作业条件控制在最佳水平，以达到提高产量，降低消耗的目的；特别是自磨机及半自磨机，由于磨机内的料位或介质负荷变化快，因此必须安装自动控制系统，以保证磨矿机的高效率、低消耗。

据国外报道，磨矿回路自动控制可提高产量 2.5% ~10% ，处理一吨矿石可节省电能 0.4 ~1.4kW · h；我国一些选矿厂的磨矿分级自动控制经验表明，采用自动控制系统时，磨矿操作的各项指标的波动范围均比人工操作小。

由于影响磨矿效率的因素很多，特别是矿石性质的多变，因此，到现在为止，还没有把这些因素统一起来而制定出统一的数学模型在生产中应用。一般是根据具体矿石和条件，经过试验得出适宜的操作范围，在生产中控制磨机在此范围内运转。国内外磨矿回路自动控制成功的经验是采用专家系统，最近采用模糊逻辑控制。

磨矿作业的自动控制系统通常进行测定或控制的主要参数是：(1)功率。与磨矿机的转速率、矿浆浓度、磨矿介质充填率、衬板状态等有关。自磨机的负荷变化可采用功率信号或轴压信号反映。(2)声音。声音强度与介质运动状态和球料比有关，它可表示磨矿机负荷大小。测定时需要将某些无关的声音滤掉。(3)新给矿量。在给矿皮带上安置传感器(电子秤或核子秤)，传递和记录负荷质量，并用来控制磨矿机磨矿加水量。(4)水力旋流器的料浆泵池的液位。该液面的高低可表示闭路磨矿的循环负荷的大小，并用来控制砂泵的流量。液位可用超声波、原子吸收、压差及浸入料浆的吹泡管的压力等方法测出。(5)矿浆流量。可用矿浆流量计测定。通过矿浆容重和体积流量计算而测出矿浆的质量流量，用以控制浮选药剂添加量和计算磨矿系统的质量平衡表。体积流量用磁性流量计测出。(6)pH 值。用标准电极测量，矿浆的 pH 值对金属氢氧化物形成胶体颗粒产生影响，而胶体颗粒的数量又影响矿浆浓度和分级作业。(7)给水量。影响磨矿浓度和磨矿效率。(8)矿浆浓度。用浓度计测定。(9)磨矿产品粒度。用粒度传感器测定。

选矿厂磨矿分级过程自动控制可分为定值控制和最优化控制两种方式。选用时必须充分研究原矿性质、工艺流程、设备配置及生产指标的具体情况，确定合适方案。

本章小结

磨矿是在磨矿机中进行，在金属选矿厂一般采用球磨机和棒磨机。球磨机按排矿方式不同分为格子型球磨机和溢流型球磨机。溢流型球磨机的磨碎产物是经排矿中空轴颈自流溢出，排料不如格子型球磨机顺畅，故生产率不高和产生“过粉碎”现象，常用于细磨矿(两段磨矿的第二段)；格子型球磨机的磨碎产物是由排矿格子板排出，具有强迫排矿作用，排矿速度快，故有生产率高和“过粉碎”较轻的特点，广泛用于粗磨矿(两段磨矿的第一段)。棒磨机是依靠棒的压力和磨剥力磨碎矿石的，棒与棒之间是线接触，具有选择性磨矿的作用，故产品粒度较均匀，过粉碎较少，常用于两段连续磨矿的第一段。

球磨机和棒磨机的工作原理基本相同，都是由筒体转动使内部装的磨矿介质发生运动来对矿石产生磨碎作用，本章是以钢球的运动状态进行研究的。磨矿机的转速大小直接决定着筒体内磨矿介质的运动状态和磨矿作业的效果，随磨机转速不同，钢球分别呈现为泻落状态、抛落状态和离心运转状态三种运动形式，其中抛落式运动状态的磨矿效率最高。磨矿机的工作转速通常低于临界转速，从理论上导出的球磨机的适宜转速率为76%～88%。在实践工作中，应综合考虑选矿厂的技术经济指标，磨矿机的最佳转速应通过试验确定。磨矿机的有用功率与筒体的长度和筒体直径的2.5次方成正比，故筒体直径的变化对磨机有用功率的影响很大。

自磨机是靠矿石本身的冲击和磨剥作用来磨碎矿石，有干式和湿式两种，二者的工作原理基本相似，都要求稳定的给矿量和大小矿块间保持一定的比例。自磨技术节省钢耗、简化流程、节省基建投资等特点，故广泛用于铁矿、铜矿和其他稀有金属矿。砾磨机是以砾石作为磨矿介质，砾石一般取自前某一适当粒级的破碎产物，主要用于细磨，一般与水力旋流器构成闭路作业。

近年来为满足化工、建材、非金属矿山、金属矿山等多种部门对微细物料的要求，开始重视探索新的超细磨方法和新型高效的细磨设备。目前，用于各种矿料微细磨矿和超细磨矿的设备主要有：离心磨矿机、塔式磨矿机、振动磨矿机、喷射磨矿机和辊式磨矿机等。

各种类型磨矿机的安装方法和顺序大致相同，一定要保证安装质量。操作时必须严格遵守操作和维护规程，启动前做好相关的准备工作，启动和停车要严格按规定的程序进行。把维修工作和操作结合起来，维修除日常维护检查外可分为小修、中修和大修三种。对于磨矿机的常见故障，要知道其产生故障的原因和排除方法。

磨矿设备和技术的发展是以节省磨矿能耗和钢耗为重点，研制新型的高效率、低能耗的磨矿设备，尤其是超细磨矿技术和设备；改进磨矿机的筒体衬板材料和结构形状；改进磨矿介质的形状和材质；以及改善磨矿机传动方式等。旨在保证磨矿产品细度的条件下，以提高磨矿机生产率和磨矿效率，降低磨矿能耗、钢耗和生产成本。

复习思考题

6-1 选矿厂磨矿作业的任务是什么，对磨矿产品有什么要求？

6-2 选矿厂常用磨矿机有哪几种，如何进行分类？

6-3 简述溢流球磨机的构造，并说明各个部件的名称和作用。

6-4 说明格子板的构造和安装方式，分析格子板的作用。

6-5 格子型球磨机与溢流型球磨机在构造上、工作原理上和使用性能上的区别是什么？

6-6 分析棒磨机的构造特点、工作原理和适合的矿石性质。

6-7 磨矿机内衬板的作用是什么，衬板有几种基本形状，用图表示角螺旋衬板的形状，并说明其优点。

6-8 结合简图说明球磨机内钢球的运动状态与磨矿机转速的关系。

6-9 什么叫做临界转速，如何计算？

6-10 何谓磨矿机工作转速和转速率？

6-11 理论上合适的转速率范围是多少？说明76%、88%转速率的理论根据和实用价值。

6-12 生产中磨矿机的工作转速如何确定，转速率与充填率的关系如何？

6-13 计算 ϕ3200 mm×4500 mm 溢流型球磨机的临界转速和工作转速（已知充填率为40%）。

6-14 分析影响球磨机抛落状态运转有用功率的因素。

6-15　采用自磨的优越性表现在哪几个方面?

6-16　干式自磨机的构造特点是什么?

6-17　湿式自磨机的构造特点。

6-18　简述自磨机磨矿原理。

6-19　湿式自磨可以采用哪些分级设备,各适合什么粒度范围?

6-20　顽石处理方法有哪几种?

6-21　分析自磨机的主要工艺参数及合适范围。

6-22　目前常用的超细磨矿设备有哪几种？请分别说明它们的工作原理和使用性能。

7　磨矿循环与影响磨矿效果的因素

7.1　概述

在金属矿选矿厂中,需要磨碎的矿石一般都是由几种不同的矿物组成的。由于各种矿物的物理性质和嵌布粒度不一样,可磨性也不相同,而且它们在磨矿机中受到的冲击和研磨作用也不可能完全一致。因此,经过磨矿机磨碎后排出的产物粒度也就有粗有细。如果在生产中将给入磨矿机的粗粒物料全部磨细到符合要求的粒度后才排出,则那些已先磨细了的粒子就有可能继续被研磨而发生过粉碎。这种不必要的过粉碎不仅造成动力、磨矿介质和筒体衬板的无谓消耗,而且还会给选别和脱水等后续作业带来困难,增加有用成分在微细粒级中的损失。所以,在选矿生产中为了减少过粉碎并控制磨矿产物粒度,通常都不采用这种让物料通过磨矿机一次就磨到合格细度的所谓开路磨矿工艺,而是采用磨矿机与分级设备构成闭路作业的磨矿流程。在闭路磨矿过程中,磨矿机所排出的比合格粒度稍粗一些的物料,经分级作业分级后,合格的细粒部分即被及早分出送往下一作业,而不合格的粗粒部分则作为返砂送回磨矿机再磨。对闭路磨矿操作的要求,不是要使物料每次通过磨矿机时都全部磨碎到合格粒度,而是尽多尽早地把刚刚磨碎到符合粒度要求的粒子从回路中分离出来。这样就可以保证磨矿机中的研磨介质完全作用在粗大颗粒上,使输入的能量最大限度地做有用功,从而提高磨矿效率,减少过粉碎微粒的产生。

由此可见,分级作业在磨矿过程中起着十分重要的作用。分级设备性能的好坏,分级工艺及操作条件是否适宜,分级效率的高低,必然对磨矿效果产生直接的影响。因此,在研究磨矿工艺时,必须了解磨矿回路中常用分级设备的性能和应用场合,了解磨矿—分级循环系统中分级效果与磨矿效果之间的关系。

与磨矿机配合使用构成机组的分级设备,按其在磨矿回路中的作用不同可分为预先分级、检查分级和控制分级。预先分级是指入磨前的物料先经过分级机预先分出不需磨碎的合格细粒,只把不合格的粗粒级送入磨矿机研磨,以减少不必要的磨碎和减轻磨矿机的负荷。检查分级则是对磨矿后的产物进行分级,把不合格的粗粒级分出来返回磨矿机再磨,以控制磨矿产物的粒度。控制分级又可分为两种情况,即溢流控制分级和沉砂控制分级:前者是指把第一次分级的溢流再次分级,以获得更细的溢流产物;后者则指把第一次分级的沉砂进行再分级,以获得细粒级含量更少的粗粒物料作为返砂送回磨矿机再磨,可更有效地防止过粉碎。

目前用于闭路磨矿循环的分级设备有螺旋分级机、水力旋流器和细筛等。细筛已在第二章中讲过,水力旋流器的详细内容则在重力选矿技术课程中讲述,这里只作简单介绍。

7.2　磨矿循环中常用的分级设备

7.2.1　分级的基本概念和分级效果的评定

A　分级的概念

分级是将粒度大小不同的混合物料在介质中按其沉降速度不同分成若干个粒度相近的窄级别的过程。使用空气作为分级介质的称作干式分级;使用水作为分级介质的称作湿式分级。在选矿厂中，通常采用的是湿式分级。

分级和筛分虽然都是把混合物料分成不同粒度级别的过程，但它们的工作原理和产物粒度特性是不一样的。筛分是按筛面上筛孔的大小将物料分为尺寸不同的粒度级别，比较严格地按几何粒度分离，不受矿粒密度的影响。而分级则是按颗粒在介质中的沉降速度大小将物料分为不同的等降级别的。矿粒的沉降速度不仅与粒度大小有关，而且还受到矿粒密度和形状的影响。因此，在同一等降级别中既有尺寸较大密度较小的颗粒，也有尺寸较小密度较大的颗粒。矿粒的密度差别愈大，则在同一等降级别中粒径大小的差别愈明显。所以，在生产中将由不同粒度和密度的矿粒组成的混合物料进行水力分级时，分级各产物中经常出现粗中夹细、细中有粗的现象，就是由于分级作业不是按几何粒度而是按水力粒度把物料分离所造成的。

与磨矿机构成闭路循环的分级作业，经分级后的物料分为粗细两部分，细粒部分叫溢流；粗粒部分叫沉砂或返砂。溢流产品的粒度（常以溢流按某一规定的筛析粒度的含量百分数来表示）就是分级作业的分级粒度。例如某分级机的溢流粒度为70% -200目，则这一粒度就是该分级机的分级粒度。在分级中还常用到"分离粒度"这个概念。分离粒度是指进入沉砂和溢流中的几率各为50%的颗粒的粒度。在分级过程中，凡大于分离粒度的颗粒多数进入沉砂，小于分离粒度的颗粒多数进入溢流。例如，将上述分级粒度为70% -200目的分级机溢流及沉砂进行筛析并绘出粒度特性曲线后，如果查得进入溢流和沉砂的几率各为50%的颗粒的粒度为0.1 mm，该分级作业的分离粒度即为0.1 mm。

在理想条件下，物料经分级后，大于分离粒度的颗粒全都分到沉砂里，而小于分离粒度的颗粒全都分到溢流里。但在实际生产中由于设备和操作等方面的原因，"理想分级"是做不到的。在分级产物中总是有一定数量粗细颗粒的混杂，即溢流中混有不合格的粗粒，沉砂中则混有合格的细粒，从而影响着分级产品的质量。粗细混杂的程度愈严重，说明分级精度愈低，分级效果愈差。

B 分级效果的评定

评定分级效果最常用的方法是计算分级的量效率和质效率，现分别叙述如下：

(1) 分级量效率。分级量效率与筛分效率的概念相同，它是指分级作业给料中某特定细粒级经分级后进入溢流中的质量占给料中该粒级的质量的百分数，也就是该粒级在溢流中的回收率。分级量效率，在实际计算中既可按小于分离粒度的粒级来计算，也可按某一粒度（常用0.074 mm）级别来计算。

若以α、β、θ分别代表分级作业给料、溢流和沉砂中小于某一粒级的含量百分数，按照推导筛分效率公式的方法，可以导出分级量效率的计算公式如下

$$\varepsilon = \frac{\beta(\alpha-\theta)}{\alpha(\beta-\theta)} \times 100\% \tag{7-1}$$

(2) 分级质效率。上述分级量效率只反映了分级后回收到溢流中小于某特定粒级的数量，而没有考虑到粗粒混入溢流中对溢流产品质量的影响。对按沉降规律进行分级的水力分级设备来说，溢流中混入粗粒级的情况往往又是不可避免的，因此，只用量效率来评定分级效果显然是不全面的。例如在分级过程中把原料全部分到溢流中，细粒级在溢流中的回收率（即量效率）虽然为100%，但此时的溢流质量最差，原料根本没有得到分级，所以还必须用一个能反映出粗粒在溢流中混杂程度的指标来评定分级效果才行。这个指标就是分级质效率。

质效率既然是反映溢流中粗粒级的混杂程度，那么，它可以用细粒级在溢流中的回收率（$E_{细}$）与粗粒级在溢流中的回收率（$E_{粗}$）之差来表示，即

$$E = E_{细} - E_{粗} \tag{7-2}$$

如果分级作业给料、溢流和沉砂中细粒级的百分含量分别为 α、β 和 θ，则相应产品中粗粒级的百分含量分别为 $(100-\alpha)$、$(100-\beta)$ 和 $(100-\theta)$，显然，粗粒级在溢流中的回收率应是

$$E_{粗}=\frac{(100-\beta)[(100-\alpha)-(100-\theta)]}{(100-\alpha)[(100-\beta)-(100-\theta)]}\times 100\% \tag{7-3}$$

已知 $E_{细}$ 即为 ε，故有

$$E=E_{细}-E_{粗}=\frac{\beta(\alpha-\theta)}{\alpha(\beta-\theta)}\times 100\%-\frac{(100-\beta)[(100-\alpha)-(100-\theta)]}{(100-\alpha)[(100-\beta)-(100-\theta)]}\times 100\%$$

整理后，得

$$E=\frac{(\alpha-\theta)(\beta-\alpha)}{\alpha(\beta-\theta)(100-\alpha)}\times 10^4\% \tag{7-4}$$

根据上面的公式，只要将取自分级作业的给料、溢流和沉砂试样分别进行筛析，测定出 α、β 和 θ 三个数据，即可算出分级的量效率和质效率。

例如：某分级作业各个产物样品的筛析结果为 $\alpha=30\%$；$\beta=60\%$；$\theta=20\%$ 时，则分级量效率按公式 7-1 计算

$$\varepsilon=\frac{60\times(30-20)}{30\times(60-20)}\times 100\%=50\%$$

分级质效率按公式 7-4 计算

$$E=\frac{(30-20)\times(60-30)}{30\times(60-20)\times(100-30)}\times 10^4\%=35.7\%$$

根据公式 7-2 还可以算出溢流中粗粒级的混杂率为

$$E_{粗}=E_{细}-E=50\%-35.7\%=14.3\%$$

当闭路磨矿的操作条件不变时，磨矿机的排料（即分级作业给料）粒度和分级溢流粒度是不变的。这样，由公式 7-1 及公式 7-4 可知，分级量效率和质效率的高低，完全取决于沉砂中细粒级含量（即 θ 值）的多少。θ 值愈低，分级效率愈高；反之，分级效率就愈低。因此，要改善磨矿回路分级作业的效果，必须设法减少细粒级在沉砂中的含量。上面提到的沉砂控制分级工艺，就是为此目的而设置的。

7.2.2　螺旋分级机

A　螺旋分级机的构造及分类

如图 7-1 所示，螺旋分级机由底部呈半圆形的水槽、螺旋叶片、支承螺旋轴的上下两端轴承、螺旋轴传动装置和提升机构组成。

从槽子侧边进料口给入水槽的矿浆，在向槽子下端溢流堰流动的过程中，矿粒开始沉降分级，细颗粒因沉降速度小，呈悬浮状态被水流带经溢流堰排出，成为溢流；而粗颗粒沉降速度大，沉到槽底后被旋转的螺旋叶片运至槽子上端，成为返砂，送回磨矿机再磨。

螺旋分级机的螺旋叶片用放射状辐条与中空轴联结，轴的两端安置在上下部支座中，由槽子上端的传动装置带动作低速旋转。下端轴承装在提升机构的底部，通过提升机构可使其上升或下降，以便在停机时将螺旋提起，免得被沉砂压住，使开机时不至于过负荷。同时，提升机构的升降还可以调整螺旋叶片与槽底的间距，借以调整返砂量。

根据螺旋在水槽内的位置和矿浆面的高低不同，螺旋分级机可分沉没式、高堰式和低堰式三种。它们的主要区别和特点是：

沉没式螺旋分级机溢流端的螺旋叶片有 4～5 圈全部沉没在矿浆中，沉降区的面积大，分级池深，螺旋转动对矿浆面的影响较小。所以分级面平稳，溢流产量高，粒度细，适于分离出小于

0.15 mm 粒级的溢流产品。常在选矿厂第二段磨矿中与磨矿机构成机组。

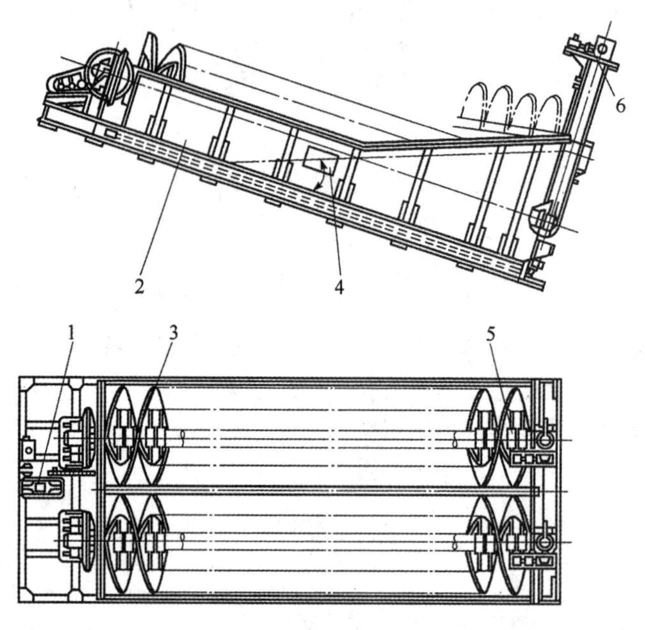

图 7-1　高堰式双螺旋分级机

1—传动装置;2—斜槽;3—左、右螺旋轴;4—进料口;5—下部支座;6—提升机构

高堰式螺旋分级机的溢流堰高于螺旋中空轴的下端轴承,但低于溢流端螺旋叶片的上边缘。其沉降区的面积要比低堰式的大,且可在一定范围内调整溢流堰的高度以改变沉降区的面积,从而可以调节分级的粒度。这是磨矿循环中常用的一种分级设备,它适合于分离出大于 0.15 mm 粒级的溢流产品,通常在第一段磨矿中使用。

低堰式螺旋分级机的溢流堰低于螺旋中空轴的下端轴承,沉降区的面积小,螺旋对矿浆面的搅动大,只能用于洗矿和粗粒物料的脱水,不适于用作分级,故在磨矿循环中很少使用。

螺旋分级机按螺旋数目不同,又可分为单螺旋和双螺旋分级机。两者的分级性能相同,只不过双螺旋分级机的处理能力更大,适合于与大型磨矿机配合使用。

螺旋分级机的规格以螺旋直径来表示。我国生产的螺旋分级机的技术规格和性能列于表 7-1。

B　影响螺旋分级机分级过程的因素

影响螺旋分级机分级过程的因素很多,主要为三个方面,即矿石性质(包括分级给料的含泥量及粒度组成、矿石的密度和形状等);设备构造(指槽子倾角的大小、溢流堰的高低和螺旋的转速等);操作方法(矿浆浓度、给矿量及给矿均匀程度)。分述如下:

(1) 分级给料的含泥量及粒度组成。分级给料中含泥量或细粒级愈多,矿浆黏度愈大,则矿粒在矿浆中的沉降速度愈小,溢流产物的粒度就愈粗;在这种情况下,为保证获得合乎要求的溢流细度,可适当增大补加水,以降低矿浆浓度。如果给料中含泥量少,或者是经过了脱泥处理,则应适当提高矿浆浓度,以减少返砂中夹带过多的细粒级物料。

(2) 矿石的密度和颗粒形状。在浓度和其他条件相同的情况下,分级物料的密度愈小,矿浆的黏度愈大,溢流产品粒度变粗;反之,分级物料的密度愈大,矿浆黏度愈小,溢流粒度变细,返砂中的细粒级含量增加。所以,当分级密度大的矿石时,应适当提高分级浓度;而分级密度小的矿石时,则应适当降低分级浓度。由于扁平矿粒比圆形或近圆形矿粒的沉降慢,分级时应采用较低的矿浆浓度,或者是加快溢流产品的排出速度。

表 7-1　国产螺旋分级机的技术规格和性能

类　型	型号及规格	螺旋转速/r·min^{-1}	水槽坡度/(°)	生产能力/t·d^{-1}		电动机功率/kW		外形尺寸:长×宽×高/mm	机器质量/t
				按返砂	按溢流	旋转螺旋用	提升螺旋用		
高堰式单螺旋	FG－3φ300	8～30		44～73	13	1.1		3840×490×1140	
	FG－5φ500	8.0～12.5	14～18.5	135～210	32	1.1		5480×680×1480	1.600
	FG－7φ750	6～10	14～18.5	340～570	65	3		6720×1267×1584	2.829
	FG－10φ1000	5～8	14～18	675～1080	110	5.5		7590×1240×2380	3.990
	FG－12φ1200	5～7	12	1170～1870	155	5.5	2.2	8180×1570×3100(右)	8.537
								8230×1592×3100(左)	8.565
	FG－15φ1500	2.5～6	14～18.5	1830～2740	235	7.5	2.2	10410×1920×4070	11.167
	FG－20φ2000	3.6～5.5	14～18.5	3290～5940	400	11	3	10788×2524×4486	20.464
	FG－24φ2400	3.64	14～18.5	6800	580	13	3	11562×2910×4966	25.647
高堰式双螺旋	2FG－12φ1200	6.0	14～18.5	2340～3740	310	5.5×2	1.5×2	8290×2780×3080	15.841
	2FG－15φ1500	2.5～6	14～18.5	2280～5480	470	7.5×2	2.2×2	10410×3392×4070	22.110
	2FG－20φ2000	3.6～5.5	14～18.5	7780～11880	800	23;30	3×2	10955×4595×4490	35.341
	2FG－24φ2400	3.67	18～18.5	,13600	1160	30	3	12710×5430×5690	45.874
	2FG－30φ3000	3.2		23300	1785	40	4	16020×6640×6350	73.027
沉没式单螺旋	FC－10φ1000	58		675～1080	85			9590×1290×2670	6.000
	FC－12φ1200	57	15	1170～1870	120	7.5	2.2	10371×1534×3912	11.022
	FC－15φ1500	2.56	14～18.5	1830～2740	185	7.5	2.2	12670×1810×4888	15.340
	FC－20φ2000	3.65	14～18.5	3210～5940	320	13; 10	3	15398×2524×5343	29.056
	FC－24φ2400	3.64	14～18.5	6800	490	17	4	16700×2926×7190	38.410
沉没式双螺旋	2FC－12φ1200	6.0		2340～3740	240	5.5×2	1.5×2	10190×3154×3745	17.600
	2FC－15φ1500	2.5～6	14～18.5	2280～5480	370	7.5	2.2	12670×3368×4888	27.450
	2FC－20φ2000	3.6～5.5	14～18.5	7780～11880	640	22; 30	3	15700×4595×5635	50.000
	2FC－24φ2400	3.67	14～18.5	13700	910	30	3	14701×5430×6885	67.860
	2FC－30φ3000	3.2	18～18.5	23300	1410	40	4	17091×6640×8680	84.870

(3) 分级机槽子的倾角。槽子的倾角大小不仅决定分级的沉降面积，还影响螺旋叶片对矿浆的搅动程度，因而也就影响溢流产物的质量。槽子的倾角小，分级机沉降面积大，溢流粒度较细，返砂中细粒含量增多；反之，槽子的倾角增大，沉降面积减小，粗粒物料下滑机会较多，溢流粒度变粗，但返砂夹细较少。当然，分级机安装之后，其倾角是不变动的，只能在操作条件上适应已定的倾角。

(4) 溢流堰的高低。调整溢流堰的高度，可改变沉降面积的大小。当溢流堰加高时，可使矿粒的沉降面积增大，分级区的容积也增大，因此螺旋对矿浆面的搅动程度相对较弱，使溢流粒度变细。而当要求溢流粒度较粗时，则应降低溢流堰的高度。

(5) 螺旋的转速。螺旋的旋转速度不仅影响溢流产品的粒度，也影响输送沉砂的能力。因此，在选择螺旋转速时，必须同时满足溢流细度和返砂生产率的要求。转速愈快，按返砂计的生产能力愈高，但因对矿浆的搅拌作用变强，溢流中夹带的粗粒增多，适合于粗磨循环中使用的分级机。而在第二段磨矿或细磨循环中使用的分级机，要求得到较细的溢流产品，螺旋转速应尽量放慢一些。

(6) 矿浆浓度。矿浆浓度是分级机操作中一个最重要的调节因素，生产中通常都是通过它来控制分级溢流细度的。一般来说，矿浆浓度低，溢流粒度细，浓度增大，溢流粒度变粗。这是因为在较浓的矿浆中，矿浆的黏度较大，颗粒沉降受到的干扰大，沉降速度变慢，有些较粗的矿粒还来不及沉下便被水平流动的矿浆带出溢流堰，使溢流粒度变粗。但是，矿浆浓度很低时，也可能出现溢流粒度变粗的情况。这是由于浓度太低了，为了保持一定的按固体质量计算的生产能力，矿浆量必然很大，致使分级机中的矿浆流速随之增大，从而把较粗的矿粒也冲到溢流中去。所以在实际生产中，对于处理指定矿石的分级机，有其最适宜的分级矿浆浓度。在此适宜浓度下，当保持一定的分级粒度时，可获得最大的生产率；而保持一定的生产率时，可得到最小的分离粒度。这一浓度就叫做临界浓度。实际生产的临界浓度值要通过试验并参考类似选矿厂分级作业的指标来确定。

(7) 给矿量及给矿的均匀程度。当矿浆浓度一定时，若给入分级机的矿量增多，则矿浆的上升流速和水平流速也随之增大，因而使溢流粒度变粗。反之，矿量减少，则溢流粒度变细，返砂中的细粒含量增多。所以分级机的给矿量应适当，且要保持均匀稳定，才能使分级过程正常进行，获得良好的分级效果。

螺旋分级机构造比较简单，工作可靠，操作方便，易于与直径小于 3.2 m 的磨矿机构成闭路循环，返砂含水量低。但它与水力旋流器相比，则有占地面积大，基建投资高，分级效率低，在细粒分级时溢流浓度太低，对选别作业不利等缺点。故在大型选矿厂中有被水力旋流器取代的趋势，尤其是在细磨阶段。

C　螺旋分级机常见的故障原因及排除方法

螺旋分级机在运转中常见的故障、产生原因及排除方法可参见表 7-2。

7.2.3　水力旋流器

A　水力旋流器的构造及工作原理

水力旋流器是一种利用离心力来加速颗粒沉降的分级设备，它的构造如图 7-2 所示。旋流器上部是圆筒，筒体上装有与筒壁呈切线方向的给矿管，筒体中心有溢流管；下部是一个与圆筒相连的倒置圆锥体，锥体的锥角在 15°～60°之间，锥体下端装有沉砂口，各部分之间均用法兰盘及螺栓连接，以便于更换。

表 7-2 螺旋分级机的故障原因及排除方法

设备故障	产生原因	排除方法
断 轴	返砂量忽大忽小,负荷不匀; 轴材料、加工质量差; 安装不正或轴弯曲	焊接或换轴
下轴头进砂	法兰盘或填料塞得过松; 垫子不严	修理下轴头
螺旋叶或辐条弯曲	返砂量过大而返砂槽堵塞; 启动时,返砂过多; 开车前螺旋提升不够	修正或更换螺旋叶或辐条
下降时提升齿轮空转	槽内沉砂太多	挖放沉砂
提升杆振动	轴头弯曲; 下轴头内进砂; 轴头滚珠磨坏	清洗更换

水力旋流器的分级过程是:矿浆以一定压力(0.049~0.294 MPa)从给矿管沿切线方向给入旋流器,在筒体内部高速旋转,产生很大的离心力。矿浆中的介质以及密度和粒度不同的颗粒,因受到的离心力不同,在筒体内的运动速度、加速度及方向也各不相同。粗而重的矿粒受到的离心力大,被甩向筒壁,沿螺旋线向下运动,随同部分介质从沉砂口排出,成为沉砂;细而轻的矿粒受到的离心力小,在筒体中心与大部分介质一起形成内螺线状的上升液流,从溢流管排出,成为溢流。

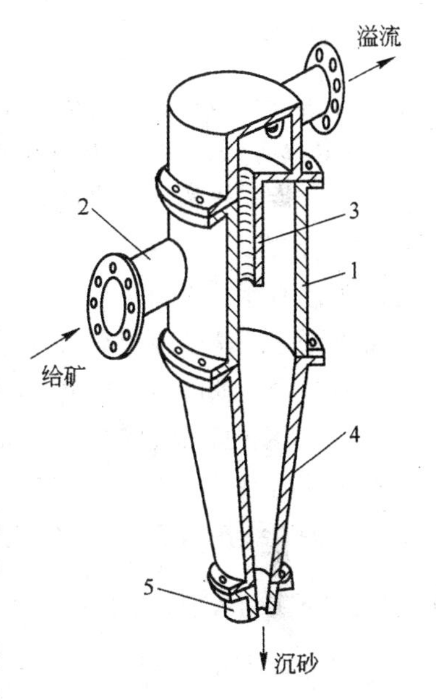

图 7-2 水力旋流器构造示意图
1—圆筒部分;2—给矿管;3—溢流管;4—圆锥部分;5—沉砂口

B 影响水力旋流器分级的因素

影响水力旋流器分级的因素很多,主要有结构参数(旋流器直径、给矿口的直径、溢流管和沉砂口直径及锥角等)和操作工艺(给矿压力和给矿浓度等)因素两大类,现分述如下:

(1) 旋流器的直径 D。旋流器的直径 D 以圆筒体直径表示。在给矿压力一定时,旋流器的处理量 $Q \propto D^2$,分离粒度 $d_{50} \propto D^{0.5}$。故要求分离粒度大时,宜用较大直径的旋流器;要求分离粒度小时,宜用小直径的,以多个旋流器来满足处理量的需要。国内选矿厂应用的多为 75~1000 mm 的旋流器,其中 75~100 mm 旋流器的分离粒度为 10~19 μm,500 mm 以上旋流器的分离粒度为 74~200 μm。由于小旋流器沉砂口易堵塞,在满足分离粒度的要求下,应尽可能地采用大直径的旋流器。

(2) 给矿口直径 d_F。旋流器给矿口多呈矩形和椭圆形,以等面积的圆的直径,即当量直径 d_F 来表示给矿口直径。它与给矿管呈渐近线联接较好。d_F 一般为 D 的 0.2~0.4 倍,为溢流管直径 d_b 的 0.4~1 倍。

(3) 溢流管直径 d_b 和沉砂口直径 d_s。在其他因素不变时,增大溢流管直径 d_b,旋流器的处理量将随之增大,溢流粒度变粗,d_b 一般为 0.2~0.4D;减小沉砂口直径 d_s,沉砂粒度和分离粒度将变粗,沉砂浓度增大。d_b/d_s 称为角锥比,它在一定程度上影响溢流和沉砂的体积量、沉砂浓度、分离粒度和分级效率,分级用旋流器的角锥比在 3~4 为宜。

(4) 锥角 α。分级用旋流器的锥角 α 在 10°~40°之间,以 15°~20°较普遍。锥角过大,矿浆阻力增加,会影响处理量;过小,矿浆运行路线长,虽有利于提高分级效率,但旋流器高度剧增,给配置和操作管理带来不便。

(5) 给矿压力。旋流器的给矿压力直接影响到处理量，随其增大而增大。压力也影响分离粒度，但若靠增大压力来减小分离粒度，动力消耗太大。一般是，当要求的分离粒度较大时，宜用大直径和较低压力的旋流器，反之用小直径和较大压力的旋流器。分级过程中，压力必须保持稳定。

(6) 给矿浓度、给料的粒度和密度组成。它们对分级有较大影响，分级过程中应尽可能地保持稳定。

水力旋流器的特点是：结构简单、价格低、处理量大、占地面积小、投资费用少、分级效率较高、可以在适合选别要求的溢流浓度下获得很细的溢流产品等优点，但也有扬送矿浆能耗大、设备磨损快、工作不够稳定，生产指标易产生波动等缺点。常用于第二段磨矿循环中作为分级设备。

7.2.4 细筛

由于螺旋分级机和水力旋流器都是按沉降规律将物料进行分级的设备，分级效果差，分级精度低，常导致有用矿物在沉砂中的反富集。有用矿物的密度愈大，沉砂中反富集现象愈严重。这不仅造成有用矿物的过粉碎，影响选别工艺指标，而且又降低磨矿机的处理能力，增加磨矿能耗。因此，在磨矿循环中采用细筛作为分级设备以取代螺旋分级机和水力旋流器，日益受到重视。尤其是在处理有用矿物和脉石密度差异较大的矿石时，用细筛与磨矿机构成闭路循环，更为有利，采用日渐增多。这是因为细筛较严格地按几何尺寸将物料分级，不受矿粒密度的影响，从而可大大减少重矿物在返砂中的积累，减少它们被送回磨矿机再磨的机会。同时，细筛的筛下产物粒度稳定，不混杂粗粒物料，对选别也有好处。

我国目前在磨矿循环中使用的细筛有：GPS 型高频振动细筛、德瑞克高频振动细筛、KZS1632 型直线振动细筛、旋流细筛以及湿法立式圆筒筛(即 YF 型圆锥水力分级机)等。

7.3 磨矿循环的返砂和返砂比

磨矿机与分级机成闭路工作时，磨矿机排料经分级机分级后，返回到磨矿机再磨的粗粒产物叫做返砂。返砂的质量与磨矿机原给矿质量之比值的百分率称为返砂比。当分级溢流粒度保持一定时，返砂量的大小随给入磨矿机原给矿量而定。给矿量增高，物料通过磨矿机的速度加快，排料粒度变粗，使返砂量加大，反之，返砂量减小。故一定的给矿量，必有一定的返砂量。因此通过了解分级机返砂量的变化，可以判断磨矿机原给矿及其他磨矿条件的变化情况。

一般来说，返砂量要比原给矿量大几倍，至少等于原给矿量的 200%，有时甚至高达 600%。之所以控制到这么高，是由于在一定范围内增加返砂量可以减少磨矿过粉碎，提高磨矿机的生产能力。但是，返砂量也不能过大，否则，将使磨矿机和分级机过负荷，操作发生困难。特别是当返砂量大到它与原给矿量之和超过磨矿机的通过能力(指磨矿机的原给矿加返砂之总质量与磨矿机有效容积之比值，约等于 14～16 $t/(m^3 \cdot h)$)时，就会使磨矿机发生堵塞而无法正常工作。因此，在闭路磨矿操作中，要保持稳定生产并获得良好的磨矿效果，必须把返砂比控制在适当的范围内。这就需要进行经常性测定和调整。

测定返砂量最常用的方法是：通过取样筛析，测出分级机给矿(即磨矿机排矿)，溢流和返砂中某一指定粒级的百分含量，然后配合上磨矿机的原给矿量，根据物料平衡原理进行推算。下面以常见的两种磨矿分级循环为例，说明返砂量的测定和计算。

7.3.1 只带检查分级作业的一段闭路磨矿循环

如图 7-3 所示，磨矿机原给矿量为 Q(t/h)，返砂量为 S(t/h)，根据定义，返砂比 C 为

$$C = S/Q \times 100\%$$

则
$$S = CQ$$

磨矿机总给矿量(t/h)应等于原给矿量与返砂量之和，即

$$总给矿量 = Q + S = Q + CQ = Q(1 + C)$$

在分级机给矿、溢流和返砂三处分别取样进行筛析后，测出相应矿流中指定粒级的含量分别为。$\alpha\%$、$\beta\%$和 $\theta\%$。根据进入分级机的指定粒级物料的数量与它排出的该粒级物料数量的平衡关系，可以列出下式

$$(Q + S)\alpha = Q\beta + S\theta$$

从而得到返砂量(t/h)和返砂比的计算公式为

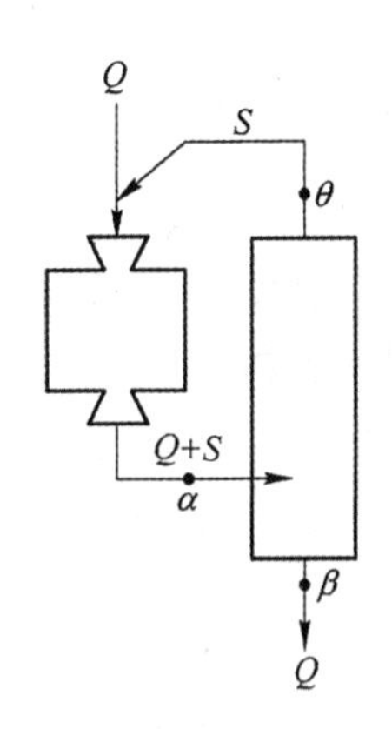

图 7-3 带检查分级的一段闭路磨矿

$$S = \frac{\beta - \alpha}{\alpha - \theta}Q \tag{7-5}$$

$$C = \frac{S}{Q} \times 100\% = \frac{\beta - \alpha}{\alpha - \theta} \times 100\% \tag{7-6}$$

7.3.2 预先分级与检查分级合一的闭路磨矿循环

如图 7-4 所示，原给矿 Q 经预先分级后才送到磨矿机磨碎，磨矿排料则给入同一台分级机进行检查分级，因此，需要在给入分级机的原给矿、磨矿机排矿、分级机溢流和沉砂四个矿流中分别取样筛析，测出指定粒级在它们中的含量(分别为 $\alpha\%$、$\delta\%$、$\beta\%$、$\theta\%$)后，根据物料平衡原理，方可列出

$$Q\alpha + S\delta = Q\beta + S\theta$$

从而求出给入磨矿机的总矿量(t/h)为

$$S = \frac{\beta - \alpha}{\delta - \theta}Q \tag{7-7}$$

但由于图 7-4 中的 S，既含有原给矿经分级后的粗砂，又含有磨矿排矿经检查分级后的粗砂，不能用 S 与 Q 之比作为返砂比。为此，必须把图 7-4 中预先分级与检查分级合一的闭路磨矿循环，展开成如图 7-5 所示的预先分级与检查分级分开的闭路磨矿循环，把两部分粗砂区别开，才能求出真正的返砂比。

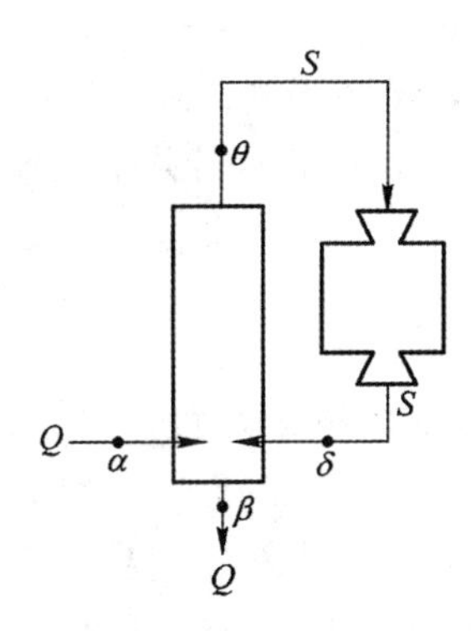

图 7-4 预先分级与检查分级合一的闭路磨矿循环

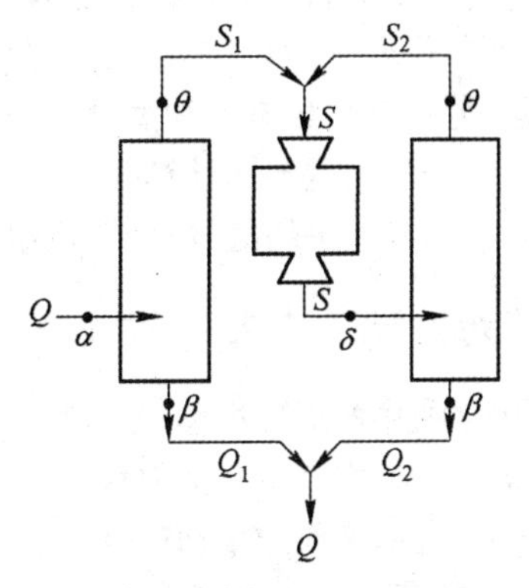

图 7-5 预先分级与检查分级分开时的闭路磨矿循环

从图 7-5 可以看出，磨矿机的新给矿是 S_1，返砂是 S_2，由磨矿机与检查分级作业组成闭路磨矿循环的矿量平衡关系是

$$S = S_1 + S_2$$

$$Q = Q_1 + Q_2$$

及

$$Q_2 = S_1$$

设检查分级作业的溢流和返砂中指定粒级的含量仍然是 $\beta\%$ 及 $\theta\%$，则可列出该作业指定粒级物料平衡关系

$$S\delta = Q_2\beta + S_2\theta$$

或

$$(S_1 + S_2)\delta = S_1\beta + S_2\theta$$

从而

$$S_2 = \frac{\beta - \delta}{\delta - \theta}S_1 \tag{7-8}$$

返砂比为

$$C = \frac{S_2}{S_1} \times 100\% = \frac{\beta - \delta}{\delta - \theta} \times 100\% \tag{7-9}$$

例 某预先分级和检查分级合一的闭路磨矿循环，分级机的原给矿量 $Q = 40$ t/h，四个矿流取样筛析结果分别为 $\alpha = 20\%$；$\beta = 60\%$；$\delta = 30\%$；$\theta = 15\%$，则给入磨矿机的总矿量按式 7-7 计算为

$$S = \frac{60 - 20}{30 - 15} \times 40 = 106 \text{ t/h}$$

按式 7-8 计算的返砂量为

$$S_2 = \frac{60 - 30}{30 - 15}S_1 = 2S_1$$

由于

$$S_1 = S - S_2 = 106 - S_2$$

代入上式后得

$$S_2 = 70.67 \text{ t/h}$$

$$S_1 = 106 - 70.67 = 35.33 \text{ t/h}$$

从而求得返砂比

$$C = \frac{S_2}{S_1} \times 100\% = \frac{70.67}{35.33} \times 100\% = 200\%$$

从返砂比计算公式 7-6 或 7-9 可以看出，当分级溢流粒度（即 β 值）保持一定时，返砂比的大小将取决于磨矿机排矿粒度和分级返砂中指定粒级的含量：对特定的分级设备，若返砂中指定粒级的含量不变，返砂比将随磨矿机排矿粒度放粗而增大，若磨矿机的排矿粒度不变，要是通过改善分级效果而使返砂中指定粒级的含量降低，则返砂比将随之减小。

闭路磨矿分级循环虽有多种型式，但只要弄清楚必需测定的项目以及各作业之间关系和物料平衡原理，就可导出返砂比计算公式。在用筛析资料来计算返砂比时，最好选几个粒级来测定和计算，然后求出算术平均值，作为该机组的返砂比。

7.4 磨矿动力学基本方程式及其应用

矿石在磨矿机中的磨碎过程，是磨矿介质对物料不断冲击和研磨使物料粒度逐渐缩小的一个随机过程。被磨物料中大于合格粒度的粗粒级含量越高，它们受到打击和研磨的几率越大，从而使单位时间内磨碎的物料数量和产生的细粒级数量也越多，换句话说，就是磨碎速度（即粗粒级质量的减少速度）越高。反之，被磨物料中粗粒级含量越少，磨碎速度就越低。这种现象，在用不连续磨矿机做矿石可磨度试验时就可以看到。根据试验结果绘成如图 7-6 的曲线表明，开始磨矿初

期,粗粒级含量减少很快,几乎呈直线下降,但随着磨矿时间的延长,粗粒级含量减少的速度逐渐变慢,其次,磨矿产物粒度愈粗,磨碎速度愈大,磨矿产物粒度愈细,磨碎速度愈小。发生这种现象的根本原因,一方面是物料颗粒越细,它的裂缝、缺陷越少,磨细它变得越困难;另一方面是到了磨矿后期,磨矿机中剩下的粗粒级物料越来越少了,磨矿效率越来越低,磨碎速度当然变小。

图 7-6 中所有曲线还表明,在磨矿过程中,粗粒级残余量与磨矿延续时间的关系是有一定规律的。弄清楚这个规律,就可以控制物料在磨矿机中的磨碎过程,并为选择磨矿机的最佳工作条件提供依据。通常将磨矿过程中粗粒级累积含量与磨矿时间的关系,称为磨矿动力学。它们之间的数学关系式即为磨矿动力学方程式。

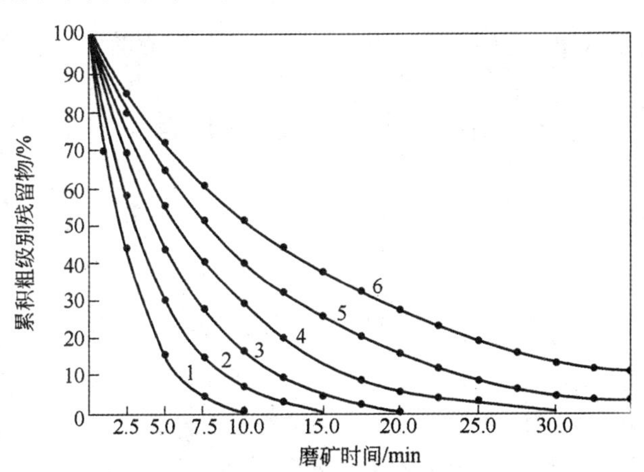

图 7-6 粗粒级残余量与磨矿时间的关系

1— +35 目;2— +48 目;3— +55 目;4— +100 目;

5— +150 目;6— +200 目

7.4.1 磨矿动力学基本方程式

设 R_0 为被磨物料中粗粒级的百分含量,R 为经过磨矿时间 t 以后磨矿机中粗粒级的百分含量,则 $\mathrm{d}R/\mathrm{d}t$ 表示粗粒级在单位时间内减少的数量——即磨碎速度。试验证明,磨碎速度与在该瞬间磨矿机中粗粒级的含量成正比,即

$$\frac{\mathrm{d}R}{\mathrm{d}t} = -kR \tag{7-10}$$

式中 “-”——表示粗粒级含量随磨矿时间的延长而减少;

k——比例系数,主要与磨矿产物粒度有关。

将上式改写并积分

$$\int \frac{\mathrm{d}R}{R} = \int -k\mathrm{d}t$$

从而得到

$$\ln R = -kt + C$$

式中 C——积分常数。

当 $t=0$ 时,磨矿机中粗粒级的含量就是被磨原料中粗粒级含量的最初值,即 $R=R_0$。因而 $C=\ln R_0$。将 C 值代入上式,得

$$\ln R = -kt + \ln R_0$$

于是

$$R = R_0 \mathrm{e}^{-kt} \tag{7-11}$$

这就是磨矿动力学基本方程式。

由公式 7-10 可知，为了提高磨碎速度，必须使磨矿机中粗粒级含量保持在较高的水平上。这就要及时地排出已磨碎的合格细粒级物料，并补充以粗粒级的给料。上面讲到的磨矿机与分级机组成闭路磨矿循环，就是为了使磨矿机内磨碎了的物料能迅速排出，通过分级机分级后再把粗粒级返回，以保持磨矿机中有较高的粗粒级含量，从而提高磨碎速度，提高磨矿机生产率。

用公式 7-11 处理实际磨矿试验数据时，发现有较大的误差。这是因为该式是在简化了的情况下得出的结论，只适用于限定条件内的磨碎过程。通过试验验证的结果指出，更符合实际的方程式的形式是

$$R = R_0 e^{-kt^m} \text{或} R_0/R = e^{kt^m} \tag{7-12}$$

式中　m——指数，其值决定于磨碎过程中物料粒度和磨碎阻力的变化以及磨碎条件。

磨矿动力学方程式不能满足一个边界条件，因为在方程式中，只有当 $t=\infty$ 时，粗粒级残余量 R 才会等于零。这与实际磨碎情况不符。虽然如此，粗粒级残余量在 5%～100% 的范围内时，该方程式还是适用的。

方程式 7-12 中的两个参数（m 和 k 值），可通过磨矿试验来确定。因为，将该式连续取两次对数后得到

$$\lg\left(\lg \frac{R_0}{R}\right) = m\lg t + \lg(k\lg e) \tag{7-13}$$

显然，在横坐标为对数坐标，纵坐标为双对数坐标的坐标系统[$\lg t$;$\lg(\lg R_0/R)$]中，R_0/R 和 t 的关系呈一直线，m 就是该直线的斜率，而 $k\lg e$ 就是截距。这样，只有通过试验测出不同磨矿时间 t_1、t_2、…、t_n。所对应的磨矿产物中的筛上残余量 R_1、R_2、…、R_n，即可在上述坐标系统中绘制出相应的直线。然后，应用解析几何的方法，在直线上任取两个相距较远的点 1 和点 2，即可列出

$$m = \frac{\lg\left(\lg \frac{R_0}{R_2}\right) - \lg\left(\lg \frac{R_0}{R_1}\right)}{\lg t_2 - \lg t_1} \tag{7-14}$$

求得 m 值后，根据公式 7-12 的对数式

$$\lg \frac{R_0}{R} = kt^m \lg e$$

得到

$$k = \frac{\lg \frac{R_0}{R_1}}{t_1^m \lg e} = \frac{\lg \frac{R_0}{R_2}}{t_2^m \lg e} \tag{7-15}$$

从公式 7-14 可以看出，参数 m 与对数种类及时间单位均无关。因为 $\lg t_2 - \lg t_1 = \lg t_2/t_1$，而比值 t_2/t_1 是不取决于测定时间单位的。故对于某一特定磨碎条件和被磨物料而言，参数 m 的数值是常数值。至于参数 k 的数值由公式 7-15 可知，虽与对数种类无关，却与时间的单位（分或秒等）有关，且取决于物料的性质和磨矿细度。同一种被磨物料，当磨矿时间相同时，磨矿产物粒度愈粗，筛上余量（R）愈少，比值（R_0/R）愈大，则 k 值愈大；磨矿产物粒度愈细，磨到同一时间的筛上余量愈多，R_0/R 值愈小，则 k 值也愈小。如果在相同的条件下磨碎不同的物料，则 m 值愈大，k 值愈小。

7.4.2　磨矿动力学的应用

磨矿动力学是反映矿石磨碎过程的规律，因此，它可以从理论上分析实际磨矿过程以及磨矿

回路中，返砂比和分级效率对磨矿机生产率的影响等许多问题，应用相当广泛。下面介绍它在几方面的应用。

A　应用磨矿动力学分析分级效率对返砂组成的影响

磨矿机与分级机闭路工作正常时，单位时间内进入磨矿机的原给矿量，应等于在相同时间由分级机溢流排出的合格细粒产物量。

设溢流产物质量 Q(t/h)全部是合格细粒级，则当分级效率为 E 时，磨矿机排料(即分级机给料)中的合格产物质量应是 Q/E(t/h)。假如所有未磨好的粗粒级全都进到返砂中，返砂比为 C，则磨矿机的总排料质量为 $(1+C)Q$(t/h)，那么总排料中粗粒级物料质量应等于 $(1+C)Q$ 与 Q/E 之差，即

$$(1+C)Q-\frac{Q}{E}=\left(1+C-\frac{1}{E}\right)Q \tag{7-16}$$

这些粗粒级由分级机分出并返回磨矿机。

已知由粗粒级组成的原给矿量为 Q(t/h)，因此，磨矿机总给料中粗粒级质量为

$$Q+\left(1+C-\frac{1}{E}\right)Q=\left(2+C-\frac{1}{E}\right)Q \tag{7-17}$$

根据磨矿动力学基本方程式 7-11 得

$$\left(1+C-\frac{1}{E}\right)Q=\left(2+C-\frac{1}{E}\right)Q\mathrm{e}^{-kt} \tag{7-18}$$

并改写为

$$\left[C-\left(\frac{1}{E}-1\right)\right]Q=\left[1+C-\left(\frac{1}{E}-1\right)\right]Q\mathrm{e}^{-kt}$$

从而可以导出返砂质量为

$$CQ=\frac{\mathrm{e}^{-kt}}{1-\mathrm{e}^{-kt}}Q+\left(\frac{1}{E}-1\right)Q \tag{7-19}$$

及

$$\frac{\mathrm{e}^{-kt}}{1-\mathrm{e}^{-kt}}Q=\left(1+C-\frac{1}{E}\right)Q \tag{7-20}$$

上面讲过，$(1+C-1/E)Q$ 就是磨矿机排料中粗粒级的质量。所以在代表返砂质量的方程式 7-19 中，右边第一项应是返砂中粗粒级的数量，而第二项 $(1/E-1)Q$ 则是因分级效率不高致使合格细粒级进入返砂中的数量。因此，在返砂中粗粒级与合格细粒级数量之比，可用下列方程式表示

$$CQ=\left(1+C-\frac{1}{E}\right)Q_{粗}+\left(\frac{1}{E}-1\right)Q_{细} \tag{7-21}$$

按以上说明，可把闭路磨矿循环各物料流中粗粒级和细粒级的数量比例关系标注，如图 7-7 所示。

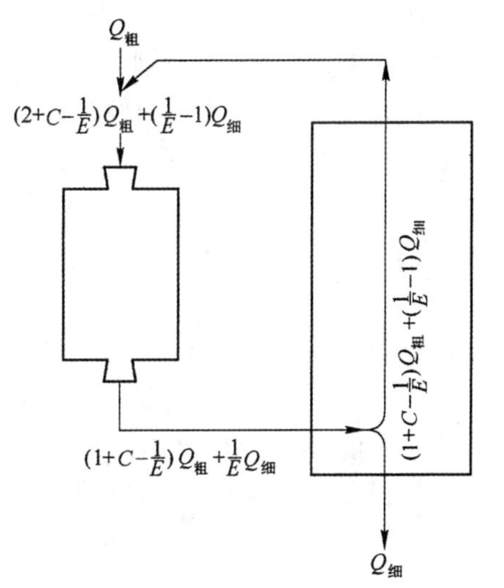

图 7-7　闭路磨矿循环各物料流中粗粒级与细粒级的数量比例关系

方程式 7-21 指出：当分级效率相同时，返砂比愈大，返砂中所含合格细粒级的比例愈少。若分级效率为 E 时，返砂的数量不应减少到等于 $(1/E-1)Q$，否则，返砂将全部由合格细粒级组成，闭路磨矿就失去了意义。而当返砂比保持一定时，分级效率愈高，返砂中合格细粒级的含量也愈少。

例：当分级效率 $E=50\%$ 时，则 $1/E=2$，若 $C=100\%=1$，根据公式 7-21 得

$$1Q=(1+1-2)Q_{粗}+(2-1)Q_{细}$$

即

$$Q=Q_{细}$$

这就是说，返砂中粗粒级含量为零，而合格细粒级含量占 100%，这就等于把合格细粒级送回磨矿机再磨。

但是，只要增大返砂比，情况就大不一样。例如将 C 值从 100% 提高到 400%，则有

$$4Q=(1+4-2)Q_{粗}+(2-1)Q_{细}$$

即

$$4Q=3Q_{粗}+1Q_{细}$$

这就是说，粗粒级在返砂中的比例上升到 75%，而合格细粒级的比例则下降到 25%。这种以粗粒为主的返砂送回再磨，过粉碎现象将较轻，磨矿机效率将得到提高。

当磨矿回路的返砂比保持不变，仍为 $C=100\%$ 时，若分级效率从 50% 提高到 80%，即 $1/E=1.25$，代入公式 7-21 得

$$1Q=(1+1-1.25)Q_{粗}+(1.25-1)Q_{细}$$

即

$$1Q=0.75Q_{粗}+0.25Q_{细}$$

就是说，这时的返砂是由 75% 的粗粒级和 25% 的细粒级组成的，情况比原来好得多。

B　*应用磨矿动力学确定磨矿机生产率与返砂比及分级效率的关系*

由方程式 7-18 得

$$e^{kt}=\frac{2+C-\frac{1}{E}}{1+C-\frac{1}{E}}$$

将上式取对数后得到磨矿时间为

$$t=\frac{1}{k}\ln\frac{2+C-\frac{1}{E}}{1+C-\frac{1}{E}} \tag{7-22}$$

设闭路磨矿系统的返砂比及分级效率分别为 C_1 及 E_1 时，磨矿机的生产率为 Q_1，磨矿时间为 t_1；而当返砂比及分级效率分别变为 C_2 及 E_2 时，同一台磨矿机的生产率为 Q_2，磨矿时间为 t_2。

若被磨物料和磨矿细度保持不变，参数 k 值也就不变，根据方程式 7-22，t_1 与 t_2 的比值为

$$\frac{t_1}{t_2}=\frac{\ln\frac{2+C_1-\frac{1}{E_1}}{1+C_1-\frac{1}{E_1}}}{\ln\frac{2+C_2-\frac{1}{E_2}}{1+C_2-\frac{1}{E_2}}} \tag{7-23}$$

当磨矿机中矿浆的充满率不变时（即它不受返砂量的影响），磨矿时间应与磨矿机的总给料量成反比，即进入磨矿机的矿量愈多，矿石通过磨矿机的速度愈快，被磨碎的时间愈短，故有

$$\frac{t_1}{t_2}=\frac{(1+C_2)Q_2}{(1+C_1)Q_1}$$

或

$$\frac{Q_2}{Q_1}=\frac{(1+C_1)t_1}{(1+C_2)t_2} \tag{7-24}$$

将方程式 7-23 中的比值 t_1/t_2 代入上式得

$$\frac{Q_2}{Q_1}=\frac{(1+C_1)\ln[(2+C_1-1/E_1)/(1+C_1-1/E_1)]}{(1+C_2)\ln[(2+C_2-1/E_2)/(1+C_2-1/E_2)]} \tag{7-25}$$

假定在磨矿机生产率为 Q_1 和 Q_2 时的返砂比都是 C,而生产率为 Q_1 时的分级效率为 $E_1=1$,生产率为 Q_2 时的分级效率为 E_2,则上式变为

$$\frac{Q_2}{Q_1}=\frac{\lg[(1+C)/C]}{\lg[(2+C-1/E_2)/(1+C-1/E_2)]} \tag{7-26}$$

根据公式 7-26,可以算出不同 C 值和 E 值时同一台磨矿机的相对生产率(即 Q_2/Q_1),并按计算结果绘成如图 7-8 的曲线。

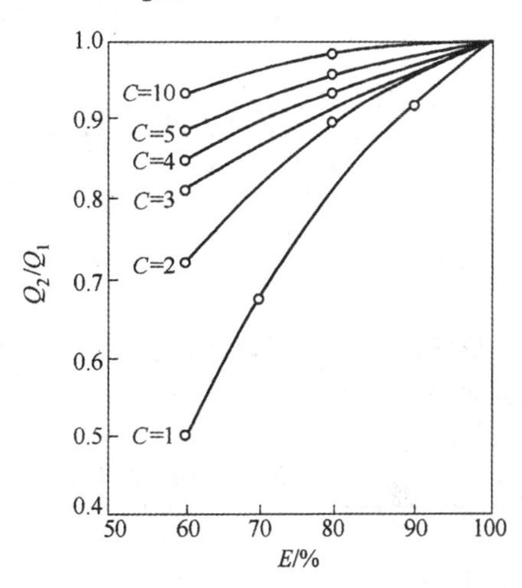

图 7-8　不同 C、E 值时磨矿机的相对生产率

这些曲线说明:(1)当分级效率相同时,返砂比愈高,磨矿机的生产率愈大;分级效率较高(如 $E=80\%$)时,磨矿机生产率随返砂比增加而提高的幅度较小;而分级效率较低(如 $E=60\%$)时,生产率随返砂比增加而提高的幅度较大。(2)当返砂比相同时,分级效率愈高,磨矿机的生产率也愈大;返砂比较低(如 $C=1$)时,磨矿机生产率随分级效率提高而增大的幅度较快;返砂比较高(如 $C=5$)时,磨矿机生产率受分级效率变化的影响较小。

因此,在工业闭路磨矿中,在分级设备的分级效率不高的情况下,控制较高的返砂比,对减少合格细粒级在返砂中的比例,以及提高磨矿机的处理能力,是比较有利的。但返砂比增高到一定程度后,若再继续加大超过 500%～600%时,磨机生产率提高幅度就很有限。将方程式 7-25 简化并进行相应的数学处理后可得到这样的结论:当返砂比无限大时,磨矿机生产率也只比返砂比为 100%时提高 38.6%。这说明过高的返砂比并无好处,只能增加输送返砂的费用。

在任何情况下,通过改善分级工艺和设备性能来提高分级效率,总是有利的。不仅可提高磨矿机生产率,降低磨矿能耗,还可减少过粉碎微粒的数量。但应注意,分级效率提高后,必须使返砂比保持原值,才能收到增产节能的磨矿效果。

C　应用磨矿动力学分析磨矿生产率与磨矿产物粒度的关系

当其他磨矿条件相同时,磨矿机排料粒度愈粗,它的生产能力必然愈大,应用磨矿动力学可以定量地确立它们之间的关系。

将磨矿动力学方程式 7-12 写成对数形式

$$\ln\frac{R_0}{R}=kt^m$$

或

$$\lg\frac{R_0}{R}=Kt^m$$

从而得出磨矿时间为

$$t=\sqrt[m]{\frac{\lg(R_0/R)}{K}} \tag{7-27}$$

对于特定的被磨物料和磨矿条件,参数 m 与 K 不变。设磨矿时间为 t_1 时,磨矿机的生产率为 Q_1,磨矿产物在指定尺寸筛孔的筛上残余量 $R_1=10\%$;磨矿时间为 t_2 时,磨矿机的生产率为 Q_2,磨矿产物在相同尺寸筛孔的筛上残余量为 R_2,如果被磨给料全部是粗粒级,即 $R_0=100\%$,

则由公式 7-27 得

$$t_1=\sqrt[m]{\frac{\lg(100/10)}{K}}=\sqrt[m]{\frac{1}{K}}$$

及

$$t_2=\sqrt[m]{\frac{\lg(100/R_2)}{K}}$$

当返砂比保持不变(即 $C_1=C_2=C$)时,由公式 7-24 得

$$\frac{Q_2}{Q_1}=\frac{t_1}{t_2}$$

将 t_1 和 t_2 的值代入上式后,有

$$\frac{Q_2}{Q_1}=\frac{\sqrt[m]{\frac{1}{K}}}{\sqrt[m]{\frac{\lg(100/R_2)}{K}}}=\frac{1}{\sqrt[m]{\lg\frac{100}{R_2}}}\tag{7-28}$$

根据公式 7-28 可以计算出不同 m 值时任意筛上余量百分数下磨矿机的相对生产率,计算结果列于表 7-3 中。

表 7-3　磨矿产物中不同筛上余量百分数时磨矿机的相对生产率

m	R_2/%									
	2	5	10	15	20	25	30	40	50	60
0.7	0.47	0.68	1.00	1.31	1.67	2.06	2.52	3.73	5.56	8.59
1.0	0.59	0.77	1.00	1.21	1.43	1.66	1.91	2.52	3.31	4.50
1.2	0.64	0.80	1.00	1.17	1.35	1.53	1.72	2.15	2.70	3.51

由表列数据可知,磨矿机生产率不仅与磨矿产物粒度有关,而且也受参数 m 值的影响。m 值愈小,磨矿机生产率随磨矿产物粒度变粗而提高的幅度愈大。

磨矿机排料中粗粒级含量愈高,合格细粒级的含量必然愈低,虽然生产能力提高了,但总的磨矿效果如何,下面以石灰石开路磨矿试验结果来说明这个问题。

假定磨矿机给料全部由大于 65 目(检查筛的筛孔尺寸)的粗粒级物料组成,即 $R_0=100\%$,给料最大粒度为 9.5 mm。试验结果见表 7-4。

表 7-4　在开路磨矿机中磨细 -9.5 mm 石灰石的结果

给矿量 Q		磨矿机排料					粗粒级质量与合格细粒级质量之比	比功耗/kW·h·t^{-1} (-65 目)
kg/h	相对值	-65 目合格细粒级		+65 目粗粒级				
		kg/h	%	kg/h	R_i/%	R_0/R_i		
500	1	300	60.0	200	40.0	100/40=2.50	0.67	13.27
1000	2	485	48.5	515	51.5	100/51.5=1.94	1.06	8.20
1500	3	600	40.0	900	60.0	1.67	1.50	6.64
2000	4	700	35.0	1300	65.0	1.54	1.86	5.67
2500	5	825	33.0	1675	67.0	1.49	2.03	4.85

将表 7-4 中的 Q 和 R_0/R_i 的值在[$\lg Q,\lg(\lg R_0/R_i)$]坐标系中作图,它们的关系近似成一直线,说明试验数据符合磨矿动力学所表示的规律。根据公式 7-14,并以 $1/Q_i$ 代替磨矿时间 t_i,即可求出此直线的斜率 m,然后按公式 7-28 可以算出磨矿排料中任意粗粒级含量时的磨矿机相对生产率。

从表 7-4 中的数据可知:随着给矿量增加,磨矿机排料粒度逐渐变粗,排料中合格细粒级的含量虽然减少,但它的绝对数量却明显增多,因而磨矿效率显著提高,按产出每吨合格细粒计算的功耗大为降低。例如,当磨矿机的给矿量从 500 kg/h 增加到 2500 kg/h 时,生产率增加 5 倍,合格细粒级的绝对量增加 2.75(=825/300)倍,比功耗降低了 2.74(=13.27/4.85)倍。所以在开路磨矿中,提高磨矿机的给矿量以加快物料通过磨矿机的速度,使排料中粗粒级物料质量与合格细粒级物料质量之比值增大,能起着与闭路磨矿循环中增加返砂比一样的作用,可以提高磨矿效率,增加磨矿排料中合格细粒的产量,减少过粉碎微粒。

7.5 磨矿机的主要工作指标

磨矿作业是选矿厂的关键作业,磨矿机工作效果的好坏,直接影响着全厂的技术经济指标和处理能力。因此,必须十分重视磨矿作业的工作状况和质量,使磨矿机经常保持在最佳工艺条件下运转,做到以最低的消耗生产出最大吨位的合格磨矿产品。对磨矿机工作效果的评价,通常采用以下几个指标。

7.5.1 磨矿机的生产率

磨矿机生产率的表示方法有几种,各种表示法有各自的应用场合。

A 台时处理量

指在一定给矿粒度和产品粒度条件下每台磨矿机每小时能够处理的原矿量,单位为 t/(台·h)。在同一选矿厂中,如果各台磨矿机的规格、型式及所处理的矿石性质、给矿粒度和产品细度都相同,用这种表示法可以简单明确地评价各台磨矿机的生产情况。但对于规格和型式不同的磨矿机,就不好用台时处理量来比较它们的工作情况了。

B 磨矿机利用系数

磨矿机利用系数指磨矿机单位有效容积每小时能处理的矿量,单位为 $t/(m^3\cdot h)$。用这种表示法,可以比较同厂同类型但规格不同的磨矿机的生产率。例如,某选矿厂有两台规格为 2700 mm×2100 mm 和 2700 mm×3600 mm 的格子型球磨机,在磨矿条件相同的情况下,前者台时处理量为 35 t,后者台时处理量为 65 t。查表 6-2 可知,2700 mm×2100 mm 和 2700 mm×3600 mm球磨机的有效容积分别为 10.4 m^3 和 18.5 m^3,则它们的利用系数分别为

$$q_1=\frac{35}{10.4}=3.36\ t/(m^3\cdot h)$$

$$q_2=\frac{65}{18.5}=3.51\ t/(m^3\cdot h)$$

当给矿粒度和磨矿细度相同时,磨矿机的利用系数主要取决于技术操作条件(如充填率、钢球比例、矿浆浓度、返砂比,等等)。操作条件适宜,利用系数就高。上述计算结果表明,2700 mm×2100 mm 球磨机的利用系数 q_1 较低,说明尚有生产潜力可挖,其操作条件有待进一步改善。

由于以利用系数来衡量磨矿机的工作效果,只能在给矿粒度及产品粒度相近的条件下才比较真实,因此,它的应用也受到一定限制。

C 指定粒级利用系数

指定粒级利用系数指磨矿机单位有效容积每小时磨碎物料新生成的指定粒级(常用－200目)的数量,单位也是 t/(m³·h)。其计算公式为

$$q_{-200}=\frac{Q(\gamma_P-\gamma_F)}{V} \tag{7-29}$$

式中 q_{-200}——单位时间内磨矿机单位有效容积所磨出的－200目物料数量,t/(m³·h);

Q——磨矿机单位时间处理的原矿量,t/h;

γ_P——磨矿产品(闭路磨矿时为分级溢流,开路磨矿时为磨矿机的排矿)中－200目粒级的含量,%;

γ_F——磨矿机原给矿中－200目粒级的含量,%;

V——磨矿机的有效容积,m³。

例 某磨矿回路的3200 mm×3100 mm格子型球磨机,原给矿中含－200目粒级量为4%;分级机溢流中－200目粒级含量为50%;按原矿计的台时处理量为55 t,磨矿机的有效容积为22.0 m³,则按新生成－200目粒级计算的磨矿机单位容积生产率为

$$q_{-200}=\frac{55\times(0.50-0.04)}{22.0}=1.15\ \mathrm{t/(m^3\cdot h)}$$

采用指定粒级利用系数来评价磨矿机,可免除给矿粒度、产品粒度以及磨矿机规格类型对磨矿机产量的影响,因此能比较真实地反映出矿石性质及操作条件与磨矿机生产率的关系。故在新建选矿厂计算磨矿机生产率,或在生产部门对处理不同矿石的磨矿机生产率进行比较时,多采用这种计算方法。

7.5.2 磨矿效率

磨矿效率是评价磨矿机能量消耗的指标,它也有几种表示方法:

(1) 以磨碎单位质量物料所消耗的能量(即比能耗)来表示,通常用 kW·h/t 为单位。比能耗愈低,说明磨矿机的工作效率愈高。但这种表示法没有考虑给矿和磨矿产品的粒度等因素,它只能在相似条件下进行对比。比能耗的高低取决于物料性质、给矿和产品的粒度以及磨矿机的操作条件等。

(2) 以磨碎生成单位质量－200目粒级物料所消耗的能量来表示,单位为 kW·h/t(－200目)。用这种方法表示磨矿效率,综合考虑了物料性质和磨矿操作条件等因素,因而可以对两种磨矿细度不同的磨矿过程进行比较。

(3) 以实验室测得的磨矿功指数 W_i 与按磨矿机生产数据计算,并经过修正后得出的操作功指数 W_{ioc} 的比值来表示,即磨矿效率为

$$E=\frac{W_i}{W_{ioc}}\times 100\% \tag{7-30}$$

比值愈大,说明磨矿效率愈高。用这种方法可以比较磨矿回路中给矿粒度、产品粒度、矿石可磨度以及操作条件等任一参数发生变化时,所引起磨矿机工作效果的差异,从而找出磨矿效率不高的原因。

(4) 以磨矿技术效率 $E_{技}$ 来表示。磨矿技术效率是指磨矿所得合格粒级含量与给料中大于合格粒级的物料含量之比,减去磨矿所产生过粉碎部分与给料中未过粉碎部分之比,用百分率表示。

以 γ_F、γ_P 分别表示给料和产品中小于指定粒级的物料百分含量,β_F、β_P 分别表示给料和产

品中过粉碎部分的百分含量，据定义，磨矿技术效率 $E_{技}$ 可用下式计算

$$E_{技}=\left(\frac{\gamma_P-\gamma_F}{100-\gamma_F}-\frac{\beta_P-\beta_F}{100-\beta_F}\right)\times 100\% \tag{7-31}$$

由上式可知，当磨矿机不发生磨碎作用时，$\gamma_P=\gamma_F$，$\beta_P=\beta_F$，，则 $E_{技}=0$；而当物料全部被磨成过粉碎时，即 $\gamma_P=100$ 及 $\beta_P=100$，同样有 $E_{技}=0$。此时磨矿机所消耗的能量全部变成无用功。只有磨矿产品中合格粒级含量愈多，过粉碎微粒含量愈少，$E_{技}$ 才愈高。评价磨矿机技术效率的目的，在于检查给矿中粗粒级物料经磨矿后有多少变成合格粒级，有多少磨成了难选的微粒。

7.5.3 磨矿机作业率

磨矿机作业率是指磨矿机实际工作总时数占日历总时数的百分率。因为磨矿机是选矿厂的关键设备，磨矿机的作业率就反映了全厂设备实际运转的情况，它是评价选矿厂生产好坏的一个重要技术指标，也是衡量选矿厂设备管理水平的主要标志。

生产中，每台磨矿机的作业率通常是每月计算一次，全年则按月平均。如果全厂有几台磨矿机，则将计算它们的平均作业率作为选矿厂每月或全年的磨矿机作业率。一般要求磨矿机年作业率为 90.4%～92.0%。

7.5.4 粒度合格率

粒度合格率可用来衡量磨矿产品的质量和操作者的操作水平。每班的粒度合格率是以一个工作班内检查产品合格的次数占检查总次数的百分比来表示。例如在一个工作班内取样检查 8 次，其中有 7 次合格，则粒度合格率为 87.5%。

7.6 影响磨矿效果的因素

为了控制和管理好磨矿作业，使之获得最佳的工作效果，必须弄清楚磨矿过程受到哪些因素的影响，以及这些因素之间的相互关系和变化情况。

通过长期生产实践得知，影响磨矿机工作效果的因素可归纳为三方面：即矿石性质、磨矿机结构以及操作条件。对一台具体磨矿机来说，这些因素当中，有的是固定不变的，有的则可以根据要求进行调整。下面分别论述各种因素是怎样影响磨矿机的工作效果的。

7.6.1 矿石性质、给料粒度和产品粒度的影响

A *矿石性质*

矿石性质对磨矿机工作的影响，可以用矿石的可磨性（即矿石由某一粒度磨碎到规定粒度的难易程度）来比较和衡量。不同的矿石具有不同的可磨性，它主要与矿石本身的矿物组成、机械强度、嵌布特性以及磨碎比等有关。结构致密、晶体微小、硬度大的矿石，可磨性小，磨碎它需要消耗较多的能量，磨矿机的生产率较低；反之，结晶粗大、松散软脆的矿石，可磨性大，磨矿机的生产率较高，磨矿的单位能耗较低。

矿石的可磨性可以在实验室条件下用试验方法进行测定。较简便的常用测定方法是：在相同的磨矿条件下，将标准矿石和待测矿石磨到同一粒度时，两者生产率的比值即为待测矿石的可磨性。矿石可磨性的数据不是固定的，待测矿石与不同的标准矿石比较，则可得到不同的可磨性数值。表 4-1 中所列出的就是不同类型矿石可磨性的大致数据，可以用来比较和计算磨矿机处理不同类型矿石时的生产能力。

自然界中的矿石，总是由不同的矿物组成的。在同一块矿石里，不同的矿物有不同的嵌布粒度和可磨性，因而在磨矿过程中常发生选择磨细现象，即一些矿物尚未磨细，而另一些矿物已出现过粉碎了。在这种情况下，应采取相应措施把已磨细的部分及时分出，以提高磨矿机的工作效率，降低无谓的能耗。

矿石性质是客观存在的，通常不能改变。但近年来的研究结果表明，将某些矿石进行预热处理、电热照射或者经某些化学药剂处理，可以显著地改变它们的可磨性，提高磨矿效率。

B　给矿粒度

磨矿机给矿粒度大小，对磨矿过程的影响也很大。给矿粒度愈小，磨碎到指定细度所需的时间愈短，磨矿机的处理能力愈高，单位磨矿能耗愈低。在磨矿产物粒度不变的条件下，同一台磨矿机的给矿粒度如果由 D_1 减小到 D_2，它的生产率将由 Q_1 变为 Q_2，根据我国王仁东和俄罗斯奥烈夫斯基关于磨矿机产量计算公式，可得出产量提高系数 K 为

$$K=\frac{Q_2}{Q_1}=\left(\frac{D_1}{D_2}\right)^{1/4} \tag{7-32}$$

例　某台磨矿机的给矿粒度由 20 mm 降低到 15 mm，则它的生产能力提高系数

$$K=\left(\frac{20}{15}\right)^{1/4}=1.075$$

即该磨矿机的台时产量约可提高 7.5%。

某厂用 3200 mm×3100 mm 格子型球磨机进行给矿粒度与处理能力关系试验，当磨矿产品中 −200 目占 85%时，得出表 7-5 所列的结果。

表 7-5　磨矿机给矿粒度与相对处理能力的关系

给矿粒度/mm	12～0	16～0	20～0	30～0	34～0	40～0	48～0
相对处理量/%	100	90	84	80	75	70	65

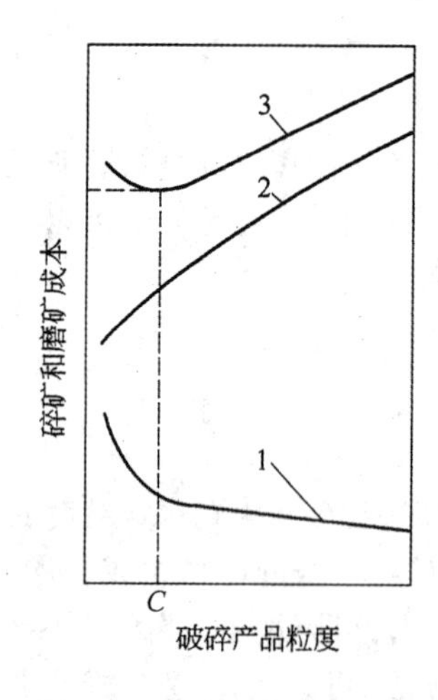

图 7-9　碎矿和磨矿成本与碎矿产物粒度的关系
1—碎矿成本；2—磨矿成本；3—碎矿和磨矿综合成本

必须指出，给矿粒度的改变对磨矿机生产率的影响还与矿石性质和产品细度有关。就是说，不同的矿石和磨矿细度，磨矿机生产率随给矿粒度变化而变化的幅度是不一样的，粗磨时增加的幅度较细磨时要大一些。但在任何情况下，当要求提高磨矿机生产能力时，在一定范围内降低给矿粒度，总是有重大作用的。

不过，磨矿机适宜的给矿粒度，要综合考虑碎矿与磨矿总费用后才能确定。因为磨矿机给矿粒度细，磨矿费用虽低，但碎矿费用就高；而给矿粒度粗，碎矿费用虽低，但磨矿费用就高，二者互为消长。因此，最合理的磨矿机给矿粒度应是使碎矿和磨矿总费用最低的某一粒度，如图 7-9 所示。图中曲线 1 表示碎矿成本随破碎产物粒度增大而降低，而曲线 2 则表示磨矿成本随给矿粒度增大而提高的幅度，故由曲线 3 最低点 C 所对应的粒度就是磨矿机入磨的最适宜粒度。

C　产品粒度

在给矿粒度和其他条件相同时，磨矿产品愈细，磨矿机生产率愈低，单位磨矿能耗愈高。这是由于产品磨得愈细，所需的磨矿时间愈长，同时，随着磨矿时间的延续，被磨物料颗粒变细，颗粒的裂缝以及晶体间的脆弱点或面不

断减少,磨细它变得更困难,这就使得磨碎速度下降,磨矿机的处理能力相对降低。从表 7-6 所列出的磨矿机生产率与磨矿产品粒度之间的关系,可以看出磨矿细度对生产率的显著影响。

表 7-6 给矿粒度为 -15 mm 时,磨矿机相对生产率与磨矿产品粒度的关系

磨矿产品粒度/mm	0.5	0.4	0.3	0.2	0.15	0.10	0.075
磨矿产品中 -200 目粒级的含量/%	30~35	35~45	45~55	55~65	65~80	80~90	95
相对生产率/%	2.84	2.00	1.43	1.00	0.70	0.50	0.35

磨矿产品最终粒度取决于矿物的嵌布特性和选矿工艺的要求,通过选矿试验确定后,一般不轻易改变。因此,对磨矿作业来说,只能在保证磨矿细度的前提下,尽可能多地生产出既解离充分而过粉碎微粒又少的磨矿产品,避免过粉碎造成的额外能量消耗。但要注意的是,由于实验室浮选试验所需的磨矿细度不是用水力分级法测定的,且浮选又是在实验室用的浮选机中进行,故在浮选厂生产时,合适的磨矿粒度通常可以粗于实验室试验所测定的。至于磨矿粒度放粗多少为宜,则应通过生产对比试验后决定。

7.6.2 磨矿机结构的影响

磨矿是在磨矿机中进行的,磨矿机的结构(包括它的型式、直径、长度以及衬板形状等)对磨矿效果必然有很大影响,在选用时应认真考虑。

A 磨矿机的型式

常用的各类磨矿机的工艺性能和应用场合,已在第 6 章中作过论述。生产实践表明,不同类型的磨矿机,其生产能力,产物特性以及功率消耗也不同。

棒磨机的特点是在磨矿过程中钢棒与矿粒呈线接触,故有一定的选择性磨碎作用,产品粒度较均匀,过粉碎微粒少。棒磨机的处理能力与磨矿产品粒度有很大关系,在用于粗磨和产品粒度为 1~3 mm 时,棒磨机的处理量大于同规格的球磨机;当用于细磨到产品粒度小于 0.5 mm 时,则磨矿效果就不如同规格的球磨机。这是因为一定质量的棒荷比同质量球荷的表面积要少得多,不利于对细粒物料的研磨。

至于球磨机,在其他条件相同的情况下,格子型要比同规格溢流型的生产能力高 10%~25%,虽然格子型的绝对功耗较溢流型高 10%~20%,但因格子型的生产率大,按单位电耗计的比生产率仍比溢流型高。不过,格子型球磨机只适用于粗磨,其产品粒度上限一般为 0.2~0.3 mm。如果要求磨矿细度小于 0.2 mm,则应选用溢流型球磨机。

B 磨矿机的直径和长度

磨矿机直径大小直接决定着被磨物料受到的球(或棒)荷压力和钢球落下的冲击力。直径越大,矿粒受到磨矿介质的压力和冲击力就越大,磨矿机的工作效率就越高。第 6 章中的理论分析曾指出磨矿机的有用功率与其直径及长度的关系为

$$N = K_1 D^{2.5} L$$

而磨矿机的生产能力又与它的有用功率成正比,故有

$$Q = K_2 D^{2.5} L \tag{7-33}$$

式中 K_1、K_2——比例系数。

实践表明,在大型选矿厂中采用大直径的磨矿机是有好处的,在处理能力相同的情况下,大型磨矿机同规格较小的磨矿机相比,其优点是:磨矿机的总质量较小,基建费用较少,安装工期较短,比生产率较高,用一台大型磨矿机比用几台小型磨矿机看管方便,占地面积小,按处理一吨矿

石计的成本也较低。

磨矿机的长度与直径一起决定着磨矿机的容积，因此也就决定着它的生产能力。直径相同的磨矿机，如长度增加，其生产率也成正比例增大。

磨矿机的长度还影响磨矿产品的细度。矿量一定时，磨矿机长度愈长，矿石在筒体中停留时间愈久，磨矿产品粒度愈细。但磨矿机过长会增加过粉碎和动力消耗，而过短了又难以达到要求的磨矿细度。故在选择磨矿机时应予以注意，粗磨要用短筒型磨矿机，细磨则采用筒体较长的磨矿机。

C　磨矿机的衬板

由于外界的能量是通过筒体衬板传递给磨矿介质，使之产生符合磨碎要求的运动状态的，因此，衬板的形状和材质对磨矿机的工作效果、能耗和钢耗等均有很大影响。

常用的普通圆形断面衬板(简称普通衬板)，按其几何形状可分为表面平滑的和表面不平滑的(波形，突棱形或阶梯形)两类。不同的衬板表面形状，对磨矿介质和矿石的提升高度也不一样。表面平滑的或带波形的衬板，磨矿介质与衬板之间的相对滑动较大，研磨作用较强，但在相同转速下磨矿介质被提升的高度以及抛射所作的功较小，冲击力弱，故适用于细磨。而对于矿石粗磨，要求磨矿介质对矿石有较大的冲击力，这就要把磨矿介质提升得更高，有更强的抛射作用，采用突棱形或阶梯形衬板较为适宜。

近年来的研究表明，通过改变衬板整体结构形状来改变磨矿介质在筒体中的运动规律，可以增强磨矿介质和物料之间的穿透与混合作用，从而提高磨矿效率。于是出现了角螺旋衬板。磨矿机由普通衬板改为角螺旋衬板后，虽然有效容积和装球率都减少了，但它的处理量仍可提高，单产电耗和球耗则明显降低。我国现已将角螺旋衬板作为新设计磨矿机的定型衬板之一。除此之外，新结构衬板还有锥体分级衬板，环沟衬板等，试验均已取得较好效果。

磨矿机衬板的材质有金属材料(如高锰钢、合金铸铁等)和橡胶两类。高锰钢衬板抗冲击性能好，坚硬耐磨，适用于要求冲击作用较强的粗磨段。对于矿石细磨，主要磨矿作用为研磨，可采用耐磨性好但耐冲击性稍低的合金铸铁，以节省生产费用。金属材料衬板的主要缺点是重量大，不便于加工成型和安装拆卸，而橡胶衬板正好相反，不但质量轻，易加工成型和装卸，而且耐磨损，抗腐蚀，低噪声。实践证明，橡胶衬板用于第二段细磨和中间产品再磨时，其使用寿命和生产费用都优于金属材料衬板，只有用在粗磨段时，在生产费用上的优势才不那么明显。

7.6.3　磨矿操作条件的影响

对于磨矿分级设备和工艺已经确定了的生产选矿厂，磨矿操作条件控制是否得当，对磨矿作业产品的数量和质量具有决定性的影响。为了获得预期的磨矿效果，操作者必须依据矿石性质和入磨粒度组成的变化情况，及时调整操作条件，使之稳定在最适宜的水平上。影响磨矿过程的操作因素包括：磨矿介质装入制度、磨矿浓度、给矿速度、磨矿机转速、返砂比、分级效率以及助磨剂的添加等。

A　磨矿介质装入制度的影响

磨矿介质及其装入制度是获得良好磨矿指标的先决条件，因此每个选矿厂都必须根据所磨矿石的特性和对磨矿产品质量的要求，通过工业生产试验找出最适宜的介质装入制度。关于这个问题，分为四点来讨论。

a　磨矿介质的形状和材质

作为直接对物料产生磨碎作用的磨矿介质，它应满足和兼顾两方面的要求：一是具有尽可能大的表面积，以提供同被磨物料相接触的适当表面；二是具有尽可能大的质量，以具备磨碎物料所必需的能量。不言而喻,这两方面的要求必然与介质所具有的形状和使用的材质有关。

目前生产中普遍使用的磨矿介质的形状是球形和长圆棒形。两者相比,球体的滚动性能好,比表面积较大,细磨效果较好,但球体之间的接触是点接触,产品粒度欠均匀,过粉碎现象较严重;长棒条质量大,具有磨碎物料较高的能量,粗磨效果较佳,棒条间呈线接触,有选择性磨碎作用,产品粒度均匀,过粉碎较轻。但近年来的试验结果表明,用直径与长度相等的圆柱体或柱球体作为磨矿介质,在产品粒度大于0.5 mm时,磨矿效果比用球体更好。这是由于同材质同直径的圆柱体与球体相比,前者的表面积和质量都比后者大50%;当磨矿机内磨矿介质的体积负荷相等时,圆柱体比球体的质量高12%,表面积大28%。圆柱体相互之间有面、线和点接触,其磨矿产品过粉碎比球体轻,粒度范围较窄。

磨矿介质的质量对介质装入制度、介质消耗、磨矿效率和磨矿成本等关系很大,因此在选择介质的材质时,既要考虑它的密度、硬度、耐磨性和耐腐蚀性,还要考虑其价格高低和加工制造的难易程度。用合金钢及高碳钢锻造并经热处理的钢球,密度大,硬度高,耐磨性能好,磨矿效率高,但加工较麻烦,价格也贵。用普通白口铸铁铸造的铁球,制造容易,价格便宜,但强度低,耐磨性能差,磨矿球耗大,残球量多,磨矿效率低。近年来用稀土中锰铸铁铸造的铁球,质量大大优于普通铸铁球,耐磨性能接近于低碳钢锻球,且成本较低,易于制造。

在其他条件不变时,磨矿介质的密度愈大,磨矿机的功率消耗和生产能力都较高。常用磨矿介质的密度如表7-7所示。

表7-7 常用磨矿介质的密度

名　称	锻钢球	铸钢球	普通铸铁球	稀土中锰铸铁球	钢　棒
密度/$t \cdot m^{-3}$	7.8	7.5	7.1	7.0	7.8
松散密度/$t \cdot m^{-3}$	4.85	4.65	4.4	4.35	6.2~7.0

b 磨矿介质的尺寸和配比

磨矿介质尺寸大小关系到它们在磨矿机中对物料产生冲击、挤压和研磨作用的强弱,直接影响着磨矿效果。在确定介质尺寸时,主要考虑的是被磨矿石的性质和粒度组成。以球磨机为例,在处理硬度大、粒度粗的矿石时,需要较大的冲击力,应装入尺寸较大的钢球;当矿石较软,给矿粒度较小,而要求的磨矿产品粒度又较细时,则应装入尺寸较小的钢球,以增大钢球同被磨物料的接触表面,增强研磨作用。选择介质尺寸还要考虑磨矿机的直径和转速。直径大,转速较高的磨矿机,传递给介质的能量较大,可使用尺寸较小的介质,以增加它的个数,提高磨矿效率。

由于影响磨矿机适宜介质尺寸的因素很多,目前还没有一个基于正确理论和实验来计算适宜介质尺寸的完善方法,因此只能用经验公式来估算,然后通过试验来校核。常见的确定钢球直径D(mm)与矿粒直径d(mm)之间的经验公式有

K.A. 拉苏莫夫公式

$$D = 28\sqrt[3]{d} \tag{7-34}$$

F.C. 邦德简化公式

$$D = 24.5\sqrt{d} \tag{7-35}$$

实际经验表明,拉苏莫夫公式计算的球径偏低,邦德公式比较符合实际。但公式7-35中的d系按80%过筛计的最大粒度。我国东北和云南的一些选矿厂通过长期生产实践,提出钢球直径与给料粒度之间的关系数据,列于表7-8,可作为参考的实际资料。

表 7-8　钢球直径与给料粒度的关系

钢球直径/mm	120	100	90	80	70	60	50	40
东北某些厂认为适合处理的矿石粒度/mm	12～18	10～12	8～10	6～8	4～6	2～4	1～2	0.3～1
云南某些厂认为适合处理的矿石粒度/mm	20	10	—	5	2.5	1.2	0.6	0.3

工业生产磨矿机的给料都是由不同粒度的矿粒组成的，因此装入磨矿机的磨矿介质也应具有不同的尺寸。只有保持磨矿机中各种尺寸的介质在质量方面的比例与被磨物料的粒度组成相适应，才能取得良好的磨矿效果。长期磨矿实践总结出来的经验是：粗矿粒要用大钢球来打碎，细矿粒要用小钢球来研磨。在磨矿机装入钢球的质量一定时，直径小的钢球个数多，每批钢球落下打击的次数也多，研磨面积也大，但每个球的打击力小；直径大的钢球个数少，每批钢球落下打击的次数也少，研磨面积也小，但每个球的打击力大。装入磨矿机的各种直径钢球的配比，应做到既有足够的冲击力，能刚好打碎给料中的粗矿粒，又有较多的打击次数和较强的研磨作用，以细磨较细的矿粒。确定最初装入磨矿机中不同直径钢球的比例，有如下两种常用方法。

第一种方法：根据给料（闭路磨矿时包括原给矿和返砂）的粒度组成，扣除已达到要求磨矿细度的细粒级后，将剩余的各粗粒级质量换算成对粗粒级总质量的百分率，然后按表 7-8 中的经验数据确定磨碎各粒级物料需要的相应球径，使各种直径的钢球所占的质量百分率大致等于该粒级物料的百分率。表 7-9 所列的某铜矿选矿厂磨矿机最初装球比例就是按这种方法确定的。

表 7-9　某铜矿选矿厂最初装球配比情况

总给矿扣除 −0.2 mm粒级后的筛分级别/mm	各级别质量/%	累积质量/%	适宜的相应球径/mm	各种球径质量/%	各种球径累积质量/%
8～12	24.8	24.8	100	25	25
5～8	17.1	41.9	80	20	45
1.2～5	22.6	64.5	60	20	65
0.2～1.2	35.5	100.00	40	35	100
合　计	100.00			100	

第二种方法：按给料最大粒度选定最大直径钢球以及若干种尺寸钢球后，再按加入各种尺寸钢球的质量与其直径成比例的原则，计算各种直径钢球的质量百分率。

例　用 2700 mm×2100 mm 格子型球磨机磨碎某中硬矿石，给矿中 80％物料通过的粒度尺寸 $d=12$ mm，装球量为 24 t，计算各种直径钢球的质量。

按公式 7-35 确定装入最大钢球直径为

$$D=25.4\sqrt{12}=88\ \text{mm},\quad 取\ D=90\ \text{mm}$$

依次加入各种直径的钢球为 80、70 和 60 mm。根据不同尺寸钢球的质量与球径成正比的关系，计算得到如表 7-10 所列的结果。

表 7-10　磨矿机最初装球配比计算结果

钢球直径/mm	直　径　比	各直径的百分比/%	各直径钢球质量/t
90	1.50	30.00	7.20
80	1.33	26.60	6.38
70	1.17	23.40	5.62
60	1.00	20.00	4.80
合　计	5.00	100.00	24.00

无论按哪一种方法来确定磨矿机最初装球制度，各种尺寸钢球的组成是否适宜，还要通过磨矿结果来判断。如果返砂中发生了接近于溢流粒度的细粒级的积聚，就说明小球不够，反之，如果发生了某一粗粒级的积聚，就说明大球不足。

c　磨矿介质的装入量

由理论分析得知，当磨矿机的直径、长度及转速率一定时，在装球率不超过 50％的范围内，磨矿机的有用功率随装球率的增加而增大，生产能力亦随之而提高。但不同的转速有不同的极限装球率，在临界转速以内操作时，球磨机的装球率通常为 40％～50％。棒磨机的装棒率约低 10％，一般为 35％～45％。磨矿机的生产率 Q(t/h)和装球质量 G(t)的关系，可用下面经验公式计算

$$Q=(1.45\sim4.48)G^{0.6} \tag{7-36}$$

如果磨矿机的装球率 φ 已定，则装球量可用下式计算

$$G=\varphi V\delta \tag{7-37}$$

式中　V——磨矿机的有效容积，m^3；

δ——钢球的松散密度，t/m^3。

至于现厂生产中的磨矿机，其介质装填率可用实测法和功耗法来确定。

实测法是在磨矿机停机清理矿石后，通过测量介质表面到筒体最高点的垂直距离，如图 7-10，然后按下式计算充填率

$$\varphi=\left(50-127\frac{b}{D}\right)\quad\% \tag{7-38}$$

式中　D——磨矿机内径，mm；

b——介质表面到筒体中心的距离，$b=a-D/2$，mm；

a——介质表面到圆筒最高点的距离，mm。

功耗法是当磨矿机其他条件不变时，利用磨矿功耗与介质质量在一定范围内成比例变化的关系来确定充填率的一种方法。介质增多，磨矿机驱动电机的电流（电压不变时）随之增大，当介质充填率达到某一适宜值时，电流增至最大值；此后若再增加介质质量，磨矿机驱动电流反而开始下降。因此，根据磨矿机驱动电流的变化即可判断介质充填率的高低。但应注意，要利用这种方法来显示磨矿机中介质充填率的变化情况，必须首先准确测定和绘制磨矿机驱动电机电流（或功率）与充填率之间的关系曲线，否则会影响实际应用的可靠性。

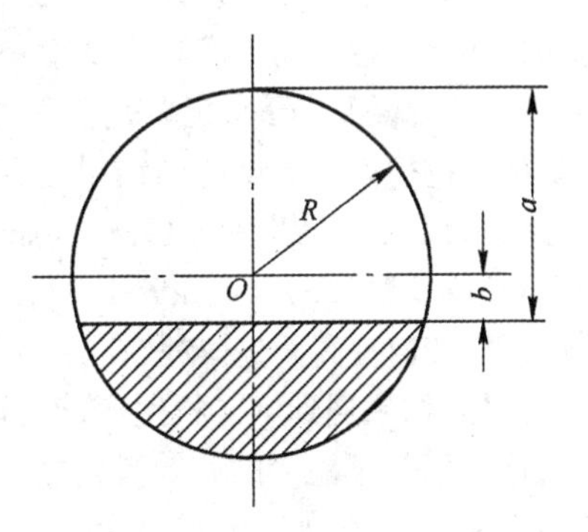

图 7-10　球荷充填率计算图

d　磨矿介质的合理补加

磨矿介质在磨碎物料的过程中，自身也不断地被磨损，尺寸较大的逐渐变成较小的，最后完全被磨耗掉或变成碎块从磨矿机中排出。为了使磨矿机在磨矿过程中保持不同尺寸介质始终有适宜的比例，并使介质充填率不变，必须每天都要给磨矿机补加一定尺寸和数量的新介质，以补偿磨耗掉的介质量。

影响磨矿介质磨损速度的因素很多，如介质大小和质量，磨矿机规格和转速，衬板材质和形状，矿石性质和磨矿细度，磨矿方式和操作条件等。由于介质磨损速度差别很大，磨碎单位物料的介质耗量不同。当物料中硅质含量高，可磨性差，而磨碎粒度又细时，介质磨损就高。湿磨介质耗量比干磨要高，这是因为湿磨过程中介质除了受到冲击和磨剥作用之外，还要受到溶蚀作

用。所以,目前在理论上尚未找出能包括上述诸因素在内的介质磨损计算公式,在生产中介质的补加质量通常只能按实际磨损指标——磨碎1 t物料的介质平均消耗量(kg/t)来确定。

有的选矿厂为了简便,只给球磨机补加一种大直径的钢球。这种补加办法难以保证磨矿机内钢球的粒度组成符合要求,往往使大球偏多,小球偏少,磨矿效果不好。实践表明,按适当比例补加几种尺寸的钢球,磨矿效果可以提高。如我国某选矿厂,原来只补加100 mm的钢球,磨矿产品中-200目仅占60%,后改为补加90,60、40 mm三种钢球,表面积增加25%,产品中-200目增加到72%~75%,磨矿机处理能力也有所提高。

为了做到合理补加钢球,现厂要定期检查球磨机的球荷总量以及它的粒度组成,了解各种尺寸钢球的磨损情况,以便在生产中不断校正补加钢球质量和比例,逐步达到使磨矿机中钢球的粒度组成保持近似于最初装球时的粒度组成。磨损后形状不规则的碎球残留在磨矿机中太多时,会影响磨矿效果,应定期清除。清理周期随球的材质而异,铁球一般2~4个月要清理一次,而钢球则为6~10个月。

B 磨矿机转速的影响

当其他条件不变时,磨矿介质在筒体内的运动状态取决于磨矿机的转速。介质的运动状态不同,磨矿效果也不一样。磨矿机转速较低时,介质以泻落运动为主,冲击作用较小,磨矿作用主要为研磨,磨矿机生产能力较低,适于细磨;转速较高时,介质抛落运动方式所占的比重增大,冲击作用较强,磨矿作用以冲击为主,磨剥其次,有利于粉碎粗粒物料,磨矿机生产能力高。由第5章的理论分析结果得知,磨矿机的充填率不同,有用功率达到最大值时所要求的转速也不相同。充填率越高,为了保证最内层球也能处于抛落运动,要求磨矿机的转速越高,才能使有用功率达到最大值,使磨矿机具有最大的生产率。

根据介质运动理论确定的磨矿机适宜工作转速分别是临界转速的76%和88%,而我国目前制造的球磨机的转速率多数在75%~80%之间,比理论计算值稍低。在实际生产中,磨矿机的适宜转速还要通过长期生产对比试验来确定。在进行对比时,不仅要看磨矿机生产能力的高低,还要看电耗、钢耗及经济效益如何。我国某选矿厂对十一个系列3200 mm×3100 mm球磨机转速进行长期工业规模对比试验的结果是:在充填率保持44%~48%的条件下,球磨机转速由18 r/min(转速率为74.3%)提高到19.8 r/min(转速率为81.72%)后,全厂年处理矿量增加了4.58万t,但由于年电耗增多657.4万kW·h,衬板多耗388.48 t,使每吨精矿成本提高了0.38元,导致全厂全年因球磨机转速提高而少盈利56.79万元。就是说,增产不增收,结论是否定的。

当然,如果遇到磨矿机生产能力达不到设计产量定额时,适当提高磨矿机的转速,仍不失为提高选矿厂处理能力的有效措施之一。但磨矿机转速提高后,振动及磨损加剧,必须注意加强管理和维修。反之,如果磨矿机生产能力有富余,则应适当降低其转速,以减少能耗和钢耗,降低磨矿成本。

C 磨矿浓度的影响

磨矿浓度是指正常工作时磨矿机中矿浆的浓度,既可以用矿浆中固体含量(按质量计)百分数来表示,也可以用矿浆中液体质量与固体质量之比值来表示(简称液固比浓度)。磨矿机的排矿浓度就是它的磨矿浓度。

磨矿机中矿浆浓度大小对介质的磨矿效果、矿浆自身的流动性能以及矿粒的沉降快慢都有直接影响。磨矿浓度较高时,介质在矿浆中受到的浮力较大,其有效密度降低,下落的冲击力减弱,打击效果较差。但浓矿浆中固体矿粒的含量较高,矿浆黏度较大,介质周围粘着的矿粒也多,介质打击和研磨矿粒的几率增大,磨矿效率提高。这是因为磨矿机的细磨作用主要取决于磨矿介质作圆运动时的研磨震裂作用。不过,磨矿浓度也不能太高,否则将大大降低介质的冲击力和研磨活动性,降低磨矿效率;而且矿浆太浓,矿浆流动性差,粗粒物料沉落慢,溢流型球磨机容易跑出粗砂,格子型球磨机则可能发生堵塞而造成“胀肚”。磨矿浓度较低时,介质在矿浆中的有效密度较大,下落时冲击力较强,但矿浆黏度较低,粘着在介质表面上的矿粒较少,研磨效率降低,且介质和衬板的磨耗增加。同时,矿浆太稀时,在溢流型球磨机中细矿粒也容易沉下,产生过粉碎较多。因此,矿浆浓度过高过低都不好,适宜的磨矿浓度要根据矿石性质、给矿和产品粒度以及介质特性等来确定。一般来说,在处理给矿粒度粗、硬度大和密度大的矿石时,磨矿浓度应高一些;处理给矿粒度细、硬度小及密度小的矿石时,磨矿浓度低一些。当磨矿机产品粒度在0.15 mm以上,或者磨碎密度大的矿石时,磨矿浓度通常控制到75%~82%;产品细度在0.15 mm以下,或者磨碎密度较小的矿石时,浓度约为65%~75%。

生产现场如采用人工测量矿浆浓度,一般都用浓度壶法,其原理如下。

设待测的矿浆质量为 Q,密度为 Δ,则矿浆的体积为 Q/Δ;矿石密度为 δ,矿浆百分浓度为 P,则矿浆中矿石的体积为 QP/δ,水的体积为 $Q(1-P)$。于是可得

$$\frac{QP}{\delta}+Q(1-P)=\frac{Q}{\Delta}$$

整理后百分浓度为

$$P=\frac{\delta(\Delta-1)}{\Delta(\delta-1)}\times 100\% \tag{7-39}$$

若所用浓度壶的自重为 G(g),体积为 V(cm^3),装满矿浆后称出总质量为 M(g),则矿浆密度为

$$\Delta=(M-G)/V$$

将上式代入公式7-39得

$$P=\frac{\delta(M-G-V)}{(\delta-1)(M-G)}\times 100\% \tag{7-40}$$

生产中为便于操作,常将式7-40变换成如下形式

$$M=\frac{V\delta}{(P+\delta)-\delta P}+G \tag{7-41}$$

在浓度壶容积 V、自重 G 和矿石密度 δ 都是已知的条件下,可根据不同的 P 值计算出相对应的 M 值,列成浓度换算表挂在磨矿岗位上。操作工可依据称得的 M 值,从表上查出矿浆的百分浓度。

百分浓度 P 与液固比浓度 R 可按下式互算

$$R=(100-P)/P$$

或

$$P=\frac{1}{R+1}\times 100\%$$

例 若已知液固比浓度 $R=3$,则按上式算出百分浓度为

$$P=\frac{1}{3+1}\times 100\%=25\%$$

D 磨矿循环中返砂比和分级效率的影响

磨矿动力学理论分析已经指出,闭路磨矿循环中分级效率和返砂比的高低,对磨矿机的生产能力和磨矿产品质量有很大影响:即分级效率或返砂比愈高,磨矿机生产能力愈大,产品中过粉碎微粒愈少。这里要强调的是,在分析分级效率和返砂比对磨矿机工作的影响时,必须把分级效率高低与相应的返砂比大小结合起来一起考虑,才能取得预期的效果。因为在其他条件一定时,分级效率与返砂比之间的关系是分级作业给矿细度的函数。分级给矿细度发生变化,分级效率和返砂比也随之而改变。在细粒给矿的情况下,分级效率能达到很高的数值,但这要在返砂比很

低时才有可能;而当给矿细度变粗时,返砂比增大,分级效率则降低,两者的变化取向相反。某个参数值提高,对磨矿有利;而另一个参数值降低,对磨矿又不利。结果互为消长,没有或少有收效。因此,任何一个闭路磨矿循环,都有其适宜的返砂比和相应的分级效率数值,且两者之间要保持适当的平衡,磨矿生产能力才能达到最高值。目前选矿厂仍广泛使用的螺旋分级机和水力旋流器,分级效率都不高,一般为40%~60%,故闭路磨矿的返砂比以200%~350%为宜。即使在改进分级设备性能和分级工艺,将分级效率大幅度提高后,比较适宜的返砂比范围也应是100%~200%。

E　给矿速度的影响

给矿速度是指单位时间内给入磨矿机的矿石量。给矿速度太低,矿量不足时,磨矿机内将发生介质空打衬板,磨损加剧,产品过粉碎严重;给矿速度太快,矿量过多时,磨矿机将发生过负荷,出现排出钢球、吐出大矿块及涌出矿浆等情况,磨矿过程遭到破坏。为了使磨矿机有效地工作,应当做到给矿速度适中、均匀和连续,给矿粒度组成稳定。磨矿机给矿量的测定,我国大多数选矿厂用的是皮带秤,新设计的选矿厂则多用电子秤。如没有装设计量装置,可通过定期从给矿皮带上截取单位长度的矿料来称重测量。

F　助磨剂的影响

在磨矿过程中添加某些化学药剂,可以提高磨矿效率,降低磨矿能耗和钢耗,已为许多试验结果所证实,是近年来很受重视的一种磨矿新工艺。如俄罗斯某选矿厂在球磨机中添加常用的碳酸钠水溶液,使钢球消耗降低12%~13%,球磨机生产能力提高10%~11%。

添加化学药剂(称为助磨剂)能够影响磨矿过程效率的可能原因很多,但可归纳为两个方面:一是改善磨矿环境的物理特性,如降低矿浆的黏度,提高物料的分散效应,降低磨矿介质表面细粒团聚物的粘附性,改变矿浆的pH值以及物料在溶液中的ξ电位等;一是改变物料表面的物理化学性质,如降低固体颗粒表面自由能,或引起物料近表面晶格的位错迁移,从而影响物料的强度。某种助磨剂可能只有某一方面的作用,而另一种助磨剂可能两方面的作用兼而有之。根据助磨剂对磨矿环境或物料本身的效应,可将它分为脆化剂(如水)、分散剂(如醇类有机溶液和无机盐类)和表面活性剂(如极性分子的有机试剂)三类。

助磨工艺国内都在研究,但目前在工业生产上成功应用的例子不多,甚至有些意见相反的报道。因此在研究和使用助磨剂时,必须认真权衡和实事求是。除了看到助磨剂对提高磨矿效率的作用外,还要考虑它的来源、价格、毒性以及对后续作业(如选别和脱水)和环境是否有不良影响。例如,在使用具有分散效应的助磨剂时,往往影响沉淀和过滤作业的效率,而为了消除助磨剂的分散作用,脱水作业又不得不添加絮凝剂。出现这种情况时,必须对添加助磨剂进行全面的技术经济比较后,才能作出合理的决定。

7.7　磨矿机计算

磨矿机计算和选择,是选矿厂设计工作中的一项重要任务。计算的目的主要是确定达到规定生产能力和磨矿细度时所需要的磨矿机功率,或确定能够接受这一所需功率的磨矿机规格。计算结果是否符合实际,关系到选矿厂投产后处理能力是否能达到预期要求。如选用磨矿机过小,磨矿能力不足,选矿厂不能完成产量任务;如选用磨矿机过大,磨矿能力过富裕,又会造成能源浪费,成本增加。因此,对磨矿机的计算和选择,务求做到准确、恰当。

7.7.1　磨矿机常用的计算方法

由于影响磨矿过程的因素很多,且磨矿机的工作条件变化范围较大,至今还没有找到包括所有影响因素在内的理论公式来精确计算磨矿机的生产能力，或者达到这一生产能力所需的磨矿机功率，因而目前只能根据经验公式用近似计算方法来确定，计算结果还要用一些实际资料来校核。

磨矿机有多种计算方法，但常用的只有两种：一是按磨矿新生成指定粒级（一般为 -0.074mm粒级）计算的磨矿机单位容积生产率法；二是按邦德功指数计算的单位功耗法（简称功指数法）。下面结合具体实例分别介绍两种方法的要点和计算步骤。

A 单位容积生产率法

此方法的要点是：在测定矿石相对可磨度的基础上，选定类似企业磨矿机在接近最优工作条件下的单位容积生产率作为参照标准，然后将待算磨矿机与参照磨矿机比较并按工作条件差异进行修正，求出待算磨矿机的单位容积生产率和按给矿计的生产率，最后按设计处理量计算所需的磨矿机台数。具体计算步骤如下：

a 计算类似企业磨矿机的单位容积生产率 q_0

设类似企业同一磨矿段的磨矿机有 n_0 台，每台磨矿机有效容积为 V_0（m^3），按原矿计的总磨矿量为 Q_0（t/h），磨矿机给料和产品中小于0.074mm 粒级的百分含量分别为 α 和 β，则按新生成 -0.074mm 粒级计算的现场磨机的单位容积生产率（t/（m^3 · h））由下式算出

$$q_0 = \frac{Q_0(\beta - \alpha)}{n_0 V_0} \tag{7-42}$$

式中 α 值与矿石的可碎性及破碎最终产物粒度有关，计算时应以现场实际数据为准。若无实际资料，可参照表 7-11 选定。

表 7-11 破碎产物粒度与 -0.074mm 粒级含量的关系

破碎产物粒度/mm		40 ~ 0	20 ~ 0	10 ~ 0	5 ~ 0	3 ~ 0
-0.074mm 粒级含量/%	难碎性矿石	2	5	8	10	15
	中等可碎性矿石	3	6	10	15	23
	易碎性矿石	5	8	15	20	25

b 计算待定磨矿机的单位容积生产率 q

因待算磨矿机的条件与现场磨机的不完全相同，在计算它的单位容积生产率时，需要引入一系列修正系数对现场磨机的 q_0 加以修正，即

$$q = q_0 K_1 K_2 K_3 K_4 \tag{7-43}$$

式中 K_1——矿石可磨性系数，它表示在相同条件（即磨矿机型式、工作条件、给矿和产品粒度均同）下，磨碎待测矿石按新生成指定粒级计的磨矿机生产率与磨碎标准矿石按新生成指定粒级计的磨矿机生产率之比。一般应通过试验确定，若无试验数据，按表 4-1 选取；

K_2——磨矿机型式差别校正系数，反映不同型式磨机在生产率上的差异，其值列于表 7-12，待算磨矿机与现厂磨矿机型式相同时，$K_2 = 1.0$；

K_3——磨矿机直径校正系数，按下式计算

$$K_3 = \left(\frac{D_1 - 2b_1}{D_2 - 2b_2}\right)^n \tag{7-44}$$

式中 D_1、D_2——分别为待算磨矿机和现场磨矿机的直径，m；

b_1、b_2——分别为待算磨矿机和现场磨矿机的衬板厚度，m；

n——与磨机直径和形式有关的指数，见表 7-14；

K_4——待算磨矿机与现场磨矿机在给矿及产品粒度有差别时的校正系数，其计算式为

$$K_4 = m_1 / m_2 \tag{7-45}$$

表 7-12　磨机型式差别校正系数 K_2

磨机型式	格子型球磨机	溢流型球磨机	棒磨机
K_2 值	1.00	0.90～0.85	1.00～0.85

注：当磨矿产品粒度大于 0.3 mm 时，取大值，反之，取小值。

m_1——待算磨机在不同给矿、产品粒度条件下按新生成 -0.074 mm 计算的相对生产能力，查表 7-13；

m_2——现场磨机在不同给矿、产品粒度条件下按新生成 -0.074 mm 计算的相对生产能力，查表 7-13。

表 7-13　不同给矿和产品粒度下的相对生产能力 m_1、m_2 值

给矿粒度 d_{95}/mm	产品粒度/mm						
	0.5	0.4	0.3	0.2	0.15	0.10	0.074
	产品粒度中小于 -0.074 mm 粒级的含量/%						
	30	40	48	60	72	85	95
40～0	0.68	0.77	0.81	0.83	0.81	0.80	0.78
30～0	0.74	0.83	0.86	0.87	0.85	0.83	0.80
20～0	0.81	0.89	0.92	0.92	0.88	0.86	0.82
10～0	0.95	1.02	1.03	1.00	0.93	0.90	0.85
5～0	1.11	1.15	1.13	1.05	0.95	0.91	0.85
3～0	1.17	1.19	1.16	1.06	0.95	0.91	0.85

c　求出按原矿计的待算磨机处理能力和所需台数

待算磨机按原矿计的处理能力 Q(t/h)按下式计算

$$Q = \frac{qV}{\beta_c - \alpha_c} \tag{7-46}$$

式中　q——待算磨机按新生成 -0.074 mm 粒级计的单位容积生产率；

V——待算磨机的有效容积，m^3；

α_c、β_c——分别为待算磨机给矿和产品中 -0.074 mm 粒级含量，%。

若设计处理总矿量为 Q_T(t/h)，则所需磨机台数 n 为

$$n = Q_T / Q \tag{7-47}$$

式中　Q——待算磨机的处理能力(由式 7-46 求得)，t/(台·h)。

表 7-14　n 值与磨机直径及型式的关系

磨机直径/m		2.7	3.3	3.6	4.0	4.5	5.5
n 值	球磨机	0.5	0.5	0.5	0.5	0.46	0.41
	棒磨机	0.53	0.53	0.53	0.53	0.49	0.49

注：磨机直径小于 2.7m 时，可暂按 n = 0.5 计算。

例　设待算磨机的给矿粒度为 15～0mm，其中 -0.074mm 粒级占 8%，磨矿细度为 60% -0.074mm，要求每小时磨矿量为 50t，待磨矿石与参照磨机所磨矿石的可磨性相同；选作参照标准的现厂磨机为 ϕ2.1m×3.0m 溢流型球磨机，给矿粒度 20～0mm，其中 -0.074mm 粒级

占6%,磨矿产品中 −0.074 mm 粒级占70%,每小时处理原矿16 t。计算和选择待算磨机的规格和数量。

1. 计算现场磨机的单位容积生产率 q_0 值:将已知值和查表得 2.1 m×3.0 m 磨机 $V_0=9.0\ m^3$ 代入式 7-42 得

$$q_0=\frac{16\times(0.7-0.06)}{9.0}=1.14\ t/(m^3\cdot h)$$

2. 计算不同规格磨机的单位容积生产率 q 值:为了择优选用磨机,根据给定的磨矿条件初选出 2.1 m×3.0 m、2.7 m×2.1 m 和 2.7 m×3.6 m 三种规格的格子型球磨机进行计算和比较。在用公式 7-43 计算它们的 q 值时,首先确定式中的各个校正系数如下:因设计处理的矿石与现场磨机处理的矿石的可磨性相同,故可磨性系数 $K_1=1.0$;磨机型式由现场的溢流型改为选用的格子型,故型式校正系数 $K_2=1.0\div0.9=1.11$;磨机直径校正系数 K_3,对 2.1 m×3.0 m 磨机,因直径与现场的相同,故 $K_3=1.0$;对 2.7 m×2.1 m 及 2.7 m×3.6 m 磨机,其 K''_3 值需按下式计算(式中衬板厚度 $2b_1=2$ m、$2b_2=0.15$ m),即

$$K''_3=\left(\frac{2.7-0.15}{2.1-0.15}\right)^{0.5}=1.14$$

因待算磨机的 m_1 值和现场磨机的 m_2 值直接从表 7-13 查不到,必须按所给条件用插值法来计算。待算磨机的给矿粒度为 15 ~ 0mm,产品中 −0.074mm 粒级占60%,则其相对生产能力为

$$m_1=1.00-\frac{1.00-0.92}{20-10}\times(15-10)=0.96$$

现场磨机给矿粒度为 20~0 mm,产品中 −0.074 mm 粒级占70%,故其相对生产能力为

$$m_2=0.92-\frac{0.92-0.88}{72-60}\times(70-60)=0.887$$

因此,粒度差别校正系数为

$$K_4=\frac{m_1}{m_2}=\frac{0.96}{0.887}=1.08$$

将求得的各个系数值代入式 7-43,则可分别求出待算的三种规格磨机的单位容积生产率。

对 2.1 m × 3.0 m 球磨机:$q=q_0K_1K_2K_3K_4=1.14\times1.0\times1.11\times1.0\times1.08=1.37\ t/(m^3\cdot h)$;对 2.7 m×2.1 m 及 2.7 m×3.6 m 球磨机:$q''=q_0K_1K_2K''_3K_4=1.14\times1.0\times1.11\times1.14\times1.08=1.56\ t/(m^3\cdot h)$。

3. 计算按原矿计的磨机生产能力和磨机台数:按所给条件和查得的三种磨机有效容积,由式 7-46 和式 7-47 可分别求出它们的按原矿计的生产能力和所需台数。

对 2.1 m×3.0 m 球磨机,$V_Ⅰ=9.00\ m^3$ 生产能力和台数为

$$Q_Ⅰ=\frac{q'V_Ⅰ}{\beta_c-\alpha_c}=\frac{1.37\times9.00}{0.6-0.08}=23.71\ t/h$$

$$n_Ⅰ=\frac{Q_T}{Q_Ⅰ}=\frac{50}{23.71}=2.11\ 台,取3台$$

对 2.7 m×2.1 m 球磨机,$V_Ⅱ=10.40\ m^3$,生产能力和台数为

$$Q_Ⅱ=\frac{q''V_Ⅱ}{\beta_c-\alpha_c}=\frac{1.56\times10.40}{0.6-0.08}=31.20\ t/h$$

$$n_Ⅱ=\frac{Q_T}{Q_Ⅱ}=\frac{50}{31.20}=1.60\ 台,取2台$$

对 2.7 m×3.6 m 球磨机，$V_{Ⅲ}=17.70\ m^3$，生产能力和台数为

$$Q_{Ⅲ}=\frac{q''V_{Ⅲ}}{\beta_c-\alpha_c}=\frac{1.56\times17.70}{0.6-0.08}=53.10\ t/h$$

$$n_{Ⅲ}=\frac{Q_T}{Q_{Ⅲ}}=\frac{50}{53.10}=0.94\ 台，取 1 台$$

由磨机技术规格表查得，上述三种规格球磨机的驱动电机功率分别为 210 kW、240 kW 和 400 kW，因此，按它们各需台数计算的总安装功率分别是：$N_{Ⅰ}=210\times3=630$ kW、$N_{Ⅱ}=240\times2=480$ kW 及 $N_{Ⅲ}=400\times1=400$ kW。计算结果表明，采用一台 2.7 m×3.6 m 格子型球磨机较为合理，其优点是投资少，电耗低，占地面积小等。

B　单位功耗法

这是以邦德功耗学说为依据的磨机计算方法，它的基本要点是：通过邦德可磨性试验程序求出被磨物料的磨矿功指数后，应用邦德基本公式 4-14 求出磨碎单位物料的功耗，再按磨矿条件的差异引入相应的效率校正系数对磨矿单位功耗进行修正，然后依据给定的总处理矿量计算磨矿所需的总功率，最后根据这一总功率和设备制造厂给出的磨机小齿轮轴功率资料，选择合适的磨机规格并计算所需的台数。

按邦德基本公式算出的磨机单位轴功率，只适合于这样的特定条件：即筒体有效内径为 2.44m 的湿式开路磨矿的棒磨机和湿式闭路磨矿的球磨机，且仅是磨机小齿轮轴处的输出功率值（包括磨机轴承和大小齿轮传动的机械损失，但不包括电动机和减速机等的机械损失），即所谓的单位净功耗。若磨机条件与上述特定条件不相符合，则计算时必须对各种条件的差异用相应的效率系数来修正，才能得出较符合实际的磨机功率值。要考虑的效率修正系数如下：

(1) EF_1——干式磨矿系数。因干磨时磨矿介质表面粘有薄矿层，并在磨矿过程中被压实，使磨矿功耗增加，故干磨时 $EF_1=1.3$；湿磨时 $EF_1=1.0$。

(2) EF_2——开路球磨系数。即球磨机由闭路磨矿变为开路磨矿时功耗增加所应考虑的系数。EF_2 随磨矿产品控制细度而变化，见表 7-15。当球磨闭路作业时，$EF_2=1.0$。

表 7-15　开路球磨系数 EF_2

控制产品粒度通过的百分数/%	50	60	70	80	90	92	95	98
EF_2 值	1.035	1.05	1.10	1.20	1.40	1.46	1.57	1.70

(3) EF_3——磨机直径系数。按邦德基本公式计算的磨矿功耗仅适合于有效内径为 2.44 m 的磨机，直径增大，磨矿效率提高，功耗下降，应乘以按下式计算的系数

$$EF_3=\left(\frac{2.44}{D}\right)^{0.2} \tag{7-48}$$

式中　D——磨机筒体有效内径（筒体内径减 2 倍衬板厚），m。

当 $D<2.44$ m 时，不需用系数 EF_3；当 $D>3.81$ m 时，EF_3 值保持在 0.914 不变。

(4) EF_4——过大给矿粒度系数。因给入磨机中粒度过大的颗粒不易磨碎，要增加功耗，故当给矿粒度大于最佳给矿粒度时应引入此系数，其计算式为

$$EF_4=\frac{R+(W_i\times0.907-7)\left(\dfrac{F_{80}-F_0}{F_0}\right)}{R} \tag{7-49}$$

式中　R——破碎比，$R=F_{80}/P_{80}$；

F_{80}、P_{80}——磨机给矿中和产品中80%能通过的物料粒度，μm；

W_i——磨矿功指数，kW·h/t；

F_0——最佳给矿粒度，μm，取值如下：

对棒磨机： $$F_{0r}=16000\sqrt{\frac{13}{W_i\times 0.907}} \tag{7-50}$$

对球磨机： $$F_{0b}=4000\sqrt{\frac{13}{W_i\times 0.907}} \tag{7-51}$$

(5) EF_5——磨矿细度系数，用于细磨或再磨。当磨矿产品粒度小于75 μm时，EF_5 计算式为

$$EF_5=\frac{P_{80}+10.3}{1.145P_{80}} \tag{7-52}$$

(6) EF_6——棒磨破碎比系数。当棒磨机有效内径为 D，棒的长度为 L 时，其最佳破碎比为

$$R_{r0}=8+(L/D) \tag{7-53}$$

当棒磨实际破碎比为 $R_r=F_{80}/P_{80}$，且 $|R_r-R_{r0}|>2$ 时，应采用系数 EF_6，其值由下式计算

$$EF_6=1+\frac{(R_r-R_{r0})^2}{150} \tag{7-54}$$

(7) EF_7——球磨低破碎比系数，当球磨破碎比 $R_b<6$ 时，按下式计算

$$EF_7=\frac{2(R_b-1.35)+0.26}{2(R_b-1.35)} \tag{7-55}$$

(8) EF_8——棒磨系数，采用时分下列两种情况：

1) 单一棒磨回路。当棒磨机给矿是开路破碎产品时，$EF_8=1.4$；当棒磨机给矿是闭路破碎产品时，$EF_8=1.2$。

2) 棒磨-球磨回路：当棒磨机给矿是开路破碎产品时，$EF_8=1.2$；当棒磨机给矿是闭路破碎产品时，$EF_8=1.0$。

经过修正后，邦德磨矿单位功耗为

$$W_c=W_i\left(\frac{10}{\sqrt{P_{80}}}-\frac{10}{\sqrt{F_{80}}}\right)\cdot EF_1\cdot EF_2\cdot EF_3\cdots EF_8 \tag{7-56}$$

然而，对于某个特定磨矿回路和工作条件，功耗计算时可能只有其中几个条件需要修正，并非八个系数都要引用。如在计算湿式闭路一段磨矿球磨机的单位功耗时，常用到的仅是直径系数 EF_3 和过大给矿粒度系数 EF_4 两个，其余的系数均不需考虑。在棒磨机功耗计算时，可能用到的系数也只有 EF_3、EF_4、EF_6 及 EF_8，其他系数均无需考虑。

采用邦德功指数法计算选择磨矿机时，要求有准确可靠的功指数测定数据，磨机给矿和磨矿产品粒度分析数据，以及设备制造厂提供的设备系列和准确的磨矿机小齿轮轴功率资料。目前我国还没有这方面系统的资料，暂列出美国阿利斯-查尔默斯公司的棒磨机和球磨机小齿轮轴功率数据，见表7-15和表7-16，作为参考。

例 计算选择湿式开路棒磨—闭路球磨两段磨矿回路中的棒磨机和球磨机。设计条件为：处理量500 t/h，棒磨机给矿系闭路破碎产品，粒度为25～0 mm，其中80%通过的粒度 $F_{80}=18000$ μm，棒磨产品粒度为2～0 mm，其中80%通过的粒度 $P_{80}=1200$ μm，棒磨试验磨至10目时的功指数 $W_{ir}=14.55$ kW·h/t；球磨机给矿就是棒磨产品，即 $F_{80}=1200$ μm，球磨产品中80%通过的粒度 $P_{80}=175$ μm，可磨性试验磨至175 μm时的功指数 $W_{ib}=12.9$ kW·h/t。

(1) 棒磨机的计算和选择

1) 按邦德基本公式计算棒磨单位功耗

表 7-16　棒磨机小齿轮轴功率

棒磨机规格		棒长	有效内径	磨机转速		装棒质量/t			磨机功率/kW			$\frac{L}{D}$
						充填率/%			充填率/%			
直径/m	长度/m	L/m	D/m	$r \cdot min^{-1}$	转速率/%	35	40	45	35	40	45	
0.91	1.22	1.07	0.76	36.1	74.5	1.0	1.13	1.27	5	6	6	1.4
1.22	1.83	1.68	1.07	30.6	74.7	2.25	2.58	2.9	17	19	19	1.57
1.52	2.44	2.29	1.37	25.7	71.2	6.91	7.95	8.89	42	46	48	1.67
1.83	3.05	2.90	1.68	23.1	70.7	13.1	15.0	16.8	85	91	95	1.73
2.13	3.35	3.20	1.98	21.0	69.9	20.0	22.8	25.6	135	145	152	1.62
2.44	3.66	3.51	2.29	19.4	69.3	29.0	33.2	37.4	205	220	231	1.53
2.59	3.66	3.51	2.44	18.7	69.0	33.0	37.7	42.5	237	254	268	1.44
2.74	3.66	3.51	2.55	17.9	67.5	36.0	41.1	45.5	256	275	289	1.38
2.89	3.96	3.81	2.70	17.4	67.6	42.7	48.8	54.9	310	333	351	1.41
3.05	4.27	4.11	2.85	16.8	67.0	51.5	59.0	63.8	378	406	427	1.44
3.20	4.57	4.42	3.00	16.2	66.4	61.4	70.1	78.9	454	487	513	1.47
3.35	4.88	4.72	3.15	15.9	66.8	72.5	82.8	93.5	548	588	618	1.50
3.51	4.88	4.72	3.31	15.5	66.6	79.7	90.7	103	611	655	689	1.43
3.66	4.88	4.72	3.46	15.1	66.4	82.7	99.8	112	676	725	763	1.37
3.81	5.49	5.34	3.61	14.7	66.0	104	119	134	815	875	921	1.48
3.96	5.79	5.64	3.76	14.3	65.6	120	137	154	943	1012	1064	1.50
4.12	5.79	5.64	3.92	14.0	65.5	130	148	166	1033	1116	1165	1.44
4.27	6.10	5.94	4.07	13.6	64.9	147	169	190	1179	1264	1330	1.46
4.42	6.10	5.94	4.22	13.3	64.6	159	181	204	1279	1373	1444	1.41
4.57	6.10	5.94	4.37	13.0	64.3	171	194	219	1382	1483	1560	1.36

$$W_r = W_{ir}\left(\frac{10}{\sqrt{P_{80}}} - \frac{10}{\sqrt{F_{80}}}\right) = 14.55\left(\frac{10}{\sqrt{1200}} - \frac{10}{\sqrt{18000}}\right) = 3.116 \text{ kW·h/t}$$

2) 确定有关的修正系数

对于湿式开路棒磨,影响其功耗的只有 EF_3、EF_4 及 EF_6 三个系数,其余均不必考虑。下面分别进行计算。

磨机直径系数 EF_3:按设计处理量(500 t/h)和上面求出的单位功耗估算,可从表 7-16 中初步选定 $\phi3.66$ m×4.88 m 棒磨机,棒长 $L=4.72$ m,磨机有效内径 $D=3.46$ m,于是,由公式 7-48 得

$$EF_3 = \left(\frac{2.44}{D}\right)^{0.2} = \left(\frac{2.44}{3.46}\right)^{0.2} = 0.932$$

过大给矿粒度系数 EF_4:可以按式 7-50 先计算棒磨最佳给矿粒度为 $F_0 = 16000 \times \sqrt{13/(14.55\times0.907)} = 15878$ μm,棒磨破碎比 $R_r = 18000/1200 = 15.0$,显然 $F_{80} > F_0$,于是按式 7-49 得

$$EF_4 = \frac{15 + (14.55\times0.907 - 7)\times\dfrac{18000-15878}{15878}}{15} = 1.056$$

棒磨破碎比系数 EF_6:所选棒磨机的最佳破碎比由式 7-53 求出,即 $R_{r0} = 8 + 5\times(4.72/3.46) = 14.82$,由于 $|R_r - R_{r0}| = |15-14.82| = 0.18 < 2$,所以,可不采用 EF_6。

3) 计算修正后的棒磨单位功耗(W_{rc})

由公式 6-56 得

$$W_{rc} = 3.116\times0.932\times1.056 = 3.067 \text{ kW·h/t}$$

4) 计算棒磨所需总功率(W_{rt})

每小时磨碎 500 t 物料所需的棒磨总功率为

$$W_{rt} = 500\times3.067 = 1533.5 \text{ kW·h/t}$$

5) 计算棒磨机台数

从表 7-16 查得,$\phi3.66$ m×4.88 m 棒磨机的转速率为 66.4%、装棒率为 40%时,其功率 $N=725.1$ kW。如选用 2 台,样本磨机总功率 $N_T = 2\times725 = 1450$ kW $<$ 1533.5 kW;不能满足要求;如选用 3 台,又过于富余,会造成能源浪费,增加投资。为此,可以通过加长拟选用的棒磨机长度来增大其功率,以满足功率要求。棒磨机长度调整办法如下:

已知拟选用的棒磨机长度 $L=4.88$ m,功率 $N=725.1$ kW;而计算要求的每台棒磨机功率 $N'=1533.5/2=766.75$ kW,根据磨机功率与长度成正比的关系,即可求出加长后的棒磨机长度 L'

$$L' = \frac{N'}{N}L = \frac{766.75}{725.1}\times4.88 = 5.16 \text{ m}$$

就是说,选用 2 台 $\phi3.66$ m×5.16 m 棒磨机,可满足需要。

6) 计算棒磨机需配用的电动机功率

上述计算只算到棒磨机小齿轮的轴功率,要计算配用电动机的输入功率,还须用减速装置和电动机总传动效率系数进行修正。一般传动效率系数 $\eta=0.93\sim0.94$,则所需电动机功率为

$$N_e = \frac{N'}{\eta} = \frac{766.75}{0.93} = 824.46 \text{ kW}$$

取 830 kW 即可。

(2) 球磨机的计算和选择

1) 求处理每吨矿石的球磨功耗

$$W_b = 12.9 \times \left(\frac{10}{\sqrt{175}} - \frac{10}{\sqrt{1200}} \right) = 6.028 \text{ kW·h/t}$$

2) 确定修正系数

按已知设计条件分析,只需采用磨机直径系数 EF_3,其他系数不必考虑。由于棒磨机已拟用 2 台,球磨机也应选用 2 台,以便于配置。根据处理量估算所选用的球磨机直径将大于 3.81 m,因此,$EF_3 = 0.914$。

3) 计算修正后的球磨单位功耗 W_{bc}

$$W_{bc} = 6.028 \times 0.914 = 5.51 \text{ kW·h/t}$$

4) 按处理量计算球磨机所需的总功率 N_t

$$N_t = 500 \times 5.51 = 2755 \text{ kW}$$

5) 计算单台球磨机所需功率 N

$$N = \frac{2755}{2} = 1377.5 \text{ kW}$$

由表 7-17 可以看出,装球率为 45% 的 ϕ4.57 m×4.57 m 溢流型球磨机或者 ϕ4.42 m×4.27 m格子型球磨机,它们的小齿轮轴功率都超过计算所需功率 N 值,应该说是满足需要的。但由于在给矿粒度较细的条件下,上述两种球磨机的长径比 L/D 太小,不宜采用。为了使磨机功率和长径比都符合要求,可在初定磨机规格时,选择直径和功率比计算值稍低一些的磨机,然后通过加长其长度来增大功率,直至满足要求为止。球磨机加长的办法与棒磨机的相同。

7.7.2　磨矿机两种计算方法的比较

上面介绍磨矿机的两种常用计算选择方法,目前在选矿行业中都广泛应用着。欧美国家多采用邦德单位功耗计算法,我国从 20 世纪 50 年代初期以来,一直采用单位容积生产率法,近年来也开始研究和应用功指数计算法。两种方法比较起来,各有长处,但也都有不足的地方。

单位容积生产率法计算公式简单,矿石可磨度试验操作简便,试验工作量较小,若选作参照标准的类似选矿厂磨矿机的生产指标确实是在最优工作条件下达到的指标,用这种方法来计算原矿磨矿机的生产能力,其结果还是比较符合生产实际的。但问题在于选作"标准"的磨矿机工作参数,往往并不是已经达到最优状态下的参数,因而作为主要计算依据的"标准"磨矿机的单位容积生产率 q_0 值,其实并不那么标准和真实,这就使得计算结果的准确性受到限制。其次,单位容积生产率计算公式没有考虑诸如磨矿机转速率、介质充填率、返砂比和分级效率等主要因素对磨矿机生产能力的影响,这在假设待算磨矿机所选用的这些参数与现场磨矿机在最优工作条件下的参数完全相同的情况下,问题不很大,但当条件明显差异时,不加以修正,计算结果必然偏离实际。例如,现场磨矿机与螺旋分级机组成闭路磨矿循环,返砂比为 250%,分级效率为 50%,而待算磨矿机与水力旋流器及细筛构成闭路工作,返砂比仍为 250%,但分级效率提高到 70%。根据磨矿动力学理论分析和生产实践证明,当返砂比保持不变时,分级效率提高,磨矿机生产率必随之增大。但按公式 7-43 计算得出的结果,却反映不出提高分级效率后对磨矿生产能力有任何影响,这显然是不恰当的。最后,单位容积生产率法不能直接用于中间产物再磨系统磨矿机的计算。这主要是因为再磨物料与原矿比较,矿物组成和性质发生了变化,可磨性差别较大。

为了使单位容积生产率法计算结果更符合实际,一些设计工作者提出,在原有计算公式的基础上增加转速率、充填率和密度三个修正系数,用于原矿磨矿机的计算,而再磨磨矿机的计算则用相对生产率法。

表 7-17 球磨机小齿轮轴功率

球磨机规格		新衬板时磨机内径/m	磨机转速		装球质量/t			溢流型球磨机功率/kW			格子型球磨机功率/kW		
					充填率/%			充填率/%			充填率/%		
直径/m	长度/m		$r \cdot min^{-1}$	转速率/%	35	40	45	35	40	45	35	40	45
0.91	0.91	0.76	38.7	79.9	0.68	0.77	0.87	5	5	5	6	6	7
1.22	1.22	1.07	32.4	79.1	1.77	2.02	2.28	14	15	16	16	18	19
1.52	1.52	1.37	28.2	78.1	3.66	4.19	4.71	31	34	35	37	39	40
1.83	1.83	1.68	25.5	78.0	6.58	7.50	8.44	60	63	66	69	74	77
2.13	2.13	1.98	23.2	77.2	10.7	12.3	13.8	102	108	113	118	125	131
2.44	2.44	2.29	21.3	76.1	16.2	18.6	21.0	160	170	177	186	198	205
2.59	2.44	2.44	20.4	75.3	18.5	21.1	23.8	187	198	207	216	230	239
2.74	2.74	2.55	19.7	75.0	23.5	26.9	30.2	240	255	266	278	296	308
2.89	2.74	2.74	19.15	75.0	26.4	30.1	33.9	274	291	303	317	338	351
3.05	3.05	2.89	18.65	75.0	32.7	37.3	42.0	345	366	382	399	425	442
3.20	3.05	3.05	18.15	75.0	36.1	41.4	46.5	387	412	429	449	477	498
3.35	3.35	3.17	17.3	72.8	43.0	49.2	55.4	455	484	504	528	562	585
3.51	3.35	3.32	16.75	72.2	49.1	54.0	60.8	502	536	557	583	620	647
3.66	3.66	3.47	16.3	71.8	56.4	64.4	72.5	606	645	671	703	748	779
3.81	3.66	3.63	15.95	71.8	61.4	70.2	79.0	668	712	741	776	825	859
3.96	3.96	3.78	15.6	71.7	72.3	82.7	92.6	793	843	878	920	978	1018
4.12	3.96	3.93	15.3	71.7	78.2	89.4	99.8	887	944	985	1029	1096	1143
4.27	4.27	4.08	14.8	70.7	90.7	104	117	1026	1092	1139	1190	1267	1321
4.42	4.27	4.24	14.55	70.8	98.0	112	126	1113	1185	1235	1291	1374	1433
4.57	4.57	4.39	14.1	69.8	113	129	144	1273	1355	1412	1477	1572	1638
4.72	4.57	4.54	13.85	69.8	121	138	155	1371	1459	1520	1590	1689	1763
4.88	4.88	4.69	13.45	68.9	137	157	179	1555	1654	1723	1803	1918	1998
5.03	4.88	4.85	13.2	68.7	146	167	188	1663	1768	1841	1928	2052	2136
5.18	5.18	5.00	13.0	68.7	165	180	212	1936	2062	2151	2245	2392	2495
5.33	5.18	5.15	12.7	68.1	176	201	226	2052	2185	2278	2380	2534	2642
5.49	5.49	5.30	12.4	67.5	197	225	253	2295	2444	2547	2662	2835	2955

单位功耗法是在测定磨碎矿石的实际功耗的基础上进行磨矿机计算的。虽然试验程序比较复杂,且要有专用的设备,但磨矿机计算却较简便。只要采用三个参数(即功指数、给矿粒度和产品粒度)和有关修正系数就可以算出工业磨矿机所需要的比能耗,有利于准确匹配磨矿机的驱动功率,避免发生“大马拉小车”的现象。这种计算方法对影响磨矿机功耗的因素考虑得比较周全,除了有关的修正系数之外,在磨矿机小齿轮轴功率表中,还反映了磨矿机型式、转速率和充填率对磨矿功耗的影响,而且在计算确定磨矿机规格的同时,还要计算确定磨矿机的有关工作参数,并通过计算磨矿机提升磨矿介质所需要的功率来校核按邦德修正公式求出的磨矿机功率,因此,计算结果比较准确可靠。功指数法不仅可以在各种粒度(包括小于 74 μm)条件下进行一段或多段磨矿磨矿机以及中间产物再磨磨矿机的计算,而且还可以根据生产数据用邦德公式计算并进行反修正后求出现场磨矿机的操作功指数,把操作功指数与实验室可磨性试验得出的功指数相比较,对现场磨矿机的磨矿效率作出评价,找出磨矿效率不高的原因。

当然,采用邦德功指数法计算磨矿机有时也会产生设计错误。J.A. 赫尔伯斯特等人指出,从生产中收集到的磨硫化矿磨矿机和磨水泥磨矿机的大量资料表明,用邦德模拟放大程序产生的设计误差大约为±20%。之所以产生这样的误差,问题在于磨矿功指数是在标准邦德可磨性磨矿机内用干式分批闭路磨矿试验求出的,该磨矿机与内径为 2.44 m 的湿式闭路磨矿磨矿机所得的资料“相符”。然而,邦德试验程序采用的是理想或完善的分级,这在实验室以外不可能实现,因为工业型分级机在本质上总是偏离理想分级行为的。邦德公式一般也不能准确地描述工业磨矿回路中所处理的天然物料的磨矿特性。尽管邦德方法试图部分地补偿试验程序上的理想化,以及由于采用邦德可磨性试验结果与“标准”2.44 m 磨矿机磨矿回路之间的关系而产生的模型缺陷,但由于这个程序没有考虑在工业磨矿回路中输送、分级等过程,不可避免地要偏离“标准”回路中的一些特性,完全补偿仍是不可能的。另外,在磨矿机功耗计算中,对某些修正系数的应用规定也欠合理。例如,美国磨矿专家 C.A. 罗兰认为,磨矿机单位功耗的实际降低与公式 $EF_3=(2.44/D)^{0.2}$ 计算的结果不相符,因为确定这个公式时,磨矿机的直径还没有扩大到 3.81 m以上;再如,用于计算过大给矿粒度系数 EF_4 的公式 7-49,仅在给矿粒度 F_{80} 大于最佳给矿粒度 F_0 时采用,而当 $F_{80}<F_0$ 时,则 $EF_4<1$,却又规定不予考虑此系数。这样一来,为降低磨矿能耗而减小破碎最终产物粒度的“多碎少磨”原则,在磨矿功耗计算中就失去了意义。

本章小结

在选矿厂中,磨矿机一般都与分级设备构成闭路磨矿循环,常用于闭路磨矿循环的分级设备有螺旋分级机、水力旋流器和细筛等,按其在磨矿回路中的作用不同可分为预先分级、检查分级和控制分级,常用分级效率的指标来评定分级效果的好坏。

在闭路磨矿操作中,要保持稳定生产并获得良好的磨矿效果,必须把返砂比控制在适当的范围内,所以需要经常性的测定和调整。测定返砂比最常用的方法是,通过取样筛析,测出分级机给矿、溢流和返砂中某一指定粒级的百分含量,然后配合磨矿机的原给矿量,根据物料平衡原理进行推算。当分级溢流粒度保持一定时,返砂比的大小将取决于磨矿机排矿粒度和分级返砂中指定粒级的含量。

磨矿动力学是反映矿石磨碎过程的规律,磨矿动力学基本方程为 $R=R_0e^{-kt}$,它表达了磨矿过程中粗粒级累积含量与磨矿时间的关系。磨矿动力学的应用相当广泛,可用它来分析分级效率对返砂组成的影响,也可用来确定磨矿机生产率与返砂比及分级效率的关系,还可以用来分析磨矿生产率与磨矿产物粒度的关系。

磨矿机的主要工作指标有磨矿机的生产率、磨矿效率、磨矿机作业率和粒度合格率。其中,磨矿机的生产率可用台时处理量、磨矿机利用系数和指定粒级利用系数等方法表示；磨矿效率可用以磨碎单位质量物料所消耗的能量、以磨碎生成单位质量 -200 目粒级物料所消耗的能量、以实验室测得的磨矿功指数与按磨矿机生产数据计算并经修正后得出的操作功指数的比值、以磨矿技术效率等方法来表示。影响磨矿效果的因素可归纳为三个方面：即矿石性质、给料粒度和产品粒度的影响，磨矿机结构（磨机的型式、磨机的直径和长度、磨机的衬板）的影响，磨矿操作条件（磨矿介质装入制度、磨机转速、磨矿浓度、磨矿循环中返砂比和分级效率、给矿速度和助磨剂）的影响。

磨矿机计算和选择的目的主要是确定达到规定生产能力和磨矿细度时所需要的磨矿机功率，或确定能够接受这一所需功率的磨矿机规格。磨矿机有多种计算方法，但常用单位容积生产率法和单位功耗法两种。这两种方法各有长处，但也都有不足的地方，目前在选矿行业中都广泛应用。

复习思考题

7-1 选矿厂中为什么磨矿机要与分级机构成闭路循环，对闭路磨矿操作的主要要求是什么？

7-2 在磨矿分级循环中，有哪些分级作业，起何作用？

7-3 分级与筛分的工作原理及产物粒度特性有何不同，为什么？

7-4 何谓分级粒度和分离粒度，溢流粒度指的是前者还是后者？

7-5 何谓分级量效率和分级质效率，为什么要用量效率和质效率两个指标来评定分级效果，它们如何测定和计算？

7-6 螺旋分级机分为几种形式，它们有何区别和用途？

7-7 影响螺旋分级机分级过程的因素有哪些，它们是如何影响的？

7-8 在闭路磨矿循环中，分级作业采用螺旋分级机、水力旋流器或细筛，各有什么利弊？

7-9 什么叫返砂、返砂量和返砂比，返砂量大小与原给矿量有何关系，返砂比如何测定？

7-10 预先分级与检查分级合一的磨矿循环的返砂比计算公式如何推导？

7-11 磨矿过程中粗粒级物料质量随磨矿时间的变化规律如何，为什么到了磨矿后期的磨碎速度变小？

7-12 磨矿动力学基本方程式如何推导？

7-13 磨矿动力学方程式中的两个参数（m 和 K）值如何确定，为什么在磨碎同一物料时 K 值主要与磨碎粒度有关？

7-14 根据方程式（7-21），说明返砂比和分级效率改变时对返砂中粗、细粒级数量比例变化的影响，为什么分级效率为 E 时，返砂量不应小到等于 $\left(\frac{1}{E}-1\right)Q$？

7-15 返砂比和分级效率对闭路工作的磨矿机生产率有何影响？为什么说提高分级效率后，要保持返砂比不变，磨矿机方可增产节能？

7-16 如何应用磨矿动力学来确定磨矿机生产率与磨矿产物中粗粒级含量的关系？磨矿机排料粒度适当放粗，有何好处？

7-17 根据表 7-3 数据，计算当磨矿机排料中 +65 目粒级含量为 55%时，磨矿机生产率的相对值和绝对值。

7-18 评价磨矿机的工作指标有哪些，对磨矿作业的要求主要是什么？

7-19 磨矿机生产率有几种表示方法，它们分别适用于何种场合？

7-20 表示磨矿效率的方法有几种，如何表示？

7-21 何谓磨矿技术效率，如何提高磨矿机的技术效率？

7-22 影响磨矿效果的因素有哪些？

7-23　被磨物料的性质如何影响磨矿效果和选择性磨碎？

7-24　入磨物料粒度对磨矿机生产率和能耗有何影响，如何确定合理的入磨物料粒度？

7-25　其他条件不变时，产品粒度愈细，磨矿机生产率愈低、为什么？现场磨矿细度为什么通常粗于实验室试验所确定的细度？

7-26　其他条件不变时，为什么棒磨机粗磨的效率高，细磨时效率低呢？

7-27　磨矿机直径对磨矿效果有何影响？选用大型磨矿机有何好处？

7-28　为什么粗磨和细磨要采用几何形状不同的衬板？改变衬板整体结构形式为什么会影响磨矿效率？

7-29　影响磨矿过程的操作条件有哪些？为什么说磨矿操作条件对磨矿产品数质量有决定性的影响？

7-30　对磨矿介质的基本要求是什么，不同形状的磨矿介质对磨矿有何影响？

7-31　选择磨矿介质材质时应注意什么，各种常用介质材质有何优缺点？

7-32　确定磨矿介质尺寸时应考虑哪些因素，为什么？

7-33　为什么装入磨矿机中各种尺寸的磨矿介质要有一定的比例，介质配比的主要原则是什么？确定最初装球比例用什么方法？

7-34　如何测定磨矿机的充填率？当充填率确定后，如何计算磨矿机中的介质质量？

7-35　设用 900 mm×1800 mm 格子型球磨机磨碎某中硬矿石，要求磨矿机中装入三种尺寸的钢球，球荷表面到筒体最高点的垂直距离为 0.39 m，钢球松散密度为 4.85 t/m^3，入磨物料中 80%通过的粒度为 10 mm，求装入球荷的总质量和各种尺寸钢球的质量。

7-36　磨矿过程中为什么要给磨矿机补加磨矿介质？如何确定补加介质质量？怎样才算做到补加合理？介质磨损受到哪些因素的影响？

7-37　确定磨矿机转速时应考虑哪些因素，为什么？磨矿机转速率与充填率有何关系？

7-38　磨矿浓度如何表示和测定，为什么磨矿效果与矿浆浓度有关？

7-39　磨矿机工作时为什么要求给矿量和给矿粒度组成稳定均衡？

7-40　助磨剂影响磨矿过程效率的原因何在，应用助磨剂时应考虑哪些问题？

7-41　磨矿机常用的计算方法有几种，它们的基本要点是什么？

7-42　计算 1200 mm×2400 mm 溢流型球磨机的生产率。已知该磨矿机的给矿粒度为 10～0 mm，其中 -200目含量 10%；要求磨到 -200 目含量占 70%；待磨矿石与作为对比标准的现场磨矿机所磨矿石相比较，可磨性系数等于 1.05；现场磨矿机为 1500 mm×1500 mm 格子型球磨机，给矿粒度为 15～0 mm，其中 -200目占 8%；磨矿产品中 -200 目占 65%，按原矿计的磨矿机生产率 $Q_0=6$ t/h。

7-43　某湿式一段闭路磨矿流程的球磨机处理量为 400 t/h，给矿为闭路破碎产品，$F_{80}=10000$ μm，$P_{80}=180$ μm，球磨功指数 $W_i=13.0$ kW·h/t，计算选择所需的球磨机规格和台数(要求磨机长径比 = 1.1～1.25)。

8 碎矿与磨矿流程

8.1 碎矿流程的结构

碎矿流程是由碎矿作业和筛分作业所组成的矿石破碎工艺过程。在一般金属矿选矿厂中，采用最广的是两段或三段破碎流程。选矿厂的破碎流程虽多种多样，但都有如下三个共同点：(1)碎矿是分段进行的；(2)碎矿机和筛分机通常是配合使用的；(3)各碎矿段都有相应的合适设备。其差别只是碎矿段数，筛子的配置位置和所采用的设备类型、规格不同而已。

8.1.1 碎矿段及碎矿段数的确定

碎矿段是碎矿流程的最基本单元。它由筛分作业及碎矿作业组成。个别的碎矿段也可不采用筛分作业或同时采用两种筛分作业，其基本形式有如图 8-1 所示的几种。

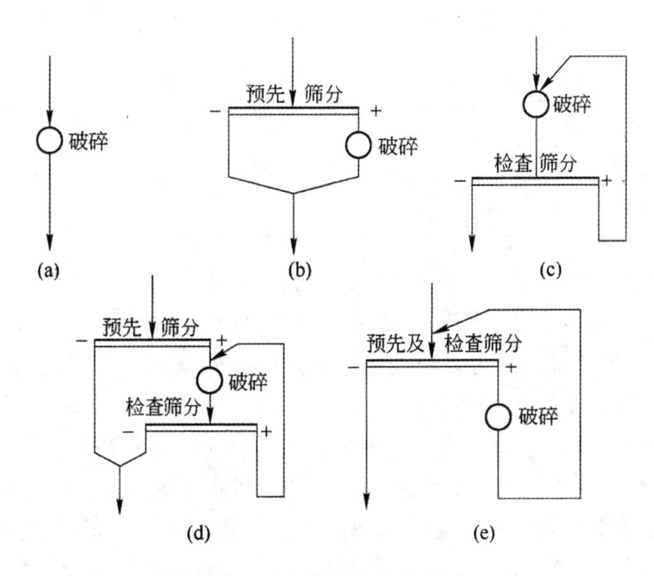

图 8-1 碎矿段的基本形式

图 8-1a 为单一碎矿作业的碎矿段；图 8-1b 为带有预先筛分作业的碎矿段；图 8-1c 为带有检查筛分作业的碎矿段；图 8-1d 和图 8-1e 均为带有预先筛分和检查筛分的碎矿段，其区别仅在于前者预先筛分和检查筛分是分别在两个筛子上进行的，而后者则是在同一筛子上，所以图 8-1d 可以看成是图 8-1e 的展开。因此，碎矿段实际上只有四种最基本形式。两段以上的碎矿流程，是上述四种最基本碎矿段的不同组合，故有许多可能的方案。但是合理的碎矿流程，可以根据所需要的碎矿段数，及应用预先筛分及检查筛分的必要性等加以确定。

碎矿段数决定于原矿的最大粒度，要求的最终产品粒度，以及所采用的各段碎矿机所能达到的碎矿比，即决定于要求总碎矿比和各段碎矿比。目前选矿厂碎矿的原矿最大块度为 1500～200 mm，碎矿的最终产品粒度为 25～10 mm，因此总碎矿比在 150～8 之间。而目前用来破碎硬及中硬矿石的各种碎矿机，可能达到的碎矿比在3～8之间。常用碎矿机所能达到的碎矿比如表8-1所示，处理硬矿石时，碎矿比取小值；处理软矿石时，碎矿比取大值。因此，即使是最小的总碎矿比，用一段碎矿完成也是不可能的；但即使是最大的总碎矿比，用三段碎矿，也足以完成。因此一般选矿厂，多采用两段或三段碎矿流程。

8.1.2 筛分作业的设置

为了提高碎矿效率和控制产品粒度，常在碎矿流程中设置筛分作业，按筛分作业的作用，可分为预先筛分和检查筛分。

矿石进入碎矿机之前的筛分作业，叫预先筛分，它的作用是预先筛去给矿中小于该碎矿机产品粒度的细粒部分，使不需破碎的矿石不进入碎矿机。以提高设备利用率和防止过粉碎。减少动力消耗和衬板的磨损。当处理含泥较高而又潮湿的矿石时，采用预先筛分可避免或减轻碎矿机排矿口的堵塞。一般说来，在各段碎矿前采用预先筛分是有利的。但采用预先筛分需增加厂房高度和建厂的基建费用。故对地形条件不允许的情况，以及碎矿机的生产能力有较大富余或粗碎机采用挤满给矿时，可不设预先筛分。是否采用预先筛分作业应对具体情况作具体分析。

表8-1 各种破碎机在不同工作条件下的破碎比范围

破碎段	破碎机型号	工作条件	破碎比范围
第Ⅰ段	颚式破碎机和旋回破碎机	开路	3～5
第Ⅱ段	标准圆锥破碎机	开路	3～5
第Ⅱ段	中型圆锥破碎机	开路	3～6
第Ⅱ段	中型圆锥破碎机	闭路	4～8
第Ⅲ段	短头圆锥破碎机	开路	3～6
第Ⅲ段	短头圆锥破碎机	闭路	4～8

设在碎矿机之后的筛分作业，叫检查筛分。它的目的是为了控制碎矿产品的粒度。检查筛分是将碎矿产物中不合格的大块返回到碎矿机再破碎，从而使碎矿产品粒度符合要求。为了控制碎矿产品粒度，在一定范围内也可采用调小排矿口的办法来实现。但仅用减小排矿口的办法是不行的。如细碎圆锥碎矿机破碎中硬矿石时，产品中大于排矿石的颗粒含量达60%，最大粒度为排矿口宽的2.2～2.7倍，在破碎硬矿石时更甚。而且排矿口的减小还受到碎矿机械性能的限制(如细碎短头圆锥碎矿机的排矿口，理论上最小能调到3～6 mm，实际比理论要大)。同时还会影响其生产能力。因此采用检查筛分控制粒度才是合理的。但是采用检查筛分作业，需要增加筛子和运输设备，因此也增加动力消耗，所以只在碎矿流程的最后一段才采用检查筛分。

各种碎矿机的产物中粗粒级(大于排矿口尺寸)含量β%和最大相对粒度Z(最大颗粒与排矿口尺寸之比)如表8-2所示。

表8-2 各种破碎机的产物中过大颗粒含量β/%和最大相对粒度Z值

矿石可碎性	破碎机型号							
	旋回破碎机		颚式破碎机		标准圆锥破碎机		短头圆锥破碎机	
	β/%	Z	β/%	Z	β/%	Z	β/%	Z①
难碎性矿石	35	1.65	38	1.75	53	2.4	75	2.9～3.0
中等可碎性矿石	20	1.45	25	1.6	35	1.9	60	2.2～2.7
易碎性矿石	12	1.25	13	1.4	22	1.6	38	1.8～2.2

① 闭路时取小值，开路时取大值。

8.1.3　开路碎矿和闭路碎矿

在一个碎矿段中,设置有检查筛分作业的叫闭路碎矿;没有设置检查筛分作业的叫开路碎矿。在同一碎矿段中可以同时设有预先筛分作业和检查筛分作业,这两个筛分作业可以在两台筛子上分开进行,也可以合并在一台筛子上进行,如图 8-1d 及 8-1e 所示。

8.1.4　循环负荷

在闭路碎矿中,经检查筛分后,返回本段碎矿机的筛上产物量称为循环负荷量。循环负荷量与该碎矿机原给矿量之比,用百分数表示,则称为循环负荷率。循环负荷率的大小,取决于矿石的硬度、破碎机排矿口尺寸及检查筛分的筛孔尺寸和筛分效率。短头圆锥碎矿机与振动筛形成闭路破碎中硬矿石时,循环负荷率一般为 100%～200%。

8.2　常见的碎矿流程

8.2.1　两段碎矿流程

两段碎矿流程有两段开路和两段一闭路两种,如图 8-2 所示,在这两种流程中,以两段一闭路流程为最常见。因第二段碎矿与检查筛分构成闭路,可以保证破碎产品粒度符合要求,为下步磨矿作业创造有利条件。两段一闭路破碎流程只适用于地下采矿原矿粒度不大或者第二段采用破碎比较大的反击式碎矿机的情况及小型矿山。

当选矿厂生产规模不大,且第一段碎矿机生产能力有富余时,第一段可不设预先筛分,即选用第一段不设预先筛分的两段一闭路碎矿流程。而两段开路碎矿流程,只有在某些重力选矿厂将碎矿产物直接送到棒磨机进行磨矿时才采用。

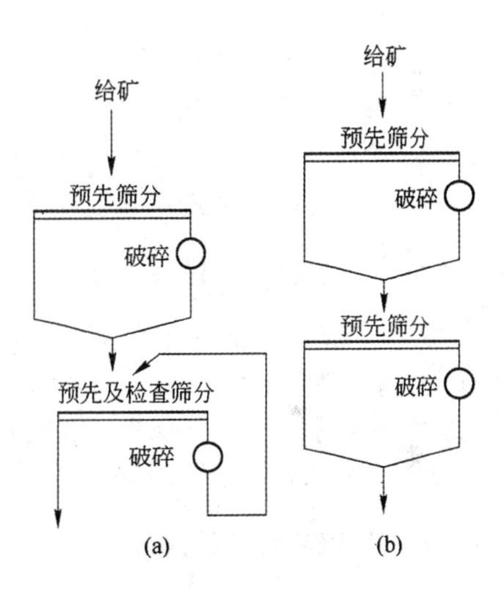

图 8-2　常用的两段碎矿流程
(a) 两段一闭路;(b) 两段开路

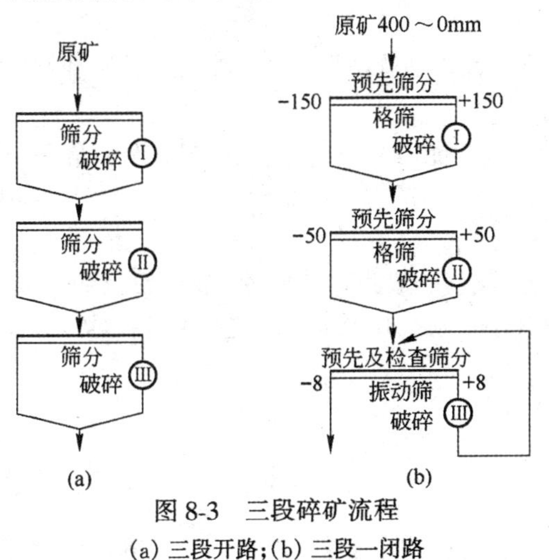

图 8-3　三段碎矿流程
(a) 三段开路;(b) 三段一闭路

8.2.2　三段碎矿流程

三段碎矿流程是最常用的,也分为两种,如图 8-3 所示。三段开路碎矿流程有全带预先筛分的,如图 8-3a 所示;也有第一段和第二段不设预先筛分的;也有在第一段不设预先筛分第二段设预先筛分的。但不管什么形式,每段碎矿均为开路。三段一闭路碎矿流程,也有全带预先筛分和部分设有预先筛分的三段一闭路碎矿流程。总之最后一段是闭路碎矿。

一段碎矿流程,只有采用自磨机作磨矿设备时才用,通常原矿经过一段粗碎后,排矿粒度小于350 mm,就可直接送入自磨机磨矿。当要求产品粒度很细(1.5～3 mm)时,在某些大型选矿厂或者处理极坚硬的矿石时,也有采用四段碎矿流程的。

8.2.3　带洗矿作业的碎矿流程

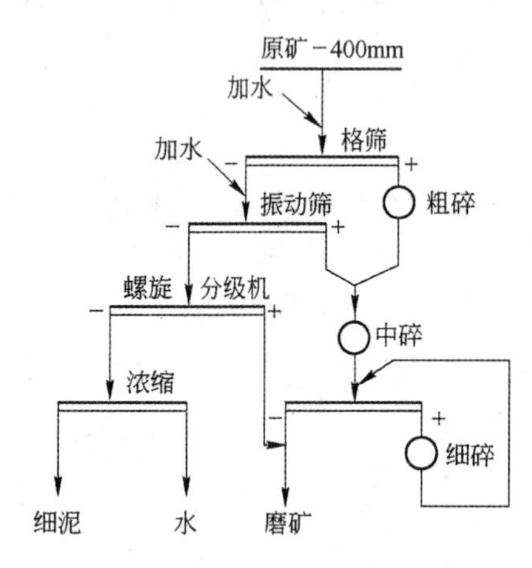

图 8-4　带洗矿作业的碎矿流程

当原矿中含泥(-3 mm)超过5%～10%和含水量大于5%～8%时,细粒就会粘结成团,恶化碎矿过程的生产条件,造成破碎腔和筛孔的堵塞以及储运设备出现堵和漏的现象。故应在碎矿流程中增加洗矿作业。增加洗矿,不仅能发挥设备潜力,使生产能顺利进行。并能改善劳动条件,提高有用金属的回收率,扩大资源的利用。

因原矿性质不同,洗矿方式及对细泥的处理方法不同,所以流程也是多种多样的,如图8-4所示。原矿为矽卡岩型铜矿床,含泥为6%～8%,含水在8%左右,其碎矿流程为三段一闭路。为了碎矿机能安全正常的工作,第一次洗矿在格筛上进行,筛上产物进行粗碎,筛下产物进入振动筛加水冲洗,振动筛的筛上产物进入中碎,中碎后进入第三段闭路碎矿。振动筛的筛下产物进入螺旋分级机分级脱泥,分级返砂与最终碎矿产物合并进入下一段磨矿。分级溢流进入浓缩机、缓冲及脱水后,单独进行矿泥的磨矿和选别。

8.3　碎矿流程的考查与分析

碎矿流程的考查是对流程各作业的工艺条件、技术指标、作业效率进行全面测定和考查。其目的是通过对流程中各产物的数量及粒度的测定和设备的考查,进行综合分析,从中发现生产中存在的问题及薄弱环节,进而提出改进措施。以期把选矿技术经济指标提高一步。同时为降低成本,改进操作,改革工艺及对选矿厂科学管理提供必要的数据和资料。

8.3.1　碎矿流程考查的内容

碎矿流程考查的内容如下:

(1) 原矿(采场来矿)的矿量、含水含泥量及粒度特性。如选矿厂来矿是由几个采场供矿,则应记录各采场供矿的比例。

(2) 碎矿机的生产能力(单位排矿口宽及台时的生产能力),负荷率,破碎机排矿口宽度,碎矿机产物的粒度特性。

(3) 筛分设备的台时生产能力、负荷率及筛分效率。

(4) 碎矿流程中各产物的矿量 Q 及产率 γ,指定粒级(一般为碎矿最终产物的粒级)的含量。

现场可根据具体情况,针对生产中薄弱环节对其中一项或几项进行测定和考查,也可对流程中的某一段或两段进行局部考查。

8.3.2　破碎流程考查的方法和步骤

A　考查前的准备工作

(1) 由于考查的工作量大,需要的人力多,在考查前必须明确考查的目的和内容,充分作好人力和物力的准备。

(2) 对采场出矿情况调查,保证考查期间原矿具有代表性。

(3) 对碎矿筛分设备的运转及完好情况进行调查,该维修的及时安排维修,以保证取样过程中设备运转正常。

(4) 安排各取样点的取样人员、取样工具及盛样器皿并贴好标签。

B 取样和测定

(1) 取样点的布置。取样点的多少和样品的种类(如筛分样、水分样、质量样等),是由考查的内容决定的,全流程考查取样点的布置,如图 8-5 所示。若只进行局部考查,取样点可以少些。

(2) 取样量。碎矿流程考查的特点是矿块大,取样量大,为了使试样具有代表性,试样的最小质量 Q(kg)必须遵循如下公式

$$Q = Kd^2 \tag{8-1}$$

式中 K——与矿石性质有关的系数,一般取 0.1~0.2;

d——试样中最大矿块粒度,mm。

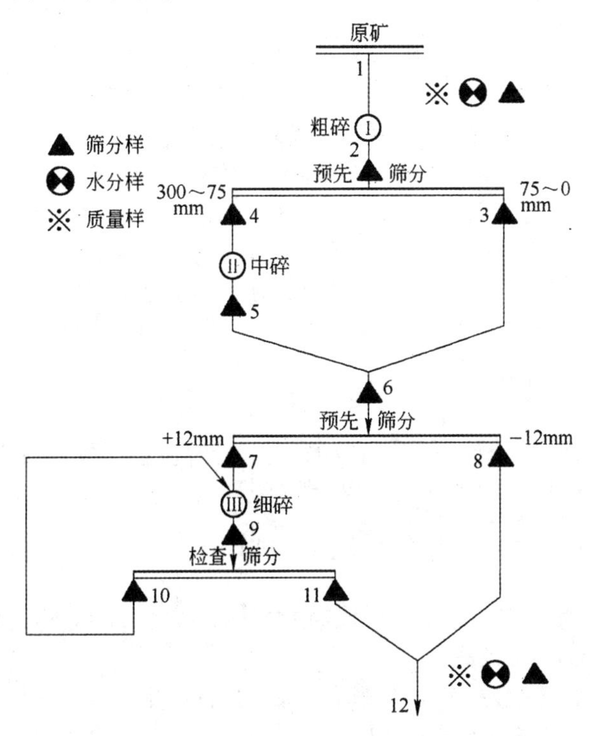

图 8-5 破碎筛分流程取样点的布置

(3) 取样时间。一般为一个班,并每隔一定时间(15~30 min)各点同时取样一次,各点每次取样方法应相同,取样量应基本相等。在取样时间内应记录各台设备的运转情况及主要技术操作条件以及采场来矿车数,如在取样时间内发生设备事故,或停电断矿等情况,应及时处理和详细记录,如取样时间不足正常班的 80%,则样品无代表性,应重新取样。取好的样品要妥善保管,贴上标签,以免混错。

(4) 取样方法。碎矿筛分产物的取样方法,有抽车取样法、刮取法和横向截流法三种,现分述如下:

1) 抽车取样法。是用于原矿的取样,当原矿用矿车或箕斗运输时,可用抽车法取样,抽车的次数决定于取样期间来矿的车数和所需的试样量。不论取样量多少,抽取的车数不得过少,否则

代表性不足。如果采场有不同类型的矿石和不同出矿点分别装车,则抽车取样时应注意抽取各种类型及各出矿点的矿石,使之具有代表性。

2) 刮取法。对于碎矿筛分过程中的松散物料,常用的是从带式输送机上刮取试样,即用一定长度的刮板,垂直于矿流运动方向沿料层全宽和全厚刮取一段矿石。小型皮带或速度慢的可以在皮带运行中取样,如果皮带很宽或速度太快,则应将皮带停下来,进行刮取。

3) 横向截流法。这也是碎矿筛分产物常用的取样方法之一,即每隔一定时间,在筛子或带式输送机的头部垂直于矿流运动方向截取一定量的物料作为试样。

(5) 流程考查中应测定的内容

1) 原矿计量。碎矿车间原矿的处理量,是流程考查中的重要指标。也是考查设备效率的必要数据。可用选矿厂的计量设备计量。若无计量设施,则可用先记录车数、然后抽车称重的办法进行计量。

2) 水分测定。矿石中的含水量,是流程考查的内容之一,也是计算碎矿车间干矿处理量不可缺少的数据。水分的测定应及时进行,时间长了不准确。可用自然干燥法测定,也可用加温干燥法测定,但用加温干燥时,应注意不能将结晶水除去。

3) 排矿口的测定。排矿口的大小,是计算碎矿机处理能力的数据之一。其测定方法可用卡尺或铅块测量。颚式、旋回及对辊碎矿机用卡尺测量;中、细碎圆锥碎矿机则用铅块测量。

4) 物料粒度特性的测定。碎矿流程考查所遇到的物料,其粒度一般都在 6 mm 以上。对于这种粗粒物料粒度特性的测定,都是采用非标准筛进行筛析。其筛析方法、步骤、数据的处理和计算以及粒度特性曲线的绘制等,在第 2 章已作了详细介绍,故不再重述。

5) 筛分效率的测定。筛分效率是流程考查计算所必须的数据,其测定和计算方法在第 2 章已作了详细介绍,这里不再重述。

8.3.3 碎矿流程考查的计算

碎矿流程计算是根据原始资料及测定所得的数据,计算流程中各产物的矿量 Q(t/h),产率 γ%及小于某粒级 a(一般为碎矿最终产品粒度的粒级)的粒级含量 β%;计算各段碎矿、筛分设备的计算生产率、负荷率和各段碎矿比等。现分述如下。

A 碎矿流程的计算

(1) 计算所需的原始数据有:1)按原矿干矿质量计的生产率,Q(t/h);2)原矿及各段碎矿产物的粒度特性;3)各筛子的筛分效率。

(2) 计算方法。根据所得的原始数据,用平衡原理进行计算。

1) 质量或产率平衡。即进入某作业的矿石质量 Q_0 或产率 γ_0 等于该作业排出的各产物的质量或产率之和,即

$$Q_0 = Q_1 + Q_2 \quad 或 \quad \gamma_0 = \gamma_1 + \gamma_2 \tag{8-2}$$

式中 $Q_1, Q_2, \gamma_1, \gamma_2$——分别为从该作业排出产物的质量和产率。

2) 粒级的质量平衡。即进入某作业的某粒级的质量等于该作业的各产物中该粒级的质量之和,即

$$Q_0\beta_0^{-a} = Q_1\beta_1^{-a} + Q_2\beta_2^{-a} \quad 或 \quad \gamma_0\beta_0^{-a} = \gamma_1\beta_1^{-a} + \gamma_2\beta_2^{-a} \tag{8-3}$$

式中 $\beta_0^{-a}, \beta_1^{-a}, \beta_2^{-a}$——分别为该作业给矿及产物中小于 a mm 粒级含量百分数。

(3) 计算所用公式。各种类型流程的计算公式见表 8-3

B 各设备生产能力、负荷率及各段碎矿比的计算

(1) 设备生产能力及负荷率计算如下:

表 8-3 各种流程的计算公式

流程类型	计算公式	符号说明
 Q_1, Q'_1	$Q_1=Q'_1$	Q_1——流程的给矿量,t/h; Q'_1——最终产品矿量,t/h;
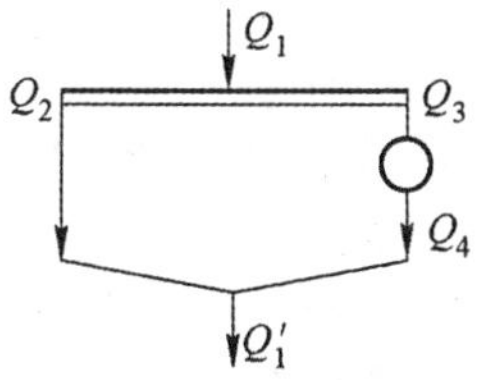 Q_1, Q_2, Q_3, Q_4, Q'_1	$Q_2=Q_1\alpha_1E$ $Q_3=Q_1(1-\alpha_1E)$	Q_2,Q_6——筛分作业的筛下矿量,t/h; Q_3,Q_5——筛分作业的筛上矿量,t/h;
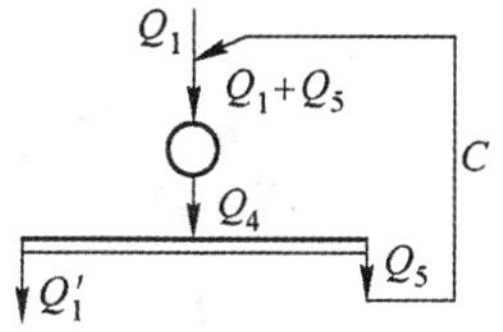 Q_1, Q_1+Q_5, C, Q_4, Q'_1, Q_5	$Q_5=CQ_1$ $C=\frac{1-\beta_4E}{\beta_4E}\times100\%$	
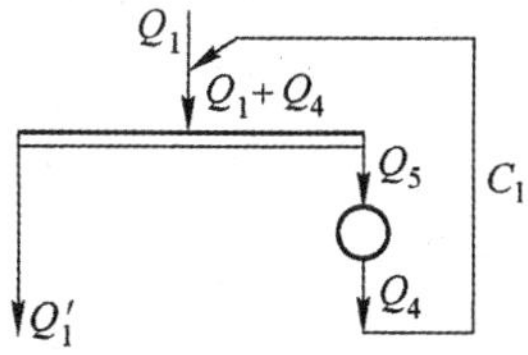 Q_1, Q_1+Q_4, Q_5, C_1, Q_4, Q'_1	$Q_4=C_1Q_1$ $C_1=\frac{1-\alpha_1E}{\beta_4E}\times100\%$	Q_4——破碎机的排矿量,t/h; α_1——给矿中小于筛孔级别的含量,%; E——筛分效率,%; β_4——破碎机排矿产品中小于筛孔级别含量,%;
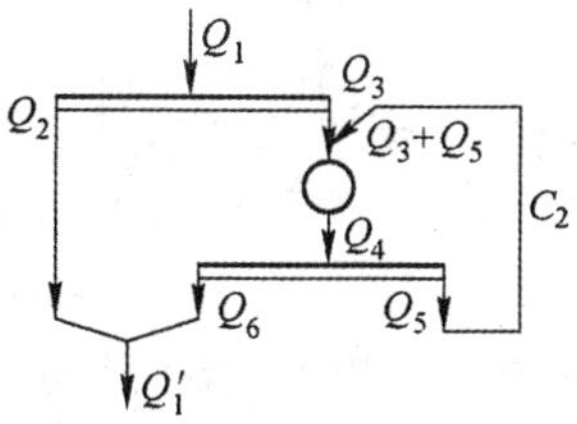 Q_1, Q_2, Q_3, Q_3+Q_5, C_2, Q_4, Q_6, Q_5, Q'_1	$Q_5=C_2Q_3$ $C_2=\frac{1-\beta_4E}{\beta_4E}\times100\%$	C,C_1,C_2——循环负荷率,%

1) 碎矿设备生产能力及负荷率计算。碎矿机的计算生产能力可根据式 5-1～式 5-6 及现场处理的矿石硬度、密度及给入碎矿机的最大矿块尺寸查表 5-12～表 5-19 求出各种系数后,即可算出碎矿机的计算生产能力 Q(t/h)。

根据碎矿机的计算生产能力 Q 与流程计算或实测的进入该碎矿机的矿石量(此矿石量即为该碎矿机的实际处理量 Q_d,t/h)。再用下列公式计算其负荷率,即

$$\eta=\frac{Q_d}{Q}\times100\% \tag{8-4}$$

式中,η 为负荷率。

2) 筛分设备生产能力及负荷率的计算。筛分效率可根据流程考查中所测出的筛子给矿、筛上产物的粒度组成用式 2-25 计算。

生产能力可根据公式 3-6 采用现场所处理的矿石性质、筛子给矿的粒度组成、筛分方法以及流程考查中所测定有关数据和筛子的规格、筛孔大小等求出。

负荷率的计算方法与碎矿设备负荷率的计算方法相同。

(2) 各段碎矿比的计算。各段碎矿比,是根据流程考查中原矿及各段碎矿机产物的粒度特性曲线,分别求出原矿及各段碎矿产物的最大粒度,用式 4-1 计算。

8.3.4　碎矿流程考查结果的分析

流程考查结果的分析,是根据考查过程中所测得的数据及计算结果,对整个流程和设备运转情况进行科学分析,从中发现问题,从而提出解决的方法和合理化建议。以指导现场生产,提高设备的利用率和各项生产指标。由于各选矿厂的碎矿流程不相同,其考查的目的也不一样,因此对考查结果分析所侧重的方面也就不同,但一般说来,包括以下几个方面的内容:

(1) 取样时间内,生产情况的简要介绍和分析。其中主要是原矿的代表性,各设备的运转情况及主要技术操作条件。

(2) 流程中各产物的矿量、产率的分配情况分析。主要了解各碎矿机和筛子的生产率及同一作业多台设备矿量分配是否均衡,进一步分析流程结构的合理性,从中发现流程结构中所存在的问题。

(3) 设备运转情况分析。包括对各台破碎机、筛分机的生产率、负荷率、筛分效率及操作因素的分析,以发现设备生产率不高或负荷不足的原因,并提出解决办法。同时了解设备的运转及磨损情况。

(4) 分析各段碎矿产品的粒度组成,结合各段碎矿机排矿口测定结果,分析缩小最终产品粒度的可能性和方法。

最后应根据分析所发现的问题,提出总的解决办法及合理化建议。

8.4　常用的磨矿流程

8.4.1　磨矿段数的确定

在选矿厂中,分级作业和分级返砂所进入的磨矿作业组成为一个磨矿段,所有磨矿段的总和构成磨矿分级流程(简称磨矿流程)。只有一个磨矿段的叫一段磨矿流程,有两个磨矿段的叫两段磨矿流程,有两个以上磨矿段的叫多段磨矿流程。

磨矿段数的多少,主要由矿石的可磨性、有用矿物嵌布特性、磨矿机的给矿粒度、磨碎产物的要求粒度、泥砂分选和阶段选别的必要性、选矿厂的规模及投资等因素来决定。在确定磨矿流程时,还要与破碎流程一起综合考虑,以使碎磨总费用和总能耗最低。实践证明:采用一段或两段磨矿流程,可以经济地把矿石磨到选别所要求的任何粒度,而不必采用更多的磨矿段数。磨矿段数增加到两段以上,通常是由进行阶段选别的要求决定的。

一段磨矿流程和两段磨矿流程相比较,一段流程的优点是:分级机的数目较少,投资较低;生产操作容易,调节简单;没有段与段之间的中间产物运输,多系列的磨矿机可以摆在同一水平上,因而设备的配置较简单;不会因一段磨矿机或分级机的停工而影响另一磨矿段的工作,因而停工损失小;各系列可以安装较大型的设备。一段磨矿流程的缺点是:磨矿机的给矿粒度范围很宽,合理装球困难,磨矿效率低;一段磨矿流程中的分级溢流细度一般为 -200 目占 60%左右,不易得到较细的最终产物。根据前述特点,凡是要求最终磨碎产物粒度大于 0.2～0.15 mm(即 -200 目占 60%～72%)时,一般都应该采用一段磨矿流程。在小型选矿厂中,为了简化磨矿流程和设备配置,当磨矿细度要求 -200 目占 80%时,也可以采用一段磨矿流程。

两段磨矿流程的突出优点是:可以在不同的磨矿段中分别进行矿石的粗磨和细磨,且两个磨矿段又可分别采用不同的磨矿条件(即粗磨时装入较大钢球并采用较高转速,细磨时采用较小的钢球并采用较低的转速),有利于提高磨矿效率;另一个很大的优点是适合于阶段选别,也就是在处理不均匀嵌布矿石及含有大密度矿石时,在磨矿循环中采用选别作业,可以及时地将已单体解离的矿物分选出来,防止产生过粉碎现象,有利于提高选矿的质量指标,同时可以减少重金属矿物在分级返砂中的聚集,能提高分级机的分级效率。因此,在大中型选矿厂,当要求磨矿细度小于 0.15 mm 时,采用两段磨矿较好。

8.4.2　一段磨矿流程

根据磨矿机与分级机的组合情况,一段磨矿流程常用的类型如图 8-6 所示。

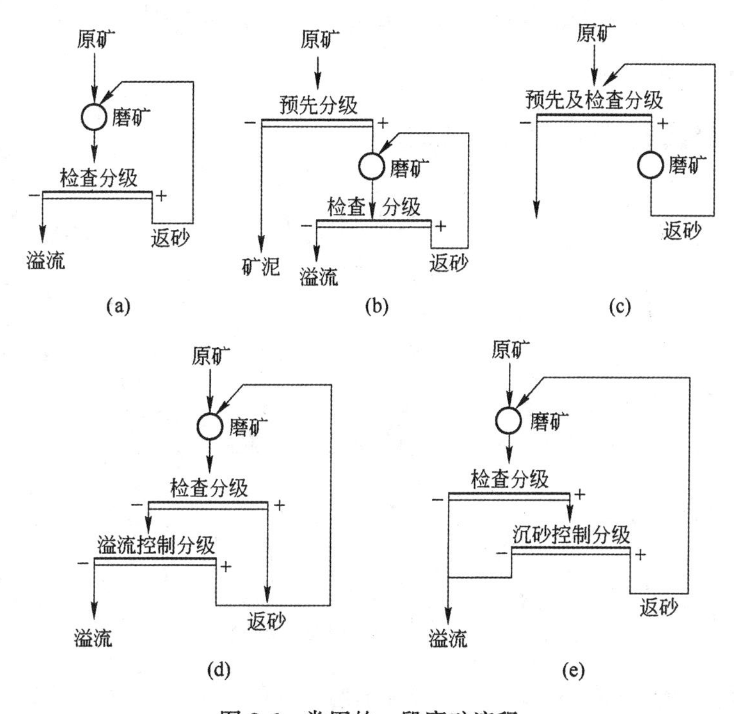

图 8-6　常用的一段磨矿流程

带检查分级的一段磨矿流程,如图 8-6a 所示,应用最广泛。当被磨物料粒度较粗且所含合格细粒级不多时,采用这种先磨碎后分级的流程,设备配置简单,分级机磨损较轻。

当处理合格细粒级含量大于 15% 的物料,或者必须将矿石中的原生矿泥或可溶性盐类预先分出单独处理时,则应采用带预先分级和检查分级的磨矿流程,如图 8-6b 所示。如果原生矿泥和可溶性盐类与磨碎产物的性质差别不大,没有必要单独处理时,流程中的预先分级和检查分级可合并成同一个作业,如图 8-6c 所示。预先分级一般在机械分级机中进行,其给矿粒度上限不应超过 6～7 mm,以防机械过分磨损。

当要求在一段磨矿的条件下获得较细的溢流产品时,可采用对检查分级溢流进行控制分级的一段磨矿流程,如图 8-6d 所示。在小型选矿厂,为了减少磨矿机台数和简化配置,用这种流程时可以一台磨矿机代替两段磨矿流程的两台磨矿机。但是,这种流程的返砂量很大,需要较大的分级面积,且造成磨矿机的给矿粒度不均匀,合理装球困难,磨矿效率较低,所以在大中型选矿厂中极少采用。

当被磨物料中有用矿物与脉石的密度差异较大时,为了防止有用矿物在分级沉砂中的反富集,可用细筛对检查分级沉砂进行控制分级的磨矿流程,如图 8-6e 所示。这就是通常所说的两段分级工艺。由于那些在按沉降规律分级的设备里落入沉砂中的小而重的矿粒，经细筛再分级，就可以进入筛下成为合格产物，避免被送回磨矿机再磨而造成过粉碎，因此可以提高磨矿机生产率，降低单产能耗，改善选别工艺指标。

一段磨矿流程所需设备少，投资省，配置简单，操作管理方便，调节容易。因此，凡是可以应用一段磨矿流程的场合都应尽量采用。实践证明，对破碎最终产物粒度较小，磨矿任务较轻，要求磨矿产物粒度较粗，小于0.074 mm粒级含量不超过70%，矿石硬度较软且易磨细以及生产规模不大投资有限的选矿厂，宜采用一段磨矿流程。

但是一段磨矿流程要一次将矿石磨到要求的细度，不易得到粒度较细而过粉碎又少的磨矿产物。同时，当磨矿机给矿粒度范围很宽时，难以做到合理装球，故磨矿效率较低。

8.4.3　两段磨矿流程

为了获得更细的磨矿产物，以及矿石需要进行阶段选别时，经常采用两段磨矿流程。这类流程的第二段磨矿机总是闭路工作的，而第一段磨矿机既可以开路工作，也可以闭路工作，视磨矿要求和磨矿机型式而定。常见的两段磨矿流程如图8-7所示。

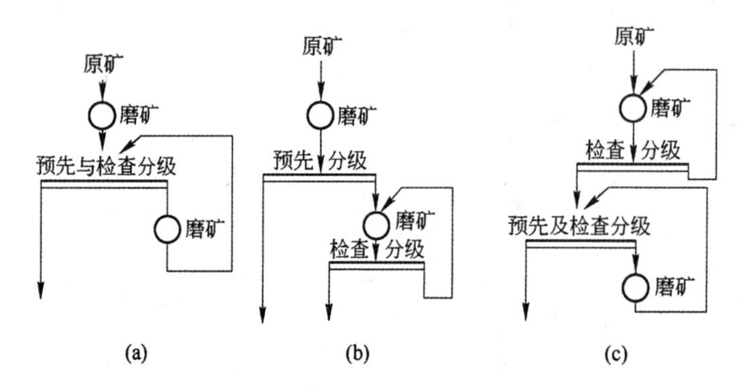

图8-7　常用的两段磨矿流程

图8-7中的流程a和流程b都是第一段开路的两段磨矿流程，不同之处只在于前者的预先分级和检查分级是合在同一作业，而后者是分开的。如矿石中含有大量原生矿泥而又需要单独处理时，应采用流程b。第一段开路工作的磨矿机常用的是棒磨机，因钢棒的磨碎力大，粗磨效率高，且产品粒度均匀，不必配置分级设备。第一段开路的两段磨矿流程，所需分级面积少，流程调节简单，便于合理装球，可以得到粗的或细的最终磨矿产物。但为了要使第一段开路的棒磨机能有效地工作，第二段磨矿机的容积必须要比第一段的容积大50%～100%，且棒磨机的排矿粒度较粗，浓度又大，输送到第二段磨矿比较困难，设备配置和管理均不甚方便。

图8-7c是第一段闭路的两段磨矿流程，它常用于处理硬度较大，矿物嵌布粒度较细的矿石，以及磨矿细度要求小于0.15 mm(－200目占80%～85%)或更细的大、中型选矿厂。这种流程要求合理分配两段磨矿机的容积，或者合理分配两段磨矿机的负荷，否则将会降低磨矿生产能力。譬如，第一段分出过细的产物，则第二段磨矿机将出现负荷不足，两段磨矿机的总生产能力就会降低，反之，第一段分出过粗的产物，将使本段磨矿机负荷不足，第二段磨矿机负荷过大，同样会降低总的生产能力，两个磨矿段之间负荷的分配，是通过控制第一磨矿段的分级机溢流粒度来调节的。

两段全闭路磨矿流程可能达到的磨矿细度比其他流程高，设备配置比第一段开路时简单，必要时，两段磨矿机还可安装在同一水平上。但是，这种流程两段之间的负荷调节困难，如最终磨矿细度大于 0.2 mm,第一段分级机将难以有效工作,更使两段磨矿机之间处理量分配失调。

与一段磨矿流程相比,两段磨矿是在不同的磨矿段中分别进行矿石的粗磨和细磨的,两个磨矿段可分别采用不同的磨矿条件,即可各自选用适合本段的钢球尺寸和配比、磨矿机转速、筒体衬板型式以及磨矿浓度等,有利于提高磨矿效率,降低单位能耗,减少过粉碎。另外,在处理不均匀嵌布矿石和含有大密度矿物的矿石时,两段磨矿配合进行阶段选别,可及早将已单体解离的矿物分选出来,有利于提高选别工艺指标,防止产生过粉碎。但是,两段磨矿流程也有设备较多,配置较复杂,操作管理较麻烦,两段负荷难调节等缺点。

两段以上的多段磨矿流程,配置更复杂,调整更困难,所以只有在处理嵌布很复杂的有色金属矿石,为了避免有用矿物的大量泥化,并及早分选出已单体解离的有用矿物,需要多段选别时,方予采用。

8.5 矿石自磨流程

自磨技术发展初期,工业上应用的湿式自磨工艺大都是一段全自磨流程,即原矿石在自磨机中磨碎后,进入分级作业,经分级就可获得细度符合要求的入选物料,粗粒则返回自磨机再磨。这种流程设备配置最简单,操作也方便。但经长期实践后发现有不少问题,如耗电量大,产量低,易发生难磨粒子积累,磨矿细度难以达到 0.2 mm 以下等等。为了解决这些问题,并进一步扩大自磨技术的应用范围,自磨工艺逐渐从一段全自磨发展到自磨加球磨或砾磨、自磨加球磨和破碎等,演变成为自磨与常规碎磨相配合的联合流程。目前,生产中应用较多的湿式自磨工艺流程有如下几种。

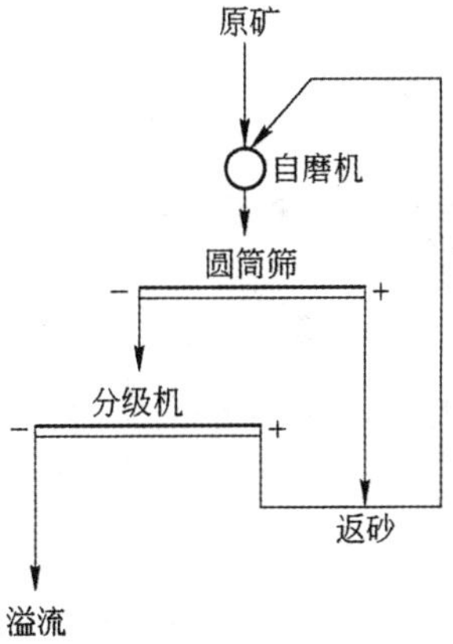

原矿
自磨机
圆筒筛
分级机
返砂
溢流

图 8-8 一段自磨流程

8.5.1 一段自磨流程

一段自磨流程如图 8-8 所示,可分为一段全自磨和一段半自磨两种。

一段全自磨是指经粗碎后的原矿按一定的粗细粒级比例给入自磨机,排料经分级后得到的粗粒返回自磨机,细粒则直接入选的自磨流程。这种流程适于处理有用矿物嵌布粒度较粗、硬度中等($f=10\sim12$)的均质矿石,磨碎产物粒度一般只达到 50%左右 -200 目。

当入磨矿石中大矿块不足,或在全自磨过程中产生难磨粒子积累而影响磨矿效率时,在自磨机中加入占容积 2%~8%的钢球的自磨工艺,称为半自磨。半自磨可以消除难磨顽石,提高生产能力,降低磨矿单产电耗。但由于加入钢球,自磨机衬板磨损加快,钢耗增加,磨矿费用较高。

8.5.2 两段自磨流程

当要求磨矿细度超过 70% -200 目时,应采用两段自磨流程。两段自磨也可分为两段全自磨和两段半自磨两种流程,下面分别介绍。

A 两段全自磨流程

两段全自磨流程是指第一段用自磨机粗磨,第二段用砾磨机进行细磨的磨矿工艺,如图 8-9 所示。因砾磨机的磨矿介质(砾石)取自第一段自磨机,从实质上说它也算是矿石自磨。第一段自磨机可在闭路条件下工作,也可开路工作。而第二段则都采用闭路磨矿,砾磨机用的砾石可由破碎系统供给,也可由自磨机(开砾石窗)供给。

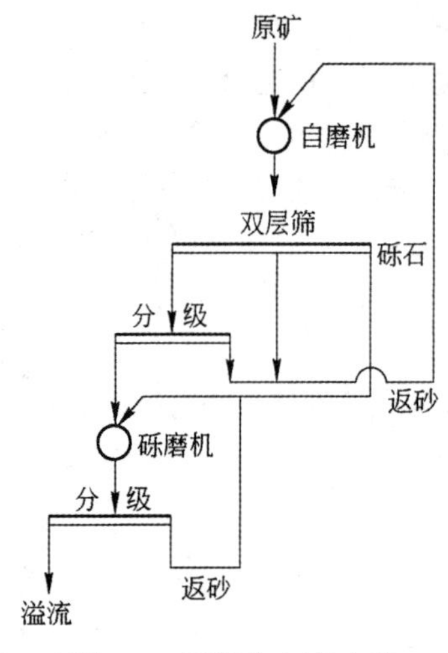

图 8-9　两段全自磨流程

两段全自磨因不耗用钢球，经营费用较低，且自磨机有意排出部分难磨粒子，既可解决砾磨机所需的磨矿介质，又可提高它自身的处理能力。但因砾石的密度远小于钢球的密度，故要求处理量相同时，砾磨机的容积要大于球磨机，投资相应较高。还有，如果自磨机排出的难磨粒子数量大，作为砾磨介质用不完，剩余部分还要返回自磨机再磨的话，不但使流程复杂化，还影响自磨效果。

为了处理两段全自磨流程中的过量砾石以及返回自磨机的物料中小于砾石尺寸的难磨粒子，出现了自磨、砾磨加细碎的所谓“APC”流程（A、P 及 C 分别代表自磨、砾磨和破碎），如图 8-10 所示。通过增设细碎作业将这部分物料先破碎后再返自磨机，就可以改善磨矿效果，提高自磨机的生产能力。

B　两段半自磨流程

两段磨矿中有一段用自磨而另一段用常规磨矿者，叫做两段半自磨流程。属于这种流程的既可以是第一段采用自磨机粗磨、第二段采用球磨机细磨，也可以是第一段用棒磨机粗磨，第二段用砾磨机细磨的工艺。

当处理硬度中等，有用矿物嵌布粒度较细（平均在 0.1 mm 以下）的矿石，一段自磨不能满足磨矿细度要求，同时又不能得到足够数量的砾石作为第二段砾磨的介质时，应采用由自磨（或半自磨）和球磨组成的两段半自磨流程，如图 8-11 所示。

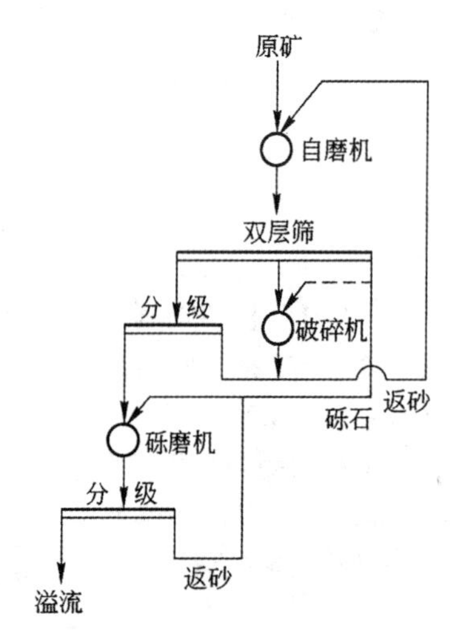

图 8-10　自磨、砾磨加细碎流程

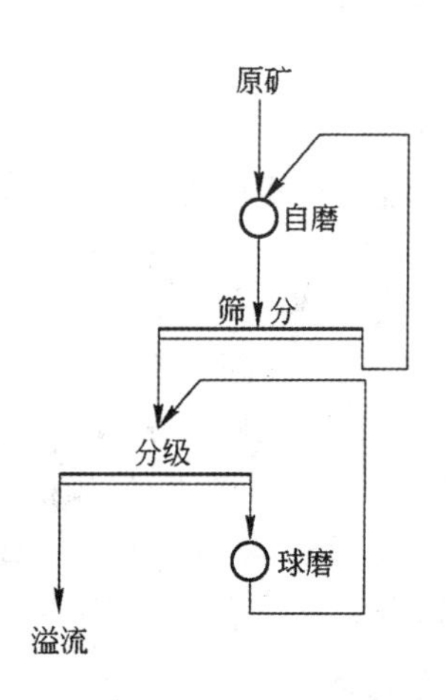

图 8-11　自磨加球磨流程

对于不适合于用自磨机粗磨的硬度较大的矿石，可采用先将矿石破碎后再用棒磨机作为第一段粗磨，从破碎产物中筛出部分砾石作为砾磨机介质进行第二段细磨的两段半自磨流程，我国某铜矿选矿厂就是采用这种棒磨加砾磨流程的，如图 8-12 所示，该厂处理的是含铜矽卡岩类型矿石，普氏硬度系数 $f=12\sim16$，要求磨矿细度为 -200 目占 65%。实践表明，这种流程对矿石的适应性较广泛，砾石的大小和数量易控制，生产条件比较稳定，操作容易掌握。砾磨中的难磨粒级是通过间断排出并送回棒磨机再磨的办法来处理的。

自磨加球磨流程，也同样存在难磨粒子的处理问题。为了消除它们，也可在流程中设置细碎作业，变成为自磨、球磨加细碎的“ABC”流程，如图 8-13 所示（其中 B 代表球磨，A、C 代表意义同上述）。这种流程又可分为开路破碎和闭路破碎两种：开路破碎的产物直接给入球磨机，使自磨机的能力得以充分发挥；闭路破碎的产物则返回自磨机，见图 8-13 中虚线所示。我国某铜矿采用的就是开路“ABC”流程。

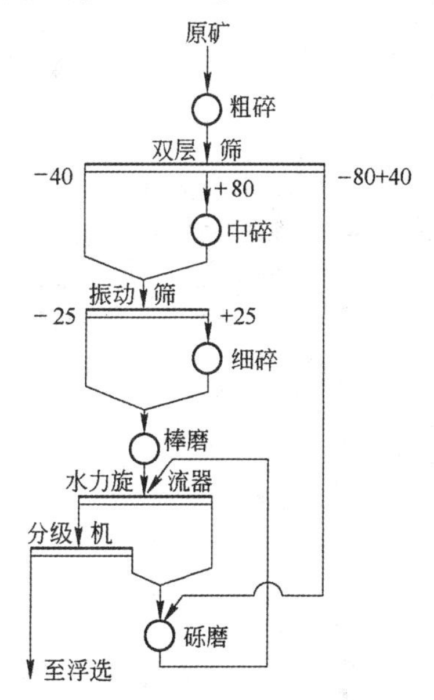

图 8-12 某选厂棒磨—砾磨流程

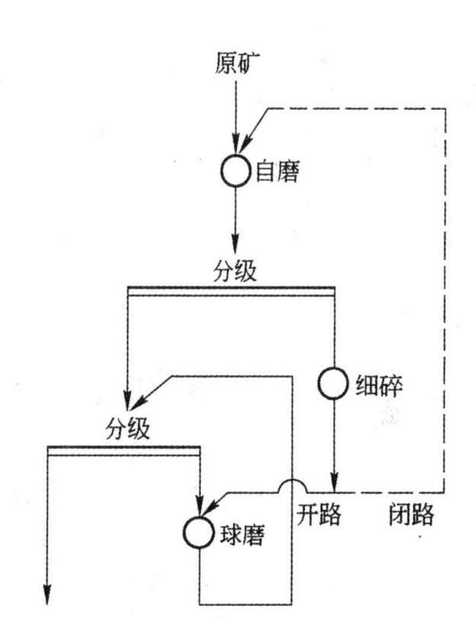

图 8-13 自磨、球磨加细碎流程

ABC 流程与半自磨加球磨流程相比，电耗相近，但钢球消耗较少，且原矿性质变化不会对流程引起较大的波动，生产稳定，自磨机生产能力高。

8.6 磨矿流程的考查与分析

磨矿流程考查的目的是对磨矿分级流程中各作业的工艺条件、技术指标、作业效率进行全面的测定和考查。通过对流程中各产物的数量、浓度及粒度测定，进行计算和综合分析，从中发现生产中存在的问题，以便提出技术改进措施，从而把选矿技术经济指标提高到一个新的水平。

8.6.1 磨矿流程考查的内容

磨矿流程考查的内容有如下几点：

(1) 进厂原矿性质（各矿山、坑口的供矿比例，含水量、含泥量及粒度特性）。

(2) 磨矿流程中各产物的矿量（Q）、产率（γ）、浓度和细度（粒级组成）的测定和计算，绘制磨矿分级数、质量流程图。

(3) 磨矿机和分级设备的生产能力、负荷率、效率等。

磨矿是矿石选别前的最后加工作业，它与选别作业是紧密结合在一起的。在现场多数与选别流程一起考查来分析其合理性。但也可以根据具体情况进行单独考查。或针对生产中的某一薄弱环节，进行一项或几项的局部测定考查。

8.6.2 磨矿流程考查的方法和步骤

磨矿流程考查的方法和步骤与碎矿、选别工艺流程的考查基本相似。

A　考查前的准备工作

(1) 由于考查的工作量大,需要的人力多,在考查前必须明确考查的目的和内容,充分作好人力和物力的准备。

(2) 对采场出矿和碎矿最终产品粒度进行调查,以保证考查期间磨机给矿具有代表性。

(3) 对磨矿分级设备的运转及完好情况进行调查,该维修的及时安排维修,以保证取样过程中设备运转正常。

(4) 安排各取样点的取样人员,取样工具及盛样器皿并贴好标签。

B　取样和测定

(1) 取样点的布置。取样点的多少和样品的种类(如筛(水)析样、水分样、质量样、化学分析样、岩矿鉴定样),是由考查的内容决定的,一般磨矿全流程考查取样点的布置,如图 8-14 所示。若只进行局部考查,取样点可以少些。例如,对磨矿最终产品的粒度进行考查,只需对最终产品取筛析样即可。

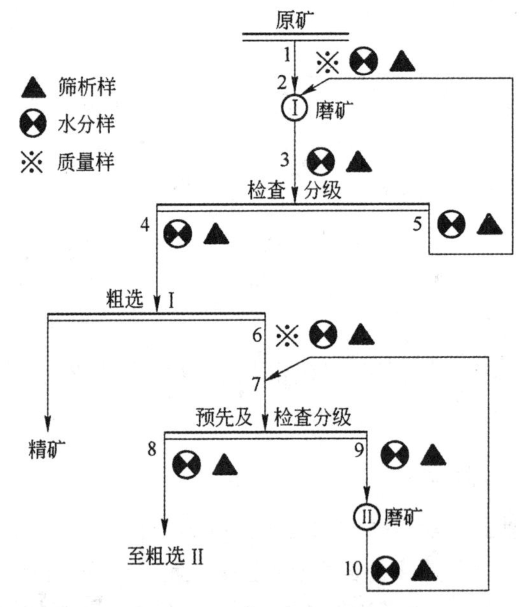

图 8-14　磨矿流程取样点的布置

(2) 取样量。为了使试样具有代表性,试样的最小质量按公式 8-1 确定。

(3) 取样时间和取样次数。取样时间一般为 4～8 h。取样次数可按理论计算确定,也可根据实践经验,一般每隔 10～20 min 取一次。若试样重量要求大,可每隔 5 min 取一次。对浓度小的矿浆取样,也可缩短取样的间隔时间。若在取样时间内发生设备故障或停电断矿等情况,应及时处理和详细记录,如取样时间不足正常班的 80%,则样品无代表性,应重新取样。取好的样品要妥善保管,贴上标签,以免混错。

(4) 取样方法。不同取样点的取样方法确定后,每次的取样方法应相同,取样量也应基本相等。磨矿工段的取样方法,一般使用刮取法和横向截流法两种。其中,横向截流法多用于矿浆的取样(磨机排矿、分级机溢流、分级机返砂的取样),它是利用取样勺,在矿浆流速不太大的地方,垂直于矿浆流动方向截取。

(5) 原矿计量和样品处理:

1) 原矿计量。磨矿机的原矿处理量,是考查磨矿流量的重要指标之一,也是考查磨矿机效

率的必要数据。根据磨矿机给矿的计量设备计量。若无计量设备,则可刮取法,然后可用下列公式计算出每小时的给矿量,即:

$$Q=\frac{3.6qvf}{L} \tag{8-5}$$

式中 Q——每小时的给矿量,t/h;

q——刮取的矿量,kg;

L——刮取皮带的长度,m;

v——带式输送机速度,m/s;

f——原矿含水系数(一般取0.98,若含水量较大时,必须实测)。

2) 水分测定。原矿在取样的同时,必须迅速及时地进行水分测定(要防止测定前水分蒸发)。水分测定可用自然干燥法测定,也可用加温干燥法测定,但用加温干燥时,应注意不能将结晶水除去。

3) 浓度样的处理。凡需测定浓度的产品,一般不予缩分,如需缩分在矿浆缩分过程中,不得掺入清洗水,不得洒失,其加工程序为称重(矿浆)→过滤→烘干→称重(干矿)→计算。

4) 筛析样的处理。可将烘干的浓度样进行混匀、缩分,取出适当质量的样品作筛析样。凡进行筛析的样品,一般大于0.074 mm粒级用筛析处理,小于0.074 mm粒级用水析处理。筛析时大于1.2 mm粒级应全部过筛,小于1.2 mm粒级只需缩分出100~200 g,进行逐级筛分;水析时,只需把-0.074 mm级别中,缩分出100~200 g试样。

5) 化学分析样的处理。其加工程序:过滤→烘干→碾细混匀→缩分→磨细→过筛(150目)→混匀→取化验样。

8.6.3 磨矿流程考查的计算

A 数、质量流程计算

计算前要先把原矿质量,原矿及各作业产品的计算级别(-0.074 mm)含量,浓度等所考查测定的数据填入流程,并分析其能否反映作业顺序规律,若有与客观实际发生矛盾时,则应找出原因(取样制样等),给予纠正,使其符合客观规律后,方可进行计算,计算方法是根据选矿作业平衡原理。即:

(1) 矿量平衡。进入作业的各产物的质量之和应等于该作业排出的各产物的质量之和。

(2) 粒级和金属平衡。进入作业的每一组分(如计算粒级含量或金属含量)的数量和,应等于该作业中排出产物中该组分(计算粒级或金属含量)的数量和。

(3) 水量平衡。进入作业的水量之和(包括各产物带来的水量与补加给作业的水量),等于该作业中排出产物所带出的水量之和。

(4) 矿浆体积平衡。进入作业的矿浆体积,应等于该作业排出的矿浆体积。

磨矿分级流程类型和计算公式见表8-4。

B 磨矿分级设备效率计算

可按第7章的有关公式计算,为了便于同历次考查结果进行比较,各厂应有统一的计算公式。

表 8-4　磨矿分级流程类型和计算公式

流程类型	计算公式	符号说明
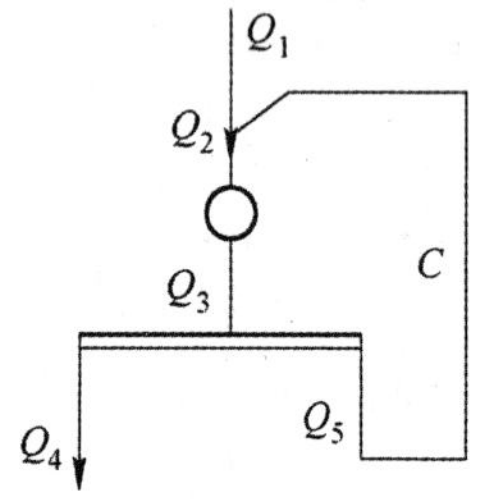	$Q_1 = Q_4$ $Q_5 = CQ_1$ $Q_2 = Q_3 = Q_1 + Q_5$	$Q_1, Q_2\cdots$—各产物矿石量，t/h； $\beta_1, \beta_2\cdots$—各产物中计算级别的含量；
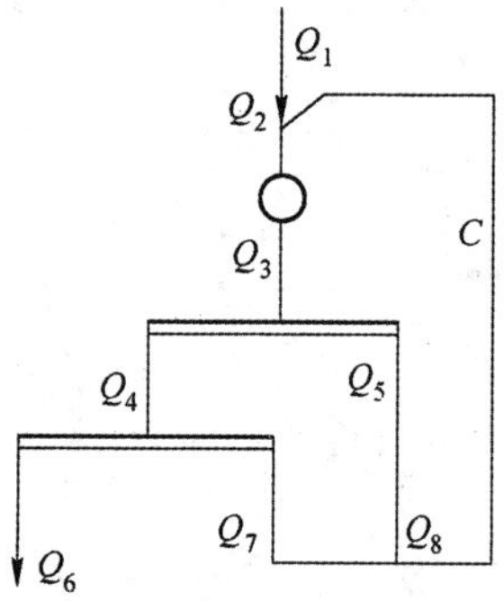	$Q_4 = Q_1 \dfrac{\beta_6 - \beta_7}{\beta_4 - \beta_7}$ $Q_7 = Q_4 - Q_6 = Q_4 - Q_1$ $Q_8 = CQ_1$ $Q_5 = Q_8 - Q_7$ $Q_2 = Q_3 = Q_1 + Q_8$ $Q_6 = Q_1$	
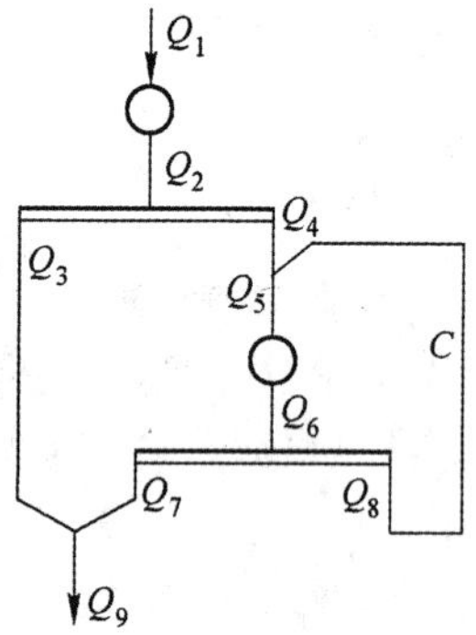	$\beta_2 = \beta_1 + \dfrac{\beta_9 - \beta_1}{1 + Km}$ $Q_3 = Q_2 \dfrac{\beta_2 - \beta_4}{\beta_3 - \beta_4}$ $= Q_1 \dfrac{\beta_2 - \beta_4}{\beta_3 - \beta_4}$ $Q_4 = Q_7 = Q_1 - Q_3$ $Q_1 = Q_2 = Q_9$	
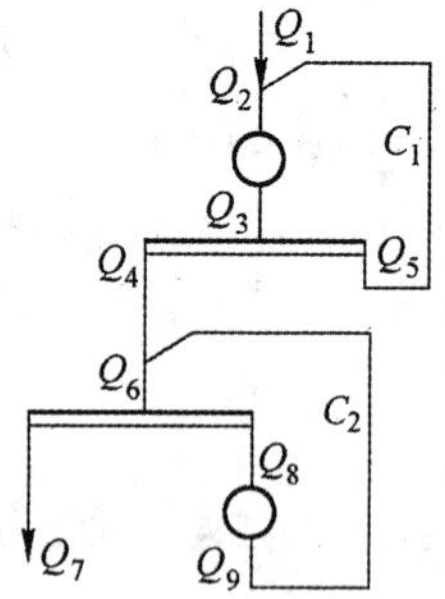	$\beta_4 = \beta_1 + \dfrac{\beta_7 - \beta_1}{1 + Km}$ $Q_5 = C_1 Q_1$ $Q_2 = Q_3 = Q_1(1 + C_1)$ $Q_8 = Q_9$ $= Q_1 \dfrac{(\beta_7 - \beta_4)(1 + C_2)}{\beta_7 - \beta_8}$ $Q_6 = Q_1 + Q_8$ $Q_1 = Q_4 = Q_7$	K—成指定粒级(一般为 −0.074 mm 粒级)计算的第二段按新生与第一段磨矿机单位生产能力之比值，没有试验资料时取0.8～0.85； m—第二段磨矿机容积(m^3)与第一段磨矿机容积(m^3)之比值； C, C_1, C_2—磨矿机循环负荷率，%

8.6.4　磨矿流程考查结果的分析

流程考查结果的分析，是根据考查过程中所测得的数据及计算结果，对整个流程和设备运转情况进行科学分析，从中发现问题，从而提出解决的方法和合理化建议，以指导现场生产，提高设备的利用率和各项生产指标。由于各选矿厂的磨矿流程不相同，其考查的目的也不一样，因此对考查结果分析所侧重的方面也就不同。但一般说来，包括以下几个方面的内容：

(1) 考查期间的生产情况简要介绍和分析。其中主要是原矿的代表性，各设备的运转情况及主要技术操作条件。

(2) 流程中各产物的矿量、产率的分配情况分析。主要了解各磨矿机和分级设备的负荷分配，以及同一作业多台设备矿量分配是否均衡。进一步分析流程结构的合理性，从中发现流程结构中所存在的问题。

(3) 设备工作效率及运转情况分析。包括对各台磨矿机、分级设备的生产率、负荷率、分级效率、循环负荷，以及钢球添加情况、浓度、细度等操作因素的分析，从而发现设备生产能力发挥不好的原因，并提出解决办法。同时了解设备的运转及磨损情况。

(4) 分析磨矿产品过粉碎或磨不细的原因。

最后应根据分析所发现的问题，提出总的解决办法及合理化建议。

本章小结

碎矿流程是由碎矿作业和筛分作业所组成的矿石破碎工艺过程，其基本单元是碎矿段，各碎矿段是否采用预先筛分和检查筛分作业，应根据各选厂的具体情况作具体分析后确定。常见的碎矿流程为两段或三段碎矿流程，只有采用自磨机作磨矿设备时才用一段碎矿流程。碎矿流程考查与分析是对流程各作业的工艺条件、技术指标、作业效率进行全面测定和考查，并进行综合分析，从中发现碎矿生产中存在的问题及薄弱环节，进而提出改进措施。

磨矿流程是由磨矿作业和分级作业所组成的磨碎矿石的工艺过程，其基本单元是磨矿段。磨矿的段数主要由矿石的可磨性、有用矿物嵌布特性、磨矿机的给矿粒度、磨碎产物的要求粒度、泥砂分选和阶段选别的必要性、选矿厂的规模及投资等因素来决定。常见的磨矿流程为一段或两段磨矿流程，只有在处理嵌布很复杂的有色金属矿石，需要多段选别时，方可采用多段磨矿流程。在确定磨矿流程时，还要与破碎流程一起综合考虑，以使碎磨总费用和总能耗最低。磨矿流程考查与分析是对磨矿流程中各作业的工艺条件、技术指标、作业效率进行全面的测定和考查，并进行计算和综合分析，从中发现磨矿生产中存在的问题，以便提出技术改进措施。另外，在生产中应用较多的湿式自磨流程有一段全自磨、一段半自磨、两段全自磨、两段半自磨流程几种形式。

复习思考题

8-1 什么叫碎矿段，碎矿段的最基本形式有哪几种，碎矿段数是由哪几个条件决定的？

8-2 什么叫预先筛分，什么叫检查筛分，各在什么情况下设置？

8-3 什么叫闭路碎矿，什么叫开路碎矿，什么叫循环负荷率？

8-4 常用的碎矿流程有哪些，在什么情况下要增加洗矿作业？

8-5 碎矿流程考查的目的是什么，应包括哪些内容，其步骤如何？

8-6 碎矿流程考查的取样点及取样量各根据什么来确定？

8-7 碎矿流程考查应作哪些测定，如何测定？

8-8 碎矿流程考查应计算些什么，如何计算？

8-9 碎矿数、质量流程的计算所需的原始数据有哪些？请说明计算所根据的基本原理。

8-10 试述碎矿筛分设备的生产能力及负荷率的计算方法及步骤。

8-11 碎矿流程考查结果的分析，一般应包括哪些方面内容？

8-12 何谓磨矿段？确定磨矿段数时需要考虑哪些因素？

8-13 常见的一段和两段磨矿流程有几种类型，它们的特点和适用情况如何？

8-14 一段磨矿和两段磨矿流程各有何优缺点？

8-15 第一段开路的两段磨矿与两段全闭路磨矿流程相比，各有何优缺点？

8-16 矿石自磨流程有哪几种，各有何特点和适用范围？

8-17 磨矿流程考查的目的是什么，应包括哪些内容？

8-18 试述磨矿流程考查的方法与步骤。

8-19 磨矿数、质量流程的计算所需的原始数据有哪些？请说明计算所根据的基本原理。

8-20 磨矿流程考查结果的分析，一般应包括哪些方面内容？

9 碎矿与磨矿试验操作技术

9.1 矿样的采取和制备

9.1.1 矿床试样的采取

矿石可选性试验的原矿试样一般直接取自矿床。矿样应具有充分的代表性。影响矿样代表性的因素很多,主要的有地质因素和开采因素。在采样时必须综合考虑这两个方面的因素,才能确保样品的代表性。

采样工作应在选矿人员和地质人员的密切配合下进行。通常由研究、设计、生产部门共同确定采样要求,由地质部门根据采样要求进行采样设计和施工。

A 矿石可选性试验对矿样的要求

(1) 试样的代表性要求有:

1) 试样的性质应与所研究矿体基本一致。主要化学组分的平均含量(品位)和含量变化特征与所研究矿体基本一致;主要组分的赋存状态,如矿物组成,结构构造、有用矿物嵌布特性与所研究矿体基本一致;试样的物理化学性质基本一致,如矿石的碎散程度、含泥量等。

2) 采样方案应符合矿山生产时的实际情况。所选采样地段应与矿山的开采顺序相符,矿山生产前期和后期的矿石性质差别很大时,需分别采样。所谓前期,对有色金属矿山,是指投产后的前3~5年,对黑色金属矿山,是指前5~10年;矿床储量少,生产年限短的矿山,一般不考虑分期采样。供设计用选矿试验样品的采样方案,应与矿山生产时的产品方案一致,试样中配入的围岩和夹石的组成和性质,以及配入的比率,也应与矿山开采时的实际情况一致;矿山开采时废石的混入率,取决于矿层或矿脉的厚度,以及所采用的采样方法。废石混入后,将造成矿石的贫化,使采出矿石品位低于采区地质平均品位。贫化率的计算方法如下:

$$混入率=\frac{混入废石量}{采出矿石总量(包括废石)}\times 100\%$$

$$贫化率=\frac{采区矿石地质品位-采出矿石品位}{采区矿石地质品位-废石品位}\times 100\%$$

3) 不同性质的试验对试样不同的要求。对不同工业品级、自然类型的矿石分别采样进行可选性试验。还应注意实验室试验、半工业试验、工业试验对试样的不同要求,一般来说,规模不大的半工业试验样品的采样要求应与实验室试验样品基本一致;工业试验,以及某些规模较大的半工业试验(如试验厂试验)样品,则一般不可能与实验室实验试样同时采取。

(2) 试样的质量。矿石可选性试验试样的质量,主要与入选粒度,试验设备规格、选矿方法、矿石性质的复杂程度和试验人员的经验水平等有关。不同试验规模所需的试样质量可参见表9-1。

B 采样点的选择

选择采样点的原则主要包括以下几个方面:(1)选择采样点时,应充分利用矿山已有的勘探工程和采矿工程,尽量避免开凿专门的采样工程;(2)必须考虑到矿石的物理机械性质,如硬度、湿度、抗压强度、破碎程度及含泥量等的代表性;(3)采样点的数量尽可能多些;(4)尽可能选择那些包含矿石类型和工业品级等矿石特征最多、最完善的勘探工程作为采样工程，布置采样点，以减少采样工作量；(5)适当考虑采样施工和运输条件。在不影响矿样代表性的前提下，选择施工及运输条件较好的地方布置采样点。

表 9-1　矿石可选性试验矿样质量参考表

试验规模	矿石类型	试验方法	矿样质量/kg	备　注
可选性试验	单一磁铁矿 赤铁矿，有色金属矿 多金属矿 含稀有，贵重金属矿	磁　选 浮选、焙烧磁选 浮选，磁浮联合选 浮选、浮重联合选	100～500 100～300 300～500 按稀有、贵重金属含量计算矿样质量	1. 做矿床地质评价用； 2. 做易选单金属矿小型选矿厂的设计依据
实验室流程试验	单一磁铁矿 赤铁矿，有色金属矿石 赤铁矿，有色金属矿石 多金属矿 含稀有，贵重金属矿	磁　选 浮选、焙烧磁选 重　选 浮选、浮重联合选 浮选、浮重联合选	200～400 500～1000 2000～3000 1000～1500 按稀有、贵重金属含量计算矿样质量	对易选矿石，国内有类似生产经验的均可作为设计依据

C　采样方法

矿床采样的方法比较多，用于采取矿石可选性试验的矿样主要有：

(1) 刻槽采样法。就是在矿体上开凿一定规格的槽子，将槽中凿下的全部矿石作为样品。槽的断面规格较小时，可用人工凿取；规格较大时，可先用浅孔爆破崩矿，然后用人工修整，使之达到设计要求的规格形状。刻槽应当在矿物组成变化最大的地方布置，通常就是厚度方向布置。刻槽的距离应保持一致，各槽的横断面应相等。根据矿床性质不同，刻槽形状也不同。当矿化比较均匀、矿体比较规则时多采用平行刻槽，矿体不均匀时多采用螺旋状刻槽，如图 9-1所示。样槽断面形状有矩形和三角形两种；槽的断面大小，视所需矿样重量及粒度而定。

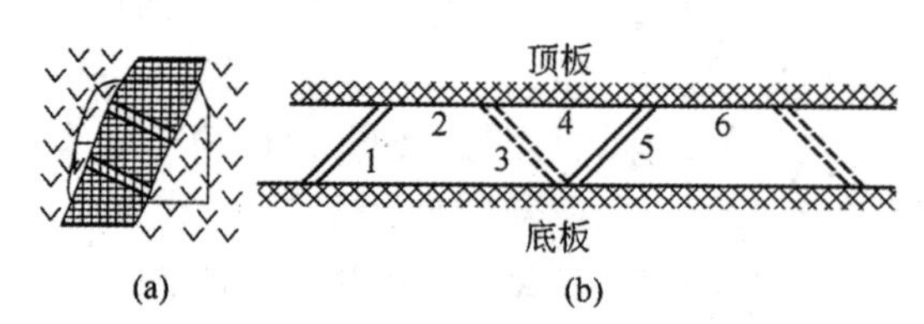

图 9-1　刻槽取样法取样位置示意图
(a) 平行刻槽；(b) 螺旋刻槽

(2) 剥层采样法。此法是在矿体出露部分整个剥下一薄层矿石作为样品，可用于矿层薄以及分布不均匀的矿床采样。剥层采样时剥层深度一般为 10～20 cm。

(3) 爆破采样法。一般是在勘探坑道内穿脉的两壁、顶板上，按照预定的规格打眼放炮爆破，然后将爆破下的矿石全部或缩分出一部分作为样品。此法用于要求试样量大以及矿石品位分布不均匀的情况，并且仅用于采取工业试验样品。

(4) 岩心劈取法。当以钻探为主要勘探手段时，试验样品可以从钻探岩心中劈取。劈取时是沿岩心中心线垂直劈取二分之一或四分之一作为样品，所取岩心长度均应穿过矿体的厚度，并包括必须采取的围岩及夹石。

9.1.2　选矿厂取样

不同的取样对象需要用不同的取样方法。按取样对象不同，可分为静置取样和流动物料取样两种。

A 静置料堆的取样

它包括块状料堆(矿石堆或废石堆)和细磨料堆的取样。

(1) 块状料堆的取样。物料沿矿石堆或废石堆的长、宽、深的性质都是变化的,加之物料块度大,不便舀取,所以取样工作比较麻烦。取样的方法有舀取法和探井法。

1) 舀取法(挖取法)。是在料堆表面一定地点挖坑取样,当料堆是沿长度方向逐渐堆积时,通过合理地布置取样点即可保证矿样的代表性。反之,当物料是在一定地点沿厚度方向逐渐堆积,以致物料组成沿厚度方向变化很大时,表层舀取法的代表性将很差。这时只能增加取样坑的深度,然后将挖出的物料缩分出一部分作为试样。

2) 探井法。即在料堆的一定地点挖掘浅井,然后从挖出的物料中缩分出一部分作为试样。由于取样对象是松散物料,因而在挖井时必须对井壁进行可靠的支护,所以取样费用比较高。

(2) 细磨料堆的取样 最常见的是老尾矿场的取样,常用的方法是钻孔取样,可用机械钻或手钻,最简单的就是用普通的钢管人工取样。

B 流动物料的取样

流动物是指运输过程中的物料,包括用矿车运输的原矿,带式输送机和其他各种运输设备上的干矿,给矿机和溜槽中的料流,以及流动中的矿浆。

最常用而又最精确的采取流动物料的方法是横向截流法,如图 9-2所示,即每隔一定时间,垂直于料流运动方向截取少量物料作为试样。如抽车取样、运输胶带上取样、矿浆取样等,具体操作方法见第8章相关内容,其中,矿浆取样最常用的人工取样工具为带扁嘴的取样壶和取样勺,如图 9-3 所示。

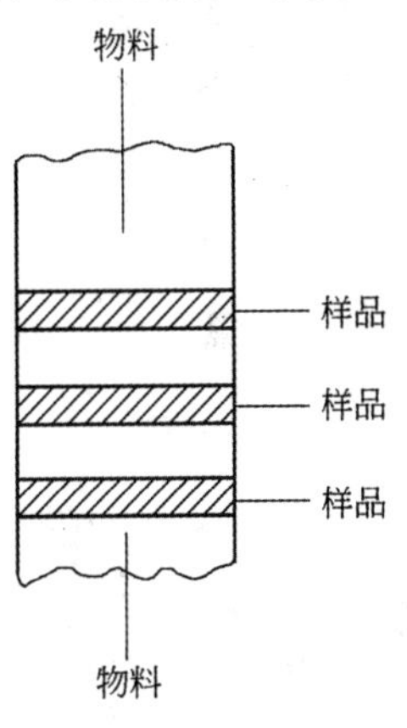

图 9-2 横向截流示意图

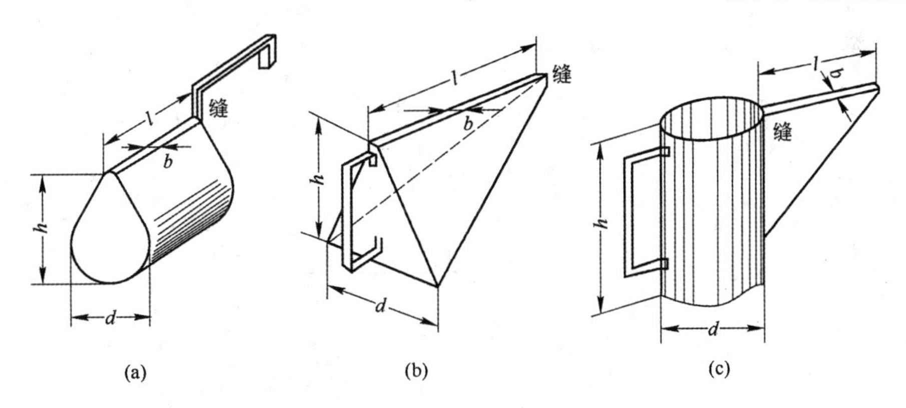

图 9-3 人工取样壶和取样勺

9.1.3 试样的制备

矿石可选性试验,要求将取得的原矿试样,进行破碎,缩分成许多单份试样,以供各种分析、鉴定和试验项目使用,这项工作叫试样的制备。

A 试样缩分流程的编制

反映试样破碎和缩分等整个程序的流程,称为试样缩分流程。编制试样缩分流程应注意以下三点:首先要确定本次试验需缩分出哪些单份试样,其粒度和质量的要求如何,以保证所制备的试样能满足全部试验项目的需要。其次根据试样最小质量公式，算出不同粒度下为保证试样的代表性所必须的最小质量，据此可知道在什么粒度下可直接缩分，在什么粒度下要破碎使粒度变小后才能缩分。还要尽可能在较粗的粒度下分出储备试样，以便今后能根据需要再制备出不同粒度的试样，并注意避免试样在储存过程中氧化变质。

（1）试样的粒度要求。岩矿鉴定标本一般直接取自矿床。供矿物显微镜定量，光谱分析、化学分析、物相分析、试金分析等用的试样，从破碎到小于1～3 mm的样品中缩取。

重选试样的粒度，取决于预定的入选粒度。若入选粒度尚未确定，则可根据矿石中有用矿物的嵌布粒度，估计可能的入选粒度范围，制备几种不同粒度上限的试样，供选矿试验作方案比较用。

实验室浮选和湿式磁选试样，均破碎到实验室磨矿机的给矿粒度，即一般小于1～3 mm。对易氧化的硫化矿石的浮选试样，只能一次准备一批供短时间内使用的试样，其余则应在较粗的粒度下保存。

（2）试样的最小质量。为保证试样的代表性所必需的试样最小质量，不同粒度可按经验公式8-1计算确定。

（3）试样缩分流程示例。图9-4为多金属硫化矿试样缩分流程。

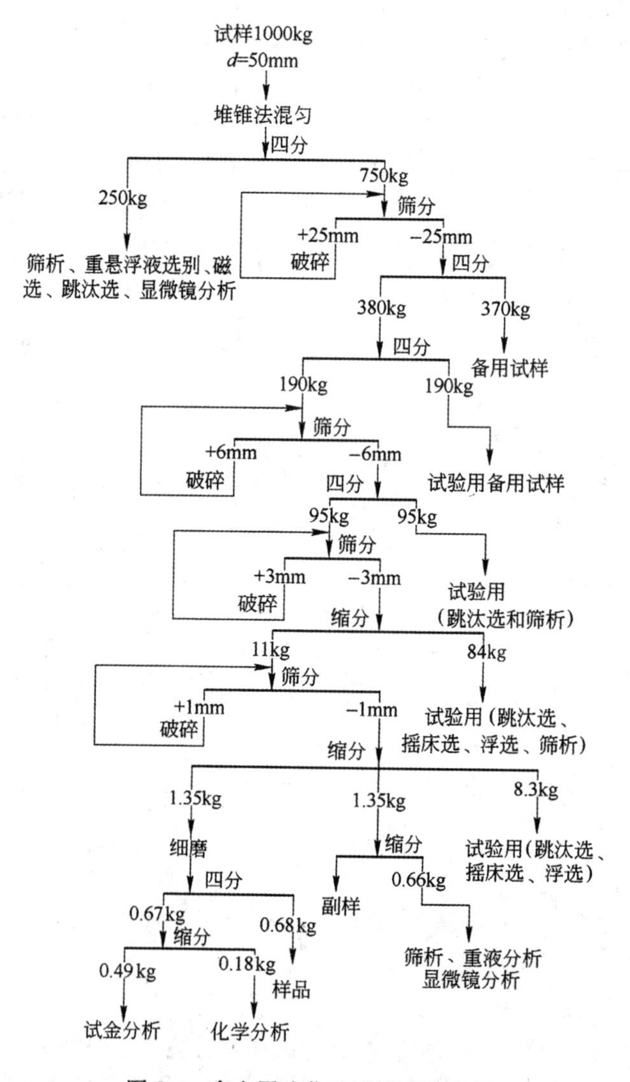

图9-4　多金属硫化矿试样缩分流程

B 试样加工操作

试样加工包括四道工序:筛分、破碎、混匀、缩分。为了确保试样的代表性,每一项操作必须严格而又准确地进行。

(1) 筛分。破碎前,往往要进行预先筛分,以减少破碎工作量。试样破碎后要进行检查筛分,将不合格的粗粒返回。粗碎作业,如果试样中细粒不多,而破碎设备生产能力较大,就不必预先筛分。粗粒筛分可用手筛,细粒筛分常用机械振动筛。

(2) 破碎。实验室第一、第二段破碎一般用颚式破碎机。第一段破碎机的规格为 150 mm×100 mm(125)或 200 mm×150 mm,第二段破碎机的规格为 100 mm×60 mm。第三段(有时还有第四段)破碎,通常采用对滚机,规格一般为 ϕ200 mm×75 mm 或 ϕ200 mm×125 mm,需经反复闭路操作,才能将最终粒度控制到小于 1～3 mm。制备分析试样,可用盘磨机,规格有ϕ150 mm、175 mm、200 mm 等;也可用实验室球磨机。

(3) 混匀。破碎后的矿样,缩分前要将矿样混匀,这是很关键的一环。常用的混匀方法有以下三种:1)移锥法。用铁铲将试样反复堆锥。堆锥时,试样必须从锥中心给下,使试样从锥顶大致等量地流向四周。铲取矿石时,应沿锥底四周逐渐转移铲样位置。一般反复堆锥 3～5 次,即可将试样混匀。2)环堆法。与上面第一法类似,第一个圆锥堆成后,将其中心向四周扒成一个环形料堆,然后再沿环周铲样,堆成第二个圆锥,一般至少要堆锥三次,才能将试样混匀。3)翻滚法。此法适用于少量细粒物料。具体做法是将试样放在胶布或漆布上,轮流提起布的一角或相对的两角,使试样翻滚数次即可达到混匀的目的。

(4) 缩分。混匀的试样要进行缩分,以达到所要求的样品质量,常用的缩分方法有以下几种:1)四分法。将混匀的试样堆成圆锥,压平成饼状,然后用十字板或普通木板、铁板等沿中心十字线分割为四份,取其对角的两份合并为一份,虽称之为四分法,实际只将矿样一分为二。2)多槽分样器(二分器)。通常用白铁皮制成,其外形如图 9-5 所示,它由多个向相反方向倾斜的料槽交叉排列组成,料槽倾角一般为 50°左右。料槽总数一般为 10～20 个,太少不易分匀。此法主要用于中等粒度矿样的缩分,也可用于缩分矿浆试样。3)方格法。将试样混匀以后摊平为一薄层,划分为许多小方格,然后用平底铲逐格取样。为了保证取样的准确性,必须做到以下几点:一是方格要划匀,二是每格取样量要大致相等,三是每铲都要铲到底。此法主要用于细粒矿样,可同时连续分出多个小份试样,因而常用于浮选、湿式磁选和分析试样的缩取。

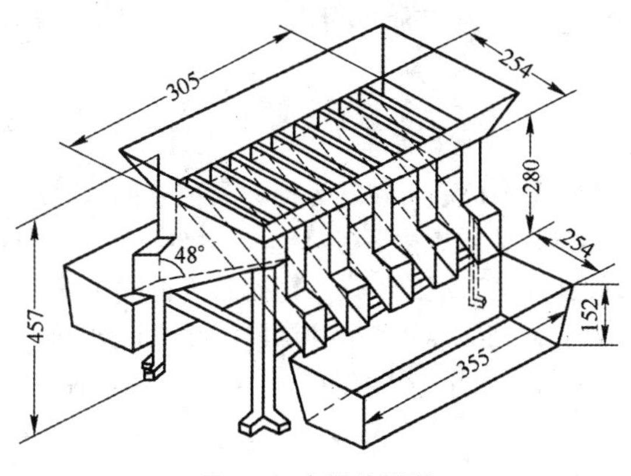

图 9-5 多槽分样器

9.2　筛分分析和绘制筛分分析曲线

9.2.1　试验的目的和要求

选矿工艺中经常要了解物料的粒度组成，为了准确地测定物料的粒度组成，必须进行筛分分析。因此，筛分分析是选矿工艺中最基本的试验，通过这个试验，学会筛分分析的试验技术和整理有关的实验数据。在本次试验中要求能正确地取出筛分分析试样量，并用标准筛进行筛分和称出各级别的质量，并将试验所得的数据填写在记录表中，作相关的计算。最后将试验结果在算术坐标纸上绘出“粒度—筛上累积产率”粒度特性曲线。

9.2.2　试验操作顺序与方法

(1) 试验之前应准备好标准筛、试验振动器（振筛机）、托盘天平、试样缩分器、搪瓷盘、坐标纸、秒表等试验工具和试验用矿料。

(2) 估计矿料中的最大粒度约为几毫米，从表 1-2 中查出应该取的最小试样质量，再用试样缩分器将试样缩分出筛析试样量，准备进行试验。试样量如果比规定的最小试样量少，则代表性不够，试样误差太大；如果试样量比规定的多得多，试验需要的时间太长。

(3) 检查所用的标准筛，按照规定的次序叠好。套筛的次序是从上到下筛孔逐渐减小，不要把次序弄乱，并注意套上筛底。将标准筛筛孔尺寸填入记录表中。

(4) 称出试样质量，将称得结果填入试验记录中。为了便于筛分和保护筛网，筛面上的矿料不应当太重，通常在筛孔为 0.5 mm 以下的筛子上进行筛分时，试样量不得超过 100 g，矿料如果太多，应当分几次筛。将试样量称准后，倒入最上层标准筛上，并加上筛盖，放在振筛机上固定牢靠。

(5) 开动振筛机进行筛分，同时开始记录时间。

(6) 筛分 15～20 min 后，停止振筛机，并将套筛从振筛机上取下，在橡皮布上检查筛分终点（将最下层筛在橡皮布上筛一分钟后，筛下产物不超过筛上物的 1% 即可）。如未到终点，应当继续筛分。

(7) 到筛析终点时，将套筛的各层筛上产品及最下层筛下产物分别逐个在天平上称量，并将质量依次填入实验记录表中。

(8) 各级别质量相加得的总和与试样质量相比较，误差不应超过 1%～2%。否则应重新取样进行筛析

$$误差=\frac{试样质量-筛析后质量}{试样质量}\times 100\% \leqslant 1\% \sim 2\%$$

如果没有其他原因造成明显的损失，可以认为损失是由于操作时微粒飞扬引起的。允许把损失加到最细级别中，以便与试样原质量相平衡。

(9) 如无试验振筛机，可进行手工筛分。先从筛孔最大的那个筛子开始，依次序逐个地筛。筛的时候，筛子要加底盘和盖。而且筛分动作应和试验振筛机相似，即将筛子作平面往复运动两次，击打筛框两次，然后将持筛的手顺筛框移动 30°，再重复往复运动和击打动作，直至到达筛析终点。

9.2.3　试验记录与结果分析

(1) 筛分结果记录表如下：

试料名称:__________ 试样质量:__________

粒级		质量/g	产率/%	
网目	筛孔宽/mm		部分产率	筛上累积产率
共计				

(2) 根据实验记录表中的质量计算各个粒级的个别产率和筛上累积产率(具体计算方法见第2章相关内容)。

(3) 以筛孔尺寸为横坐标,筛上累积产率为纵坐标,在算术坐标纸上绘制筛上累积产率-粒度特性曲线。

(4) 对所绘制的筛上累积产率-粒度特性曲线进行分析可以知道以下信息:1)任何指定粒级相应的累计产率;2)任何级别的个别产率;3)根据曲线的形状判断该物料的性质和粒度组成特点;4)物料的最大粒度,也就是曲线上与纵坐标5%相对应的筛孔尺寸。

9.3 测定振动筛的筛分效率

9.3.1 试验的目的和要求

振动筛是选矿厂中最常用的筛子,它的工作质量对破碎车间的生产影响很大,选矿工艺中为及时了解筛分作业进行情况,需测定各种筛子的筛分效率,以衡量筛分设备的质量指标。通常,筛分效率可按下式计算:

$$E=\frac{100(a-b)}{a(100-b)}\times 100\%$$

式中符号意义见式2-22~式2-25。筛分效率的测定,就是求出 a 和 b 数值。

通过本次试验,熟悉振动筛的构造及操作,能正确地从振动筛给矿和产品中接取样品并进行筛析、称重。最后将测得的 a 和 b 值代入公式中计算振动筛的筛分效率。

9.3.2 试验操作顺序与方法

(1) 试验前先准备好振动筛、标准筛(或自制手筛)、面盆、秒表、台秤、搪瓷盘、缩分器等试验用器具。

(2) 用试样缩分器将试样分成两份,其中一份作给矿的筛分分析,另一份作振动筛的给矿。并分别进行称量,将质量填入记录表中。试样质量应符合最小试样量要求。

(3) 测量出筛面的长度和宽度;检查筛网有无漏洞。

(4) 观察振动筛的构造,认清它的主要部件,用手盘动皮带轮,检查筛子是否能转动。开动筛子,结合学过的工作原理,观察筛面的运动轨迹。工作中要注意安全,不要靠近筛子的传动部分。

(5) 对振动筛的给矿用筛孔尺寸与振动筛筛孔大小相同的自制手筛(或标准筛)进行筛分,对筛下产物进行称重,并填入记录表中。

(6) 将另一份试样给入振动筛做试验。待振动筛运转正常之后开始给矿,给矿要连续均匀并沿整个筛宽分布。当矿料进入筛子时即开动秒表,矿料全部离开筛面时关秒表,记下时间。

(7) 筛分结束后关闭振动筛,对振动筛筛上产物进行称量,并将其量填入记录表中。

(8) 对筛上产物进行筛分分析(所采用的筛子、筛孔尺寸同步骤4),将筛析所得筛下产物进行称重,将其量填入记录表中。

9.3.3 试验记录及结果分析

(1) 试验结果记录如下:

筛网:长____m,宽______m,筛孔宽______mm;筛分时间______min

实验记录表

振动筛给矿筛析	振动筛筛上产品筛析
给矿总质量 Q ________kg 筛下产物质量 c ________kg 小于筛孔粒级含量 $a=\frac{c}{Q_0}\times 100\%$ ________%	总质量 Q_1 ________kg 筛下产物质量 Q_2 ________kg 小于筛孔粒级含量 $b=\frac{Q_2}{Q_1}\times 100\%$ ________%

(2) 计算与分析如下:

1) 用 $E=\frac{c}{Q_0 a}\times 10^4\%$ 计算筛分效率。

2) 用 $E=\frac{a-b}{a(100-b)}\times 10^4\%$ 计算筛分效率。

3) 比较两种方法计算的筛分效率大小,差值产生的原因。

9.4 测定碎矿机的产品粒度组成

9.4.1 试验的目的和要求

通过此次试验,学会测定和调整碎矿机的排矿口,并对碎矿机的产物进行筛析,测定产物的粒度组成和绘制碎矿产物粒度特性曲线。在本次试验中,要认真观察碎矿机的构造和工作原理,学会测量和调整碎矿机的排矿口的方法,测定碎矿机的给矿和产物的粒度组成,最后计算破碎比和绘制破碎产物粒度特性曲线。

9.4.2 试验操作

(1) 试验前先准备好碎矿机、铅球、卡钳、直尺、非标准筛(筛孔尺寸为25、15、12、8、6、3 mm)、标准筛、台秤等试验用器具。

(2) 将碎矿机给矿进行称重和作筛分分析,并将筛析结果填入记录表中。

(3) 观察所用的碎矿机的构造,认清它的主要部件和作用。用手盘动皮带轮,检查碎矿机是否能顺利运转。

(4) 开动碎矿机,运转正常后,将铅球丢入,用卡钳及直尺测量被压扁了的铅球厚度,即为排矿口宽度。测完排矿口后,开始给矿。要求用铲子均匀地给矿。操作时要注意安全,不要靠近碎矿机的传动部件,不要埋头看破碎腔,防止矿石飞出伤人;开动机器时,要招呼在场人员注意。

(5) 根据碎矿产品粒度选择好筛孔尺寸,然后对碎矿机产品进行筛分分析,将各粒级的质量填入记录表中。

9.4.3 试验记录与结果分析

(1) 试验结果记录如下：

碎矿机名称:______;排矿口宽度:______mm;矿石名称:______;矿石硬度:______

实验结果记录表

给矿筛分分析原重/kg				产品筛分分析原重/kg				
筛孔尺寸/mm	质量/kg	产率/%		筛孔尺寸/mm	筛孔尺寸/排矿口宽度	质量/kg	产率/%	
		部分产率	筛上累积产率				部分产率	筛上累积产率
共计								

(2) 根据上表数据绘制破碎产物粒度特性曲线。横坐标用相对粒度(筛孔宽/排矿口宽),纵坐标用筛上累积产率。

(3) 结果分析：

1) 根据给矿及产品筛分分析结果及粒度特性曲线,填出下列数据：

给矿最大粒度________mm;产物最大粒度________mm;破碎比________。

2) 根据产物粒度特性曲线判断物料的可碎性。

9.5 测定矿石的可磨性并验证磨矿动力学

9.5.1 试验的目的和要求

测定磨矿产品细度与磨矿时间的关系,是研究矿石可磨性及磨矿动力学的基本试验。通过这次实验,找出磨矿产品细度随磨矿时间增加而增加的规律,并对磨矿动力学作初步验证和分析。在本次试验过程中,学会使用不连续小型球磨机磨矿,学会快速筛分分析的方法,填好记录表中规定的数据,并作计算和绘制曲线。

9.5.2 快速筛析法

为了避免烘干矿浆耗费时间,选矿厂常采用快速筛析法检查分级机溢流的细度。在本次实验中,因为矿料总重已经给定,所以这种快速筛析比选矿厂采用的更简单。

设浓度壶本身的质量是 A(g),它的体积是 B(mL),水的密度为 1 g/cm^3。当它装满水时,水的质量为 B(g),故浓度壶和水的质量之和为($A+B$) g。把磨矿产品用 100 目(或 200 目)筛子筛去细粒,将筛上物洗入浓度壶中,加水至它的缺口处,放在天平上称重为 b (g)。因为矿石在浓度壶中所占的体积小,可以忽略,近似地认为浓度壶的体积全部被水充满。在这种情况下,浓度壶中含有的筛上矿粒质量为($b-A-B$) g。令原来的给矿是 W (g),那么,产品中筛上产物的产率是$\frac{b-A-B}{W}\times 100\%$;筛下物的含量是$\left(100-\frac{b-A-B}{W}\times 100\right)\%$。

注意:筛上物太多时不宜采用这种方法,此时矿石的体积不可忽略不计,采用此法的误差很大。在这种情况下,应将筛上物倒入瓷盘放入烘箱内烘干再称重。

9.5.3 试验操作顺序与方法

(1) 试验前先准备好小型不连续球磨机及钢球、盛矿浆用的盆(2 个)、检查筛(100 目或 200

目)、浓度壶、秒表、托盘天平、1000 mL 量筒、搪瓷盘等试验用器具。

(2) 观察小型球磨机的构造。用手盘动磨机,检查有无故障;

(3) 按钢球、水、矿石的次序把它们依次装入磨机,次序不能颠倒,否则矿石被压贴在磨机底部,就不易被磨碎。钢球的配比可参考最初装球法决定,且每次试验保持不变。矿料的质量每次都是 500 g,水的加入量约 170 mL,以保证磨矿浓度为 75%左右。每次试验保持不变。

(4) 开动磨机,同时开动秒表,磨到规定时间,停磨机,同时停秒表。

(5) 打开排矿阀,同时转动磨机,使磨机内矿浆排至盒中。用清水清洗钢球和磨机,将所有矿粒都洗入矿浆盆内。停磨机,关闭排矿阀。

(6) 将盆内的矿浆倒入 100 目(或 200 目)的检查筛上,在盆内进行湿筛,筛下物不要,用筛上物作快速筛析,求出筛上物及筛下物的质量百分率(产率)。

[注]如果采用圆筒型小球磨机磨矿时,需打开端盖,将磨机内钢球和物料倒在钢板筛上;再清洗磨机,洗水也倒在钢板筛上。并用清水洗净钢球,将所有物料洗入盆中。钢球再倒回磨机。

9.5.4 实验记录及结果分析

(1) 实验结果记录如下:

原矿重500 g;水______mL;钢球______kg;浓度壶重 A ______g;浓度壶 + 水重($A+B$)______g

试验次序	磨矿时间/min	筛上物质量 $b-A-B$	筛上物质量 $\frac{b-A-B}{500}\times 100\%$	筛下物含量 $\left(1-\frac{b-A-B}{500}\right)\times 100\%$
1	5			
2	10			
3	15			
4	20			

(2) 绘制粒度特性曲线:

1) 在算术坐标纸上绘出曲线,横坐标是磨矿时间(min),纵坐标是筛下物含量。

2) 在对数坐标纸上绘出直线,横坐标是 $\lg t$,纵坐标为 $\lg(\lg R/R_0)$,符号意义见公式 7-12。

参 考 文 献

1 选矿手册编委会.选矿手册(第二卷).北京:冶金工业出版社,1993
2 雷季纯.粉碎工程.北京:冶金工业出版社,1990
3 李启衡.碎矿与磨矿.北京:冶金工业出版社,1980
4 任德树.粉碎筛分原理与设备.北京:冶金工业出版社,1984
5 陈炳辰.磨矿原理.北京:冶金工业出版社,1989
6 选矿设计手册编委会.选矿设计手册.北京:冶金工业出版社,1988
7 谢广元.选矿学.徐州:中国矿业大学出版社,2001
8 周龙廷.选矿厂设计.长沙:中南工业大学出版社,1999
9 杨顺梁等.选矿知识问答.北京:冶金工业出版社,1999
10 冯守本.选矿厂设计.北京:冶金工业出版社,1996
11 朱尚叙等.粉磨工艺与设备.武汉:武汉工业大学出版社,1993
12 成清书.矿石可选性研究.北京:冶金工业出版社,1989
13 马华麟.选矿耐磨材料现状及发展方向.金属矿山,1987

冶金工业出版社部分图书推荐

书名	作者	定价(元)
中国冶金百科全书·选矿卷	编委会 编	140.00
选矿工程师手册(第1册)	编委会 编	218.00
金属及矿产品深加工	戴永年 等著	118.00
选矿试验研究与产业化	朱俊士 等编	138.00
生物技术在矿物加工中的应用	魏德洲 主编	22.00
新编选矿概论(第2版)(本科教材)	魏德洲 主编	35.00
固体物料分选学(第3版)(本科教材)	魏德洲 主编	60.00
地质学(第5版)(国规教材)	徐九华 主编	48.00
采矿学(第2版)(国规教材)	王 青 等编	58.00
矿山安全工程(第2版)(国规教材)	陈宝智 主编	38.00
矿山环境工程(第2版)(国规教材)	蒋仲安 主编	39.00
磁电选矿(第2版)(本科教材)	袁致涛 等编	39.00
选矿数学模型(本科教材)	王泽红 等编	49.00
选矿学实验教程(本科教材)	赵礼兵 主编	32.00
选矿厂设计(本科教材)	周小四 主编	39.00
矿产资源综合利用(高校教材)	张 佶 主编	30.00
选矿试验与生产检测(高校教材)	李志章 主编	28.00
碎矿与磨矿(第3版)(本科教材)	段希祥 主编	30.00
浮选(本科教材)	赵通林 编著	30.00
矿物加工工程专业毕业设计指导(本科教材)	赵通林 主编	38.00
矿山地质(高职高专教材)	刘兴科 主编	39.00
金属矿床开采(高职高专教材)	刘念苏 主编	53.00
矿山爆破(高职高专教材)	张敢生 主编	29.00
矿山提升及运输(高职高专教材)	陈国山 主编	39.00
选矿概论(高职高专教材)	于春梅 主编	20.00
选矿原理与工艺(高职高专教材)	于春梅 主编	28.00
矿石可选性试验(高职高专教材)	于春梅 主编	30.00
选矿厂辅助设备与设施(高职高专教材)	周晓四 主编	28.00
矿山企业管理(高职高专教材)	戚文革 等编	28.00